未来をつくる教育 ESD

持続可能な
多文化社会を
めざして

EDUCATION FOR SUSTAINABLE DEVELOPMENT

五島敦子／関口知子
編著

明石書店

はじめに

　私たちを取り巻く世界は、今、急激に変化しています。地球温暖化に象徴される環境破壊、投資経済の暴走と世界金融危機、それらと連動して起こる紛争や戦争、貧富の格差や文化破壊、人々の心に広がる偏見や差別など、さまざまな危機が迫っているのです。本書は、これらの地球的課題に立ち向かい、地球社会の未来を、公正で、持続可能な、希望あるものにできる教育とは何か、を考えることをねらいとしています。

　私たちにとって、教育は身近なものです。そのため、これからの教育を考えるとき、自分たちが受けてきた教育が出発点となるでしょう。ただし、教育は教育だけで独立しているのではなく、社会のあり方によって規定され、変化するものです。その意味で、教育は、現状とは違う未来をつくる鍵となります。しかし、現前していない未来社会を導くには、自分が受けた教育に基づきながらも、同時に、その限界を問い、乗り越えていかなければなりません。これまでの教育は、地球の有限性を顧みないままに、持続不可能な経済成長を求める社会を前提としてきました。その前提が限界を迎えた今、これまでの教育と経済社会の関係を見直し、「豊かさ」の意味を再考する必要があるのです。

　本書は、学習者一人ひとりがこれらの問題を考えることができるよう、次の2部で構成されています。第Ⅰ部「教育への問い」では、教育の現状と問題点を歴史的・国際的な視野から学んでいきます。メインストリームとしての学校教育に加えて、オルタナティブな教育や生涯学習のあり方を学ぶことで、複眼的に現代の教育をとらえます。そのねらいは、「国家」の枠組と「国民形成」を前提とするこれまでの教育制度のしくみを理解し、その限界と可能性を問うことです。第Ⅱ部「持続可能な未来をめざして」では、地球環境・経済・社会・文化の関係性をシステム思考およびホリスティック・アプローチからグローバル・ナショナル・ローカルなレベルで問い直し、希望をもてる未来をつくる「ESD (Education for Sustainable Development: 持続可能な開発のための教育・持続発展教育)」の枠組を学んでいきます。社会的公正や自然環境との共生をめざして「自ら変化の担い手になる」こと、国境を越えて流動化・多文化社会化が進む現代に必要とされる思考法やコミュニケーション能力を育むことがねら

いです。

　本書の特色は、教育に関する基本的知識に加えて、実践的なアクティビティや事例を盛り込むことで、学習者が思考と経験を行き来しつつ、地球的視野から価値多元的な社会を理解し、自ら行動する意欲と力を獲得するよう構成されているところです。私たちが未来に向かって進もうとするとき、その選択肢はひとつではありません。自分にとって最適と思った選択が、世界の向こう側に住む誰かにとって最悪の選択となることもありえます。今日、正しいと思われた選択が、翌日には覆されるかもしれません。多様な価値が対立しつつ急速に変化する社会では、勝ちか負けか、国家か個人か、自由か規制か、といった二分法ではなく、物事を全体として理解し、つながりを意識することによって、その本質が見えてくるでしょう。本書を通じて、知識を学び、アクティビティを体験することで、ひとつの地球に生きる市民としての自分を発見し、望ましい未来を選び取る力を得ることを期待しています。

　本書の対象は、教師をめざす人や教育学を学ぶ人だけでなく、教育や社会のあり方に広く関心をもつ一般の読者層です。教職課程のみならず、大学等で「持続可能な社会と教育」を考えるための実践テキストとして活用できるよう、幅広い内容となっています。執筆者には、国際的視野をもつ新進気鋭の教育学研究者に加えて、コミュニケーションや環境学など多様な領域の研究者や実践家にご協力いただきました。学際的な教科書づくりという新しい試みのため、編集作業には多くの時間がかかりましたが、細かな依頼に辛抱強く応えてくださった明石書店ならびに担当編集者の小林洋幸氏に深く感謝申し上げます。

2010年2月　　　　　　　　　　　　　　　　　　　　五島敦子
　　　　　　　　　　　　　　　　　　　　　　　　　関口知子

もくじ

はじめに 3

第Ⅰ部　教育への問い

第1章　日本における近代公教育制度の成立 9
第2章　教育改革の国際比較 31
第3章　オルタナティブ教育の可能性 53
第4章　地球市民としての生涯学習 73

Column　①国立大学法人化と産学官連携　*25*／②イギリスのシティズンシップ教育　*42*／③学校建築のオルタナティブ　*61*／④東アジアにおける生涯学習　*82*

第Ⅱ部　持続可能な未来をめざして

第5章　持続可能な未来への学び──ESDとは何か 97
第6章　環境教育の視座──自然と人間の関係性を問う 123
第7章　多文化社会の異文化間コミュニケーション 147
第8章　越境時代の多文化教育──21世紀の教育と市民性を問う 181

Column　⑤〈いのち〉をはぐくむケアリングな共同体──フリースペース「たまりば（えん）」　*116*／⑥「幾何級数的成長」とは　*129*／⑦ You know more than you think　*172*／⑧アイヌがアイヌとして生きられる社会のために　*198*

資料編

1. **教育関連法規** ──────────────────── 208
    - 日本国憲法（抜粋） *208*
    - 教育基本法 *208*
    - 学校教育法（抜粋） *211*
    - 社会教育法（抜粋） *212*
    - 子どもの権利条約（抜粋） *214*
2. **各国の学校系統図** ──────────────── 216
    - 日本（1944年）の学校系統図 *216*
    - 日本（2008年）の学校系統図 *216*
    - 中国の学校系統図 *217*
    - 韓国の学校系統図 *217*
    - アメリカの学校系統図 *218*
    - イギリスの学校系統図 *218*
    - ドイツの学校系統図 *219*
    - フィンランドの学校系統図 *219*
3. **学力観・学習指導要領の変遷** ─────────── 220

索　引 ──────────────────────── *221*

第Ⅰ部
教育への問い

第1章　日本における近代公教育制度の成立

初代文部大臣森有礼（1847〜1889）
（国立国会図書館ホームページより）

● この章のねらい ●

　明治政府樹立による近代国家としての出発の当初から、日本は公教育制度の構築に非常に力を入れてきました。日本の公教育制度の主な特徴、あるいは一般的な日本人の教育観はこのときに構築されたものであるといえます。一方で教育制度は国内外の社会状況の変容に伴って、その目的や制度を変化させてきました。本章は日本が近代国家として出発したときから現在に至るまでの公教育の流れを、その背景とともに理解していくことを目的とするものです。

1. 戦前・戦後日本の教育行政制度の歴史的展開
2. 公教育理念の転換——ゆとり教育と臨教審体制
3. 「ゆとり教育」の終焉
4. 日本の学校教育の課題

1. 戦前・戦後日本の教育行政制度の歴史的展開

(1) 軍事・経済・教育

　1872（明治5）年、明治政府によって「学制」が発布され、国民すべてが初等教育を受けることが定められました。当時の日本はようやく前近代社会を抜け出し、新たに近代国家として出発したばかりでした。当時、欧米諸国には列強と呼ばれる強大な国々が存在していましたが、その筆頭であったのがイギリスです。当然のことながら日本とイギリスの間にはすでに著しい発展の差がありました。それにもかかわらず、イギリスにおいて初等教育が義務化されたのは、1870年の基礎教育法においてのことであり、日本の学制発布とわずか2年の違いしかなかったのです。実は、このことから、国の発展の度合い（それに対する自覚）と公教育制度のそれとの関係を端的に読み取ることができます。イギリスの側から説明するならば、18世紀後半から19世紀にかけての産業革命は、世界筆頭の地位をイギリスにもたらし、長きにわたりそれを維持させてきました。この産業革命は、国の教育政策とは関係のない民間産業の場で生じたものでした。また、イギリスには強力なライバル国もありませんでした。産業革命によってもたらされた世界の随一の国イギリスという立場は、長い間公教育を積極的に促進させようとする動機を弱いままにとどめてきたのです。

　一方、日本はまるで異なった状況にありました。当時日本が置かれていた社会状況は、逆に日本に公教育整備に対する強い動機をもたらすことになりました。それはまた、日本固有の教育観をつくりあげる要因ともなったのです。ここで形成された教育文化、教育観は、現在に至るまで強い影響力をもち続けています。

　1868（明治元）年、後に文部卿も務めることになる木戸孝允は『普通教育の振興を急務とすべき建言書案』を書いています。そこで木戸は「国の富強とは人民の富強である」と述べました。すなわち、新しい日本は、対内的には武政（幕府による政治）による専圧を解き、人民平等の政治を行うこと、そして対外的には世界の富強の国々と競争していく必要があること、これらの目的のためには一部の優れた人々が政治を補佐するだけでは不十分であり、すべての人々が高い技術と能力を身につけなければならないと提言されていました。そのためには早急に全国に学校を振興し、大いに教育を行うことが「一大急務」とされることとなったのです。文部省設立（1871年）および学制発布の背景には、

こうした問題意識が存在していました。

　江戸時代末期、わが国は欧米列強諸国の脅威にさらされていました。すでに隣国の清は、アヘン戦争やアロー号事件などによってイギリスに対して負債を負わされ、一部領土の割譲、治外法権や関税自主権の放棄などを含む不平等条約をイギリスとの間で締結させられる事態になっていました。日本も例外ではなく、すでに日米和親条約や日米修好通商条約などの不平等条約を結ばされていました。わが国は早急に外国勢力による日本の植民地化を阻止し、不平等条約を改正しなければならなかったのです。そのためには、圧倒的な軍事力を誇る欧米列強諸国に対峙するべく、軍事力と経済力を早急に高める必要がありました。当時、日本はまだ前近代的な武士社会でした。幕藩体制下では、近代的な軍隊の制度もなく、近代の武器も不十分でした。それを支える近代的な産業もいまだ発展していませんでした。明治維新は、こうした日本の状況を憂慮し、日本の産業・軍事を早急に欧米列強の水準に到達せしめようとの意志をもった人々によって敢行されたものだったのです。

　明治政府が最優先課題としたものは、欧米列強にはるかに遅れをとっていた日本をできるだけ急いで近代化することでした。第一の国家目的として近代的な軍隊を組織すること、国が主導して産業を振興することがめざされました。これが富国強兵政策といわれるものです。そしてこの政策を加速させる手段として、公教育制度の整備が重視されることになったのです。1872（明治5）年とは、学制発布の年であったと同時に、「全国徴兵の詔（みことのり）」が出され（「徴兵令」が発令されたのはその翌年）、官営模範工場「富岡製糸場」が設立された年でもありました。このことは富国強兵政策と公教育の関係を直接的に示しています。

　「学制」の起草が、福沢諭吉の思想に重大な影響を受けているということは知られています。そこには、福沢の平等思想が端的に示されています。かつては身分の高い人々のみが学問をすればよいと考えられていましたが、新しい社会では女性も含めたすべての人々が学校に通うべきであると宣言されたのです。こうした平等思想は、一面からみれば、身分の高くない層にも存在している有能な人材を登用し、国益に結びつけていこうとする人的能力開発の側面をもつものでした。これは、教育を国家に対する「臣民の義務」とするわが国戦前の公教育理念の考えに沿うものであり、また、教育によって有用な人材を発掘、育成し、身分にかかわらずこれを登用していこうとするやり方は、「学問は身を立つるの財本」というわが国の教育観をつくりあげることになりました。

　このような背景に基づいて築きあげられた教育制度において、当初、最も

図表1-1　学制布告書

学制布告書

太政官布告第二百十四號

人々自ら其身を立て其産を治め其業を昌にして以て其生を遂ぐるゆゑんのものは他なし身を脩め智を開き才藝を長ずるによるなり而て其身を脩め智を開き才藝を長ずるは學にあらざれば能はず是れ學校の設あるゆゑんにして日用常行言語書算を初め士官農商百工技藝及び法律政治天文醫療等に至る迄凡そ人の營むところの事學あらざるはなし人能く其才のあるところに應じ勉勵して之に從事ししかして後初て生を治め産を興し業を昌にするを得べしされば學問は身を立るの財本ともいふべきものにして人たるもの誰か學ばずして可ならんや夫の道路に迷ひ飢餓に陥り家を破り身を喪の徒の如きは畢竟不學よりしてかゝる過ちを生ずるなり從來學校の設ありてより年を歴ること久しといへども或は其道を得ざるよりして人其方向を誤り學問は士人以上の事とし農工商及婦女子に至つては之を度外におき學問の何物たるを辨ぜず又士人以上の稀に學ぶものも動もすれば國家の爲にすと唱へ身を立るの基たるを知らずして或は詞章記誦の末に趨り空理虚談の途に陥り其論高尚に似たりといへども之を身に行ひ事に施すこと能ざるもの少からず是すなはち沿襲の習弊にして文明普ねからず才藝の長ぜずして貧乏破産喪家の徒多きゆゑんなり是故に學はずんばあるべからず之を學ぶには宜しく其旨を誤るべからず之に依て今般文部省に於て學制を定め追々教則をも改正し布告に及ぶべきにつき自今以後一般の人民華士族農工商及婦女子必ず邑に不學の戸なく家に不學の人なからしめん事を期す人の父兄たるもの宜しく此意を體認し其愛育の情を厚くし其子弟をして必ず學に従事せしめざるべからざるものなり

高上の學に至ては其の人の材能に任すといへど

も幼童の子弟は男女の別なく小學に従事せしむべき事

但從來沿襲の弊學問は士人以上の事とし國家の爲にすと唱ふるを以て學費及其衣食の用に至る迄多く官に依頼し之を給するに非ざれば學ざる事と思ひ一生を自棄するもの少からず是皆惑へるの甚しきものなり自今以後此等の弊を改め一般の人民他事を抛ち自ら奮て必ず學に從事せしむべき様心得べき事

右之通被　仰出候條地方官ニ於テ邊隅小民ニ至ル迄不洩様便宜解譯ヲ加ヘ精細申論文部省規則ニ隨ヒ學問普及致候様方法ヲ設可施行事

明治五年壬申七月

太政官

重視されていた教育内容は、実用的な学問、すなわち**実学**でした。福沢はアメリカに留学した経験をもち、西洋の科学、近代的制度についても熟知しており、実学、すなわち「サイヤンス（サイエンス）」＝科学教育こそが、近代国家としての出発を支える学問であると主張したのです。福沢の思想の影響を強く受けた学制は、西洋の科学主義、知育中心主義という彩りを強くもつものでした。

（2）復古派の台頭と教育勅語

　学制の西洋中心主義的、知育中心主義的な傾向は、教育が即物的、功利的な分野のみを重視し、一方で修身（道徳）教育を軽視するものであるという批判を招くことになりました。こうした批判は、儒学者元田永孚を中心とする「復古派」と称される人々によって声高に主張されました。学制体制下の教育内容、とくに「修身」のあり方、すなわち西洋の啓蒙的な徳育に対する元田の批判的な見解は1879（明治12）年の「教育議附議」、そして「教学聖旨」でも、知識だけを尊んだ結果、世の中が乱れたとして、開明派による教育体制への批判が繰り返されています。そのうえで今後は、仁義忠孝に基づく徳育を中心として各教科の学習が行われなければならないと、元田は主張したのです。

　こうした批判の影響下、1879（明治12）年に「教育令」が発令されました。これにより、学制の体制は終焉しました。さらに1880（明治13）年の改正教育令において、修身が教育内容の筆頭科目とされることになりました。また、教育行政の中央集権化と官僚統制の強化が図られ、同時に儒教主義的な道徳教育が重視されていくことになります。

　一方、1885（明治18）年には大々的な行政改革が行われ、日本に内閣制度が誕生します。このとき初代文部大臣に就任したのが当時38歳の森有礼でした。森は文相に就任するやいなや、教育制度改革に着手し、「学校令」と総称される一連の法令を発令し、さらに日本の近代的教育制度の基礎を固めます。その思想と実践は国家主義的な側面を強くもつものですが、同時に森は福沢とともに明六社を創設したことでも知られる開明的な近代主義者でした。また、同じ頃、ヘルバルト派のエミール・ハウスクネヒトが東京帝国大学に招聘され、彼を通じて系統的体系的な教育学がわが国にも導入されました。最優先課題の1つとして性急な導入がなされた公教育制度でしたが、ようやくこの頃に教育制度全体の体裁が整ってきたとみることができます。なお、森は文相就任の4年後、1889年の大日本帝国憲法公布の当日に国粋主義者によって刺殺されました。「伊勢神宮不敬事件」が理由の1つとされていますが、開明派のリー

ダーでもあった森が近代公教育を確立する決定的な立場に立っていたことと無関係ではなかったと思われます。

大日本帝国憲法発布の翌1890（明治23）年に、**教育勅語**が発布されました。この起草は元田永孚の思想が大きく影響しているものでした。教育の根本的な目的は臣民が心を1つにして忠孝に励むことが教学の要とされたのです。こうして、伝統的な儒教主義と新時代の欧化主義の間で揺らいでいたわが国の教育制度は、徳育に重点を置いた国家主義へと大きく動き出すことになり、教育内容でも、修身教育がさらに強調されていくことになりました。こうした傾向は、大正時代の新教育運動の影響下でいったん弱まりますが、1929（昭和4）年の世界恐慌の影響によって、日本は軍国主義の体制に向かっていきます。これに伴って、教育内容も一気に反動化していきました。さらに、太平洋戦争が勃発する直前、1941（昭和16）年3月の「国民学校令」の公布によって、これまでの小学校は「国民学校」として再編され、授業科目も「国民科」を中心に再編成されることになりました。「国民学校」「国民科」ともに、ナチス・ドイツの「国民学校（フォルクス・シューレ）」の制度、教育内容を模倣したものであるといわれています。国民科は修身、国語、国史、地理によって構成され、戦時下における国民統合教育の柱とされました。

（3）占領軍による教育改革

1945（昭和20）年の8月15日、太平洋戦争は日本の敗戦という形で終結し

図表1-2　教育勅語

教育勅語

朕惟フニ我カ皇祖皇宗國ヲ肇ムルコト宏遠ニ德ヲ樹ツルコト深厚ナリ我カ臣民克ク忠ニ克ク孝ニ億兆心ヲ一ニシテ世々厥ノ美ヲ濟セルハ此レ我カ國體ノ精華ニシテ教育ノ淵源亦實ニ此ニ存ス爾臣民父母ニ孝ニ兄弟ニ友ニ夫婦相和シ朋友相信シ恭儉己レヲ持シ博愛衆ニ及ホシ學ヲ修メ業ヲ習ヒ以テ智能ヲ啓發シ德器ヲ成就シ進テ公益ヲ廣メ世務ヲ開キ常ニ國憲ヲ重シ國法ニ遵ヒ一旦緩急アレハ義勇公ニ奉シ以テ天壤無窮ノ皇運ヲ扶翼スヘシ是ノ如キハ獨リ朕カ忠良ノ臣民タルノミナラス又以テ爾祖先ノ遺風ヲ顯彰スルニ足ラン斯ノ道ハ實ニ我カ皇祖皇宗ノ遺訓ニシテ子孫臣民ノ俱ニ遵守スヘキ所之ヲ古今ニ通シテ謬ラス之ヲ中外ニ施シテ悖ラス朕爾臣民ト俱ニ拳々服膺シテ咸其德ヲ一ニセンコトヲ庶幾フ

明治二十三年十月三十日

御名御璽

ました。日本は連合国軍最高司令官総司令部（GHQ）の占領下に置かれ、国政全般にわたる、いわゆる「五大改革指令」を受けることになりました。そのうちの1つが「教育の自由化」の指令でした。終戦後、文部省は即座に教育を通じた平和国家の建設をめざすことを表明しました。

　わが国の教育改革にあたっては、1946年にGHQの民間情報教育局（CIE）がアメリカ本国から教育の専門家を「米国教育使節団」として日本に招き、日本の公教育の状況についての調査を依頼し、戦後日本の教育改革の方向性について報告させました。それはそれまでの日本の教育制度の国家主義、軍国主義的要素だけではなく、明治以来の官僚主義、画一主義を批判するものであり、民主化、地方分権を基本として改革すべきことを提言するものでした。公選制教育委員会制度（教育委員会法の制定）や6-3制の単線型義務教育制度等の改革、教職課程認定による教員養成の制度は、この報告書に基づいて導入されたものです。また、日本国憲法公布（1946年）とその翌年の教育基本法発布（1947年）では、国民の「権利」としての教育の理念が新たに打ち立てられ、教育勅語の排除・失効が正式に決議されました。

　報告書は教育内容についても重要な示唆を行っています。GHQは終戦後即座に日本の国家神道を廃止し、修身、国史、地理の授業を停止しました。報告書でも、これら国民科の中核科目の教育内容の理念やあり方について強く批判されており、歴史と地理については内容を改めることが勧告されました。道徳教育のあり方については、国家のため、戦争のための道徳教育ではない、民主主義の倫理の教育は学校で教えられなければならないと主張しています。そのために導入された新しい教科が「社会科」でした。これはアメリカの社会科プランである「ヴァージニア・プラン」を参考にした、地理・歴史・公民、そして民主主義のための広領域教科として導入されたものです。また、自由研究などの新教科も同時に設置されました。社会科、自由研究はともに、進歩主義教育運動の影響を

6-3制発足の使節団に協力する教育委員会（のち教育刷新委員会）。左から2人目は南原繁東大総長（提供／毎日新聞社）

強く受けた児童中心主義の教育です。

　アメリカでは、20世紀初頭から教科の枠にとらわれず、実社会における問題解決能力を養うことを目的とした、経験主義的な教育を推進しようとする運動が盛んに展開されていました。わが国にも戦後、アメリカのこうした運動の影響を受けた「コア・カリキュラム運動」が登場します。それは、伝統的な系統主義とは異なる総合主義的なカリキュラム、すなわち社会科の学習を中核として、他の教科をその周辺に横断的・包括的に配置しようとするものであり、著名なものには「桜田プラン」などがあります。こうした経験主義的、自由主義的な教育運動は実践の数だけ多様に展開されていました。ほかにも「川口プラン」などに代表される地域教育計画型のプランなどが有名です。

　このとき、学校教育における教育内容は「学習指導要領一般編（試案）」によって示されました。現在のものとは異なり、このときの「試案」はあくまでも「手引き」にとどまるものであり、厳密に従うことを法的に要求されているものではありませんでした。終戦直後のアメリカ主導の教育改革では、自由主義の理念に基づいて全般的な教育制度、教育内容の改革がなされたのです。

（4）政治・経済・教育

　1950年、朝鮮戦争の勃発はわが国の政治・経済の状況に重要な影響をもたらし、公教育政策にも重大な影響を及ぼすことになりました。そうした変化は1958年に改定された学習指導要領に直接的に反映されています。

　戦後の民主主義教育の中心として登場した「社会科」は、はやくも1950年頃にはその再検討の必要性が示唆されるようになっていました。1949年の中華人民共和国の成立、1950年の朝鮮戦争勃発という国際情勢に危機感を抱いたアメリカの対日政策の反共主義への転換は、日本の立場を「旧敵国」から「友好国」（サンフランシスコ講和条約による）さらには「同盟国」（日米安全保障条約による）へと変えることになりました。それは、日本の政治における「逆コース」の契機となります。こうした風潮は教育政策にも反映され、1952年の天野貞祐文相による「新しい修身科」の特設についての諮問以来、教育課程における道徳教育の再導入が繰り返し検討されるようになりました。こうした動きに対しては反対者も多く、必ずしもスムースに審議が進められたわけではありませんが、最終的には1958年3月の教育課程審議会の答申「小学校・中学校教育課程の改善について」の公表によって改革の方向性が示されました。この答申に基づいて1958年の学習指導要領に「道徳の時間」が特設されることと

なったのです。

　「逆コース」の風潮は、1955年の自由民主党の結党、すなわち「55年体制」の開始によってさらに勢いづいていきます。それは戦後教育改革によって成立した学校教育制度を思想的に偏向したものとみなし、日本本来の精神性を取り戻すために教育内容および制度を改革しようとするものでした。そのことは学校教育を政治闘争の場へと変えました。右派の主たる攻撃対象は「社会科」とその擁護者でした。自由民主党へと統合される直前、日本民主党は「うれうべき教科書の問題」として、社会科を偏向教育であると糾弾しました。道徳教育の導入は、社会科主体の教育に対する攻撃のうえで、それに代わるべきものとして主張されたものでした。したがって、道徳教育の再導入を積極的に主張した側にとっても、それに強固に反対した側にとっても、それは愛国心教育の復活と同義でした。ところが、教科外の教育活動として導入された道徳教育は、皮肉にも最大の抵抗勢力であった教員らによって担われることになったのです。その結果、わが国における道徳教育は、社会的文脈や教育学的な意義などがほとんど検討されることなく、学校教育の「鬼子」として教員によって忌避され続けることになりました。また、それまでは法的拘束力をもたない「手引き」であった学習指導要領は、この改訂から国家基準としての性質を強くもつものとなりました。このことは、国家による教育統制のひとつの現れとして、強い反発を招くものでした。

　55年体制下では、教育内容に限らず、戦後教育改革において導入された多くの制度が変質しました。教育委員会法は廃止され、代わりに「地方教育行政の組織及び運営に関する法律」が制定され、教育委員会は公選制から任命制へと変わりました。さらに教育公務員特例法が改定され、教職員の政治活動が制限されることになりました。ほかにも勤務評定問題、「学テ（全国中学校一斉学力調査）」問題と、50年代後半から60年代にかけて、公教育に対する国家統制を強めようとする政府の思惑とそれに対する教職員の抵抗運動が激しくぶつかることとなったのです。

　同時期、わが国には朝鮮戦争による特需をきっかけとして経済復興の機運が高まっていました。1960年に入るとそれは「所得倍増計画」として国策として取り組まれていくことになるのですが、それはそれを支える産学協同の体制を再び強く要請するものでした。そのため、この時期は、経済界の人材確保の要求が公教育政策に直接的に反映されています。こうした主張においても、「社会科」が主たる批判対象とされました。この文脈における批判は、経験主

義的な方法による総合主義的な教育課程では、経済成長のための必要な高度な系統的知識を身につけられないというものでした。当時の**中央教育審議会**（中教審）は経済界の重要人物によってリードされていたのですが、1957年の「科学技術教育の振興方策についての答申」では、科学技術教育を中心とした系統主義的学習への回帰の必要性が強く主張され、それは先に言及した1958年の学習指導要領の改訂にストレートに反映されることとなりました。1968年および1969年における改訂では、こうした方向性はさらに強められています。この時期の公教育は、高度経済成長を支えるための「人的能力開発政策」の側面も、非常に強いものだったのです。

2．公教育理念の転換──ゆとり教育と臨教審体制

（1）学校教育の「荒廃」

1960年代後半から70年代に入ると、学校での生徒の問題行動が青少年問題の中心となってきます。藤田英典［2001］の分析によれば、60年代半ば、戦後における少年非行の第二の波のピークを迎えていました。このときは、「非行」の件数が増加し、さらに60年代後半は大学紛争・高校紛争などの勢いが高まっていきます。また70年代に入ると暴走族の問題が増加するなど、学校を舞台とした青少年の問題行動は大きな社会問題として認識されるようになりました。

一方、1950年代から60年代の高度経済成長期は公教育の拡大の時期でもありました。1つの要因としては、1947年頃から50年代前半にかけての、いわゆる「ベビーブーム」に生まれた世代が60年代前半頃に高校進学の時期を迎え、進学者の母数が著しく増大したことがあげられます。これに加えて、高度経済成長が家計を豊かにしたことによって、進学率が著しく増大することになりました。この時期、すべての者が高校に進学できるようにさせようとする「高校全入運動」まで起こったのです。

生徒数の母数の拡大と進学率の上昇が相まって、高校進学者の実数はこれまでにない多さとなりました。そしてこの大量の高校進学者に対応することが教育行政の焦眉の課題となったのです。1966（昭和41）年、中教審は「後期中等教育の拡充整備についての答申」を出し、この問題への対応の方向性を示しました。そこでは、生徒の適性・能力・進路に対応するために、職業教育を充実させる方針が打ち立てられました。さらに以前からあった定時制・通信制高校

図表 1-3　学校化・情報化の進行と『教育問題』の変遷

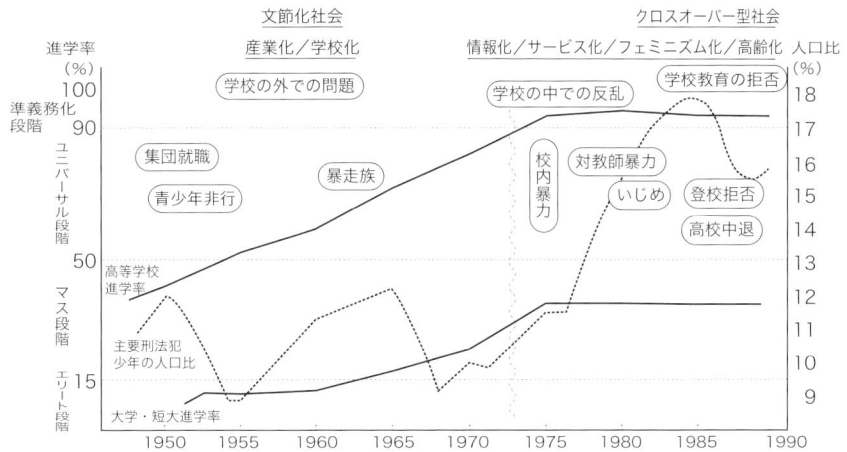

注：主要刑法犯少年の人口比は同年齢層人口千人比（％）
出所：藤田 2001: 86

図表 1-4　高校・大学進学率の推移

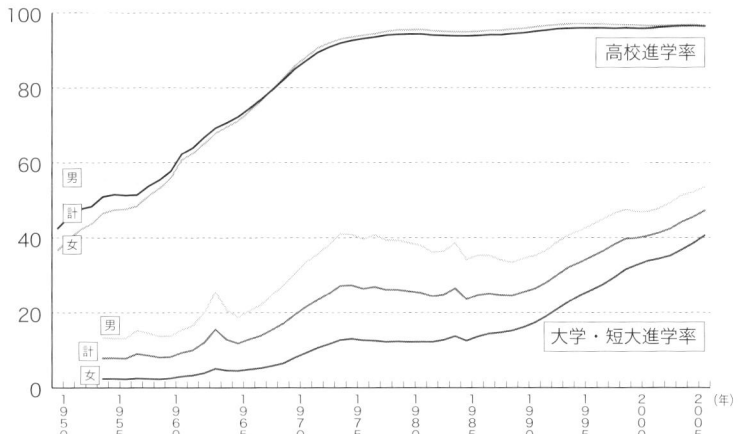

出所：文部科学省「文部統計要覧平成20年度」をもとに作成

も同時に充実させていこうとする高校教育の多様化の方針がとられました。これは、高校生段階では生徒の能力や大学進学の希望も多様化するであろうこと、あるいは働きながら勉学したい場合もあるであろうことが想定されての改革でしたが、家計の向上は働きながら学校に通う必要性を減少させ、また、高校進学率の上昇はそのまま大学進学率の上昇に結びつき、進学競争圧力をますます

高めていくことになりました。そのため、高校進学に際しては大学進学により有利であることが志望の要件となり、社会的な評価の高い普通科の高校に人気が集中しました。さらに、高度経済成長を支えるための教育は、系統主義的かつ競争主義的な詰め込み教育によって、より能力の高い者を析出しようとしました。こうした一連の変化と、人為的な政策が絡みあい、学力競争における勝者と敗者とがつくり出されていくことになります。すべての生徒は偏差値によって序列化され、その序列はさらに学校の序列をつくり出しました。やがて、普通科に合格できなかった者が職業高校へ、全日制に合格できなかったものが定時制・通信制高校へ、という構図が一般化されていくことになったのです。

　1960年代から70年代にかけての「非行」や「問題行動」は、学力競争の「敗者」の側に顕著にみられたため、「落ちこぼれ」問題と称されました。70年代に入ると、90％を超える進学率と反比例するかのように高校中退問題が登場するのですが、当初はその主たる原因は「学力不振」や暴力行為を含む「問題行動」などでした。教育現場における「落ちこぼれ」問題は、50年代後半から60年代にかけての厳しい詰め込み教育と過度な試験重視と競争主義によってもたらされたものであるとして、教育行政上の対応がせまられることになります。

（2）「ゆとり教育」

　1977（昭和52）年の学習指導要領改訂は、戦後日本の教育改革におけるひとつの画期とみなせます。しかし、それにつながる議論自体はもっと前から始められていました。政策論議における重要な転換点と目されているものは1971（昭和46）年の中央教育審議会「今後における学校教育の総合的な拡充整備のための基本的施策について（答申）」、いわゆる「四六答申」と呼ばれるものです。ここでは、生徒の「個性」や「特性」を重視した弾力的な教育方法へと改善されるべきことが提言されています。

　さらに、77年改訂に直接的なインパクトを与えたものとして、前年に教育課程審議会（教課審）答申「小学校・中学校及び高等学校の教育課程の基準の改善について」（1976年）が出されました。そこで最も重要な教育課題とされたものは人間性豊かな児童を育てることであり、そのためにゆとりある学校生活、児童の個性や能力に応じた教育が必要とされました。これによって、各教科の授業時数を削減し、それによって生じた時間を、地域の実

状に応じた学校の創意工夫による多様な教育活動にあてられることが期待されることになったのです。

　この答申に基づいて改訂された1977年の学習指導要領は、いわゆる「ゆとり教育」への転換点とみなすことができます。これ以降、教育内容、教科の時数は改訂のたびに削減され、「生きる力」が学校教育の主たるスローガンとなります。また、総合主義的なカリキュラムの導入も進められてきました。1989年改訂では小学校低学年に理科と社会を統合した「生活科」が導入されました。このとき、総授業数は基本的に据置きとされたのですが、教課審の審議で学校週5日制への移行や中学校における必修教科の授業時数の弾力的運用などについての検討がなされ、また、「新しい学力観」の理念を中心とした意欲・態度を重視する学習指導や絶対評価が開始されるなど、「ゆとり教育」路線はますます強調されることとなりました。1998年改訂では、この路線はいっそう進められ、総授業数も大幅に減少され、「総合的な学習の時間」が小中高における教科外の教育活動の枠組として導入されます。自分で課題を見つけ、自ら学び、自ら考え、主体的に判断し、よりよく問題を解決する資質や能力を育てること、学び方やものの考え方を身につけ、問題の解決や探求活動に主体的、相応的に取り組む態度を育て、自己の生き方を考えることができるようにすること、などをねらいとする総合主義カリキュラムでした。

（3）学校教育と「選択と多様性」
　1980年代、欧米諸国では「新自由主義」と呼ばれる行政改革手法が台頭しました。代表的にはアメリカのレーガン政権とイギリスのサッチャー政権によるものがあげられます。そこでは公的セクターの民営化を通じた福祉領域の削減、市場原理による企業活動の活性化、経済政策上の規制緩和といった政策が打ち出されましたが、公教育もまた、こうした改革の重要な対象となりました。この新自由主義は、日本では中曽根康弘内閣の政策に強い影響を及ぼしました。これによってわが国における民営化、規制緩和のディスコースが強められていくことになるのですが、それは公教育の領域も例外ではありませんでした。むしろ、公教育領域こそが重要な新自由主義改革の対象と目されたのです。

　1984年、中曽根内閣において臨時教育審議会（臨教審）が発足しました。これは中曽根首相の政治的意図を直接的に教育改革に反映させるため、文部省（当時）ではなく総理府（当時）に置かれた内閣直属の審議会でした。臨教審は1987年までに4次にわたる答申を提出して閉会した時限的な審議会であり、

活動期間はわずか3年でしたが、その後のわが国の教育改革に及ぼした理念的影響は多大なものでした。ここで最も重視されたのが「個性重視の原則」です。第4次答申では、「画一性、硬直性、閉鎖性」がわが国の公教育の根深い病弊であることが指摘され、これを打破し、「個性重視の原則」を確立することがめざされました。この原則を確立するための最も重要な手段が「教育の自由化」でした。こうして、これまでの画一的で閉鎖的な教育が見直され、人々が選択をしていくことのできる柔軟で分権的な制度構築がめざされることとなりました。中教審もまた、1991年に「新しい時代に向けた教育の諸制度の改革について」を答申し、教育制度の多様化に向けた改革提案を行っていますが、臨教審が示した理念が実践に移されるのは、全体的な行政改革が規制緩和や地方分権に向かっていく1990年代の後半以降のことです。

3.「ゆとり教育」の終焉

（1）低学力問題

1977年の改訂以降、「ゆとり教育」の路線が進められていくなかでも、1998年学習指導要領改訂については、学校における授業数や学習内容の著しい削減、および「総合的な学習の時間」の意義や効果などが疑問視されるなど、多くの問題が指摘されることとなりました。ゆとり教育に対する批判の象徴ともいえるものが、「低学力問題」です。それは1999年に岡部恒治・戸瀬信之・西村和雄らによって刊行された『分数ができない大学生――21世紀の日本が危ない』（東洋経済新報社）を発端とするものでした。同書は私立大学の経済系の学生の数学力低下に焦点をあてたもので、大学入学学力試験科目が少数化していることと、数学を学ばないで大学に入学してくる学生の問題を指摘しています。2000年には続編の『小数ができない大学生――国公立大学も学力崩壊』が刊行され、東大・京大を含む国公立大学における学力が低下していることが示されました。さらに、2001年には『算数ができない大学生――理系学生も学力崩壊』が刊行されています。これらの著書によって、すべての領域に学力低下の波が押し寄せているという問題が提起されたのです。

こうした印象は、学力調査によって数値として表れています。上記の一連の文献の著者等自身が証左として取り上げているものに国立教育研究所による、同一問題の正答率についての経年調査などがありますが、そこでも1990年代後半のデータはいずれもその前の調査段階よりも成績が低下していることを示

しています。それにもかかわらず、文部省は学力低下の事実を認めず、ゆとり教育を見直そうとはせず、さらに教育内容を削減しようとしているということが、彼らの批判の要点でした。

これらの一連の刊行物によって低学力問題の議論が一般に認識されるようになった2003年、経済協力開発機構（OECD）の「生徒の学習到達度調査（PISA）調査結果」および、同年の国際教育到達度評価学会（IEA）の「国際数学・理科教育調査（TIMSS）」は、改めてわが国の学力水準が危機的な状況にあることを示唆するものでした。たとえば、TIMSS 2003年調査におけるわが国の中学校2年生の数学は全体で5位であり、1999年の調査と順位は変わらなかったのですが、平均得点については9点ほど下がっています。1995年の調査では、調査対象国が少ないなどの条件の違いはありますが、わが国がシンガポールに続いて、韓国と同点2位であったことに鑑みると、学力の低下は顕著といえます。また、15歳児を対象としたPISAの数学的リテラシーの調査では全体で6位と、理数に強い日本というイメージを覆すようなショッキングな内容が示されました。これらの学力調査に加えて、学習時間などの調査でも、95年から99年の期間に、明らかに学校の外で勉強する時間が減っているという結果が出ています。

日本の子どもの学力が外国と比較した場合においても、少し前の時期と比較した場合においても、明らかに低下しているという事実は、わが国の将来についての危機感を引き起こすことになりました。2000年代に入り、公教育をめぐる議論は、この「低学力問題」を中心として展開されることになります。

（2）「確かな学力」へ

1998年の学習指導要領が全面的に実施される2002年の1月に、文部科学省（2001年に文部省を改組）によって「確かな学力の向上のための2002アピール」が報道発表されました。1990年代後半から拡大していた「低学力問題」の論議と、1998年に公示された学習指導要領に対する批判の高まりと、このアピールがどのように関係しているのかは必ずしも明らかではないのですが、それによると、「基礎・基本を確実に身につけ、それを基に、自分で課題を見つけ、自ら学び、自ら考え、主体的に判断し、行動し、よりよく問題を解決する能力」「豊かな人間性」「健康と体力」を総合した「生きる力」の育成という98年指導要領の目標において、「心の教育」と「確かな学力」の向上が、とりわけ重要な課題であると述べられています。「心の教育」については、80年代

後半から生じた「**新しい荒れ**」といわれる学校問題への対応が意図されていました。また、「確かな学力」については、この後の学習指導要領の改訂に向けて、さらに議論が積み重ねられていくことになります。

　このアピールの翌年（2003年）に、中教審は「初等中等教育における当面の教育課程及び指導の充実・改善方策について」を発表しました。それは、学力低下の実態が数値的にも明らかに示されている状況下で、さらに内容を削減される形で出された学習指導要領をフォローすることを目的とするものであったと考えられます。98年学習指導要領は公示直後から大きな批判にさらされ、数年を待たずにそれへの対応を迫られることになったのです。

（3）急進的な教育改革

　2001年に誕生した小泉純一郎政権においては、行政制度全体にわたって権限の地方委譲を軸とした大胆な改革が進められました。それは教育行政制度においても例外ではありませんでした。同政権下ではいわゆる**教育特区**（**構造改革特区**）制度により、さまざまな試みがなされました。これらの試みのなかには、後に制度化されたものもあります。同政権の末期から次期の安倍晋三政権にかけて、教育改革がさらに急激に展開されていくことになります。

　2006年6月には、小泉内閣における「地方分権三位一体改革」により、義務教育費国庫負担法が改正されました。これによって義務教育費における国庫負担率が2分の1から3分の1へと変更され、地方自治体の負担割合が拡大することとなりました。また、同時に学校教育法第1条が改正され、特殊教育から特別支援教育への全体的な理念と制度の転換が行われました。

　さらに同年9月に政権についた安倍内閣においては、翌10月に内閣に教育再生会議の設置することが閣議決定され、さらなる教育改革が加速的に進められていくことになります。中曽根政権下で招集された臨時教育審議会のときと同様に、首相自らが教育改革に乗り出したのです。同年11月には、文部科学省および教育委員会のいじめ隠し問題が物議をかもし、さらに高等学校の必修科目未履修問題が発覚する事態となりました。度重なる教育行政の不祥事によって世論が教育改革を志向する方向に向かうなか、同年12月22日、ついに**教育基本法**が改正されました。もちろん、これは2003年に発足した教育改革国民会議や2005年の中教審答申「新しい時代にふさわしい教育基本法と教育振興基本計画について」においても検討されてきたことであり、必ずしも安倍政権による改革とのみ説明することはできないのですが、これが2006年の

Column ❶　国立大学法人化と産学官連携

　規制緩和・新自由主義による急激な改革は、高等教育にも及んでいます。臨教審を受けて発足した大学審議会は、1991年、大学設置基準の大綱化によるカリキュラムの自由化と自己評価による自己責任の原則を提唱しました。いわゆる「護送船団方式」からの脱却です。1998年大学審答申では、「個性化・多様化・高度化」によって各大学が自由に競争することを求め、2000年代には、優れた教育や研究を支援するために、COE（Center of Excellence）やGP（Good Practice）などの競争的資金が導入されました。その後、2004年に、すべての国立大学が「法人化」されたのです。文部科学省は、「法人化」に至った理由を以下のように説明しています。

　「これまでの国立大学は文部科学省の内部組織であったため、(中略) 大学が『こうしたい』と思ったときに直ぐに実現できません。また、お金をどういうことに使うのかはかなり細かく決められていて、研究を進めていく途中で更にお金が必要になった場合でも、別に使う予定のお金から工面することもなかなかできません。それから、教職員は公務員なので、給与が一律に決められていて頑張った人の給与を高くすることにも限界がありますし、民間企業との協力もしにくいところがありました。その点、欧米諸国においては、国により大学制度は様々ですが、国立大学や州立大学でも法人格があって、日本の国立大学に比べて自由な運営ができる形態になっているのが一般的です。そこで、日本の国立大学についても、こうした不都合な点を解消し、優れた教育や特色ある研究に各大学が工夫を凝らせるようにして、より個性豊かな魅力のある大学になっていけるようにするために、国の組織から独立した『国立大学法人』にすることとしたわけです」（文部科学省高等教育局国立大学法人支援課「国立大学等の法人化について」）

　「法人化」は、各大学に財政的な自立を求めましたが、行財政の効率化・経費削減が目的ですから、政府予算が増えるわけではありません。そこで、各大学は、外部資金を獲得するために、企業や政府・自治体と協力して経済的利潤を生む技術を開発する「産学官連携」に力を入れています。たとえば、大学の研究成果を特許化して企業に技術移転する技術移転機関の整備や、大学発ベンチャーの育成などです。確かに、グローバル化する経済競争のなかで生き残るには、新しい技術の迅速な実用化が必須です。しかし、「選択と集中」という予算措置は、結局、ヒト、モノ、カネの資源に恵まれた少数の研究大学が潤い、それ以外は疲弊していくというように、大学間の格差構造を拡大・固定化させる危険があるのです。

　　　　　　　　　　　　　　　　　　　　　　　　　　　（五島 敦子）

図表1-5　教育再生会議7つの提言

① 「ゆとり教育」を見直し、学力を向上する
② 学校を再生し、安心して学べる規律ある教室にする
③ すべての子供に規範を教え、社会人としての基本を徹底する
④ あらゆる手だてを総動員し、魅力的で尊敬できる先生を育てる
⑤ 保護者や地域の信頼に真に応える学校にする
⑥ 教育委員会の在り方そのものを抜本的に問い直す
⑦ 「社会総がかり」で子供の教育にあたる

急激な教育改革の波に乗って実現したという側面は否定できないのではないでしょうか。

　さて、教育再生会議は発足の3カ月後の2007年1月に第一次報告書を提出しています。それは「21世紀の日本にふさわしい教育体制を構築し、教育の再生を図っていくため、教育の基本にさかのぼった改革を推進する」ことを趣旨とするものでした。この提言を受けて同年6月に**教育三法改正**が行われました。これは学校教育法の全面的な改正、教育職員免許法改正による教員免許更新制の導入、地方教育行政の組織及び運営に関する法律の改正という三法の改正を指します。

　さらに2008年の学習指導要領の改訂をめぐる議論にも、教育再生会議は大きな影響力を及ぼしています。形式的には中央教育審議会の教育課程部会が中心となって改訂作業が進められるのですが、このときは実質的に教育再生会議での議論や提言を中心として改訂の方向性が定められたと見ることができます。同会議では、日本の生徒の学力、規範意識、体力の低下が課題とされ、それに取り組むことが新学習指導要領に課題とされたのです。こうして、2008年に公示された新たな学習指導要領において、30年間続いた「ゆとり教育」は終焉し、「確かな学力」を新たなスローガンとして出発することとなりました（「生きる力」は撤回されてはいませんが）。体力の低下については、体育の授業数の増加によって取り組まれることとなりました。また、規範意識の低下については、副教材の指定や道徳教育のための教員研修制度の徹底も視野に入れて、その強化が現在検討されています。

4. 日本の学校教育の課題

　日本の学校教育は、その時期のさまざまな社会状況や問題に直面し、それら

に対応するために改革を繰り返してきました。とくに近年の改革はあまりに性急で、迷走ともみえる様相を呈しています。しかし、別の側面から検討するならば、現在日本社会に生じている社会の多元化という重要な変化が学校教育にもたらしている難問については、ほとんどが不問に付されています。

　明治以来、どの時代区分においても、わが国は外国の教育動向に強い関心をもち、多大な影響を受け続けてきました。そして、今日ほど、日本における国際化が進行している時期はありません。それにもかかわらず、わが国の教育改革は、理念においても実践においても、こうした状況を視野に入れていないのです。当然のことながら、日本とは異なる言語や文化、慣習をもつ多くの子どもたちが公立学校で就学するようになっている今日、学校教育現場はさまざまな問題に直面しています。そして、各地方自治体も手探りで対応しているのが現状です。文部科学省のレベルではこれらの問題はいまだ十分には認識されていないのです。

　わが国において、「国際化」とは相変わらず進んだ外国の制度を取り入れること、日本人が外国（語）でコミュニケーションできるようになることしか意味されていません。小学校の新学習指導要領において英語活動が導入されるなど、さらなる「国際化」がキーワードとなってはいるものの、異文化混交がもたらす混乱、対立、排除の問題、それへの対応のあり方は課題として認識されていないのです。今やわが国における外国籍児童生徒の不就学の問題は深刻なレベルに達しています（第8章第2節）。これではわが国が「子どもの権利条約」を批准している意味はありません。今日、わが国が課題とすべきは、多文化社会における公教育のあり方を模索することではないでしょうか。

🔑 キーワード解説

●**実学**　いろはの四十七文字、手紙の書き方、そろばんのけいこに始まり、地理学、究理学、歴史、経済学、修身学などにつながる実用的な学問。

●**教育勅語**　1890（明治23）年に明治天皇により発せられた『教育ニ関スル勅語』のこと。勅語とは、天皇が直接国民に対して示した言葉であり、教育勅語は終戦後に無効化の決議がなされるまで日本の公教育の中心的な理念としてかかげられていた。忠孝を国民教育の中心に据えるものであり、発布後は全国の学校に配布され、「ご真影」とともに敬礼の対象とされた。

●**逆コース**　政治上の反動化の傾向をいう語。1950年代、米ソの冷戦構造を軸にした世界情勢を背景に、日本をアジアにおける「反共の防壁」とすることが示さ

れた。アメリカの対日占領政策が「民主化・非軍事化」から「対ソ・反共政策」へと軌道修正され、労働組合運動や教育運動にも弾圧が加えられるなど、戦後改革の反動が広がった。この一連の動向を「逆コース」と呼ぶ。

●**中央教育審議会**　1952（昭和27）年に設置された文部大臣の諮問機関として、重要な改革の実施時に大臣の諮問を受け、諮問課題について調査、審議し、答申する。民間の有識者によって組織される。2000（平成12）年に教育課程審議会（1950年設置）などの他の審議会と統合された。

●**「新しい荒れ」**　1990年代の後半に入ると、1970年代から80年代にかけての高校中退や不登校、校内暴力、さらには「いじめ」などの学校問題とは少し質の異なる「新しい荒れ」が注目されるようになる。学校生活を成立させるための規律そのものが身についていない子どもによって引き起こされる「学級崩壊」や、「キレやすい」普通の子ども、また、ある日突然生じる「引きこもり」などの諸問題は、これまでの方法では対処しきれない問題として対象化されることとなった。

●**教育特区**（構造改革特区）　小泉政権下に成立した構造改革特別区域法が公教育の領域に適用されたもの。これによって学校教育法や教育職員免許法などに特例が設けられ、それまで法的に不可能であった公立学校の中高一貫教育の実施や株式会社立学校の設立、教員の特別免許状の授与対象の多様化、学習指導要領に従わない教育を行う学校などの試みがなされるようになった。

●**教育基本法**　1947（昭和22）年に制定された戦後の教育の根本理念を示す法律。日本国憲法制定の際に憲法のなかに教育関係の章を設けるかどうかが論議されたが、結局独立した基本法として成立した。そのため「準憲法的性格」をもつものとされてきたが、2006（平成18）年に議会で改正された。

●**教育三法改正**　2007年6月、安倍政権下で行われた学校教育法の全面的な改正、教育職員免許法改正による教員免許更新制の導入、地方教育行政の組織および運営に関する法律の改正を指す。

読んでみよう

①苅谷剛彦［2002］『教育改革の幻想』筑摩書房.
　1960年代の系統主義教育の強調への対抗として登場した子ども中心主義、ゆとり教育を批判したもの。

②藤田英典編［2007］『誰のための「教育再生」か』岩波書店.
　近年、急速に展開された一連の教育制度改革（全国一斉学力テスト、教員免許更新制度等）などの問題点を検証し、真の教育再生のあり方を提起している。

③黒崎勲［1999］『教育行政学』岩波書店.
　教育行政学を社会科学の枠組でとらえ直し、現行教育行政制度を再解釈しよう

とするもの。教育行政の基本的な概念はもとより、現代の教育行政学における最も重要な課題についても焦点化されている。

④藤田晃之［2006］『新しいスタイルの学校――制度改革の現状と課題』数研出版.

　教育特区や学校選択制度など、近年実施されるようになった教育行政上の新たな試みが紹介、解説され、その課題について検証している。

⑤志水宏吉［2009］『全国学力テスト――その功罪を問う』岩波ブックレット No.747，岩波書店.

　日本で半世紀前に行われていた全国学力テストや日本が範とするイギリスのナショナル・テストの経験をふまえ、テスト実施の是非を論じる。

考えてみよう

①知識や試験を重視する系統主義的な学習が強調されるのは、どのような社会状況のときか、考えてみよう。

②ゆとり教育は、教育における「格差問題」を拡大する要因となったとして批判されている。どのような意味か、考えてみよう。

③現在、外国籍児童生徒の公立学校への受け入れについては、地方自治体レベルでそれぞれの状況に応じて取組がなされている。どのような取組が行われているか、調べてみよう。

［引用・参考文献］

天野郁夫［2008］『国立大学法人化の行方――自立と格差のはざまで』東信堂.
江藤恭二監修［2008］『新版 子どもの教育の歴史――その生活と社会背景をみつめて』名古屋大学出版会.
片桐芳雄・木村元編著［2008］『教育から見る日本の社会と歴史』八千代出版.
西村和雄他編［2001］『学力低下と新指導要領』岩波ブックレット No.538, 岩波書店.
日本史籍協会編［1931］『木戸孝允文書八』東京大学出版会.
福沢諭吉［1942］『学問のすゝめ』岩波書店.
藤田英典［2001］「戦後日本における青少年問題・教育問題――その展開と現在の課題」『教育学年報8（子どもの問題）』.
文部省［1972］『学制百年史』文部省.
山田恵吾・藤田祐介・貝塚茂樹著［2003］『学校教育とカリキュラム』文化書房博文社.

■ 清田 夏代

第2章 教育改革の国際比較

アメリカ・オハイオ州の高校マーチング・バンド（筆者撮影）

● この章のねらい ●

グローバル化する21世紀を迎え、世界各国では、国際競争力の強化を視座に据え、教育水準の向上をめざす教育改革が推進されています。本章では、新しい時代の子どもたちに求められている学力とは何かを考え、欧米諸国を中心に、世界の教育改革の動向を学んでいきます。他の国々が、それぞれの教育改革の方針を相互の関係のなかで選択していく過程を比較考察することで、日本の教育改革がもつ意味を客観的に理解することがねらいです。

1. 21世紀に求められる学力
2. アメリカの教育改革
3. ヨーロッパ諸国の教育改革
4. 教育改革のゆくえ

1. 21世紀に求められる学力

（1）冷戦終結後の世界とグローバリゼーションの進展

　第1章でみてきた日本の急進的な教育改革は、国際社会の急速な変化を反映しています。21世紀への世紀転換期は、冷戦終結によって米ソ対立の戦後体制が崩壊し、新しい国際秩序が模索された時代でした。国際平和への期待が高まったにもかかわらず、各地域の長年にわたる不満や抗議が民族的・宗教的対立とともに顕在化し、内戦や地域紛争が増加しました。紛争解決と平和維持をめざして、多国籍軍や地域連合がたびたび軍事力を発動しましたが、先進国主導の国際安全保障体制に対する反発から、自爆テロを含む武装勢力の抵抗運動が各地で頻発しました。とりわけ、唯一の超大国となったアメリカの影響力は大きく、それに反発するムスリム民衆の間には、アメリカの世界支配に対する抵抗を掲げたイスラーム復興運動が広がりました。2001年9月11日には、乗っ取られた飛行機がニューヨークとワシントンのビルに突入する同時多発テロ事件が起こり、世界に衝撃を与えました。

　複雑化する国際紛争の背後には、経済的利害の重層的な対立があります。世界経済では、東西の壁の消失とともに、流通や金融の規制が緩和され、国境を越えた市場の自由化が進みました。さらにインターネットなどの情報通信技術の進歩によって、膨大な情報を瞬時に全世界で共有することが可能になりました。ヒト、モノ、カネの移動が地球規模に拡大し、世界の一体化としてのグローバリゼーションが進展したのです。市場の拡大と資本の集中によって、発展途上国は多大な債務を抱え、先進工業国との経済格差（南北格差）が拡大しました。さらに、途上地域のなかにも情報産業や資源開発による経済発展を遂げた国が現れるなど、途上国間での格差（南南格差）が生まれています。

　ボーダレス化が進む今日では、技術革新に適応できる質の高い労働力や独創的な人材の確保が、国家の存在基盤を支える重要な課題となっています。他方では、経済発展を究極の目的とする価値志向や科学文明の発展は、自然環境の破壊やマイノリティの差別と排除などの問題を深刻化させてきました。これらの問題に対して、利害対立を乗り越えた地球規模の取組が必要とされています。

（2）知識基盤社会の到来とキー・コンピテンシー

　これからの子どもたちには、どのような資質や能力が求められているので

しょうか。21世紀は、新しい知識・情報・技術が政治・経済・文化をはじめ社会のあらゆる領域での活動の基盤として飛躍的に重要性を増す「知識基盤社会」(knowledge-based society) の時代といわれています。知識には国境がないため、絶え間ない技術革新に対応できる幅広い知識と柔軟な思考力が重要です。同時に、現代社会は多様で流動的であるために、信頼と共生を支える基盤として、他者を尊重し、積極的にコミュニケーションをとる力が必要です。さ

図表 2-1　DeSeCo の全体枠組

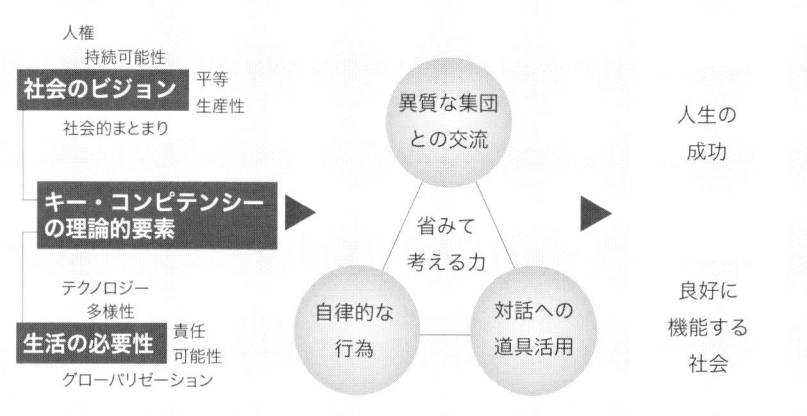

出所：ライチェン 2006: 196

図表 2-2　個人的・社会的目標とコンピテンシー

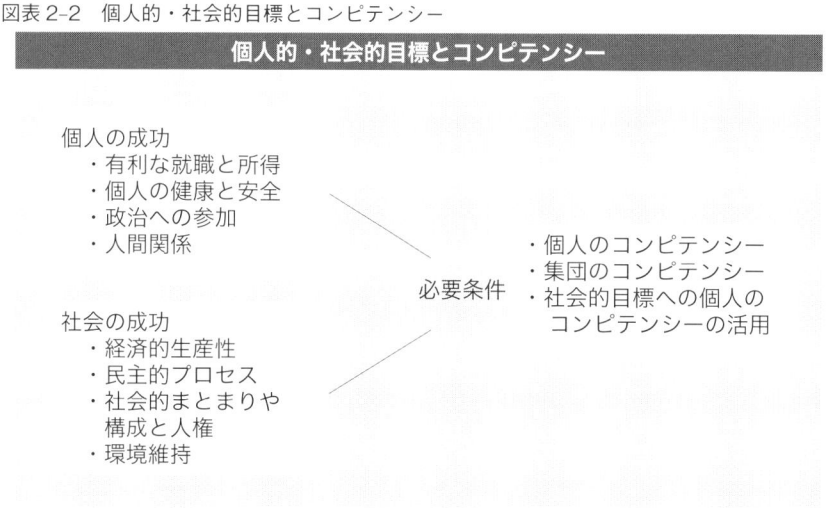

出所：ライチェン 2006: 204

らに、相互依存が深まっているだけに、二者択一の解決法ではなく、同じ現実の両面にある一見矛盾した相容れない課題を調和的に解決する能力が求められます。たとえば、持続可能な経済発展を維持しながら、環境破壊を回避することや、少数民族の言語や文化を尊重しつつ、すべての子どもに普遍的な教育を保障することが必要です。

　経済協力開発機構（OECD）は、このように複雑化する社会のなかで、特定の専門家でなく、すべての個人が、人生の成功や社会の発展といった目標を実現するために鍵となる能力を「キー・コンピテンシー」と定義しました。それは、①相互作用的に道具を用いる力、②社会的に異質な集団で交流する力、③自律的に活動する力、という３領域で構成されています（図表2-1）。この３つの枠組の中心にあるのは、個人が深く省みて考える力（Reflectiveness）です。教えられた知識や技能だけでなく、状況に応じてこれらの能力を横断的に用いる包括的な能力、すなわち、生涯にわたる根源的な学習の力としてのコンピテンシー（能力）なのです。

　キー・コンピテンシーは、「個人の成功」と「社会の成功」という個人的・社会的目標を実現するための必要条件であり、経済的な行為においてだけでなく、健康や福祉の改善、より良い子育て、社会政治的参加の拡大といった意味でも重要です（図表2-2）。この能力概念は、OECDによる「コンピテンシーの定義と選択――その理論的・概念的基礎（DeSeCo: Definition & Selection of Competencies: Theoretical & Conceptual Foundations）」プロジェクトの成果で、多数の加盟国が参加して国際的合意を得ました。

（3）国際学力調査とその影響

　OECDが2000年から３年毎に実施した「生徒の学習到達度調査（PISA: Programme for International Student Assessment）」は、この新しい学力観に基づいた調査です。義務教育修了段階の15歳児を対象に、読解力、数学的リテラシー、科学的リテラシーの３分野について、社会生活で活用できる実践的な能力を調査するもので、PISA 2006には57カ国・地域から約40万人が参加しました。

　PISAは、単に知識や技能をもっているかだけではなく、それらを道具として実生活のさまざまな場面で直面する課題に、どの程度「活用」できるかを評価します。したがって、学校カリキュラムの習得度だけを測るわけではありません。しかし、調査の結果は、国際的な学力ランキングとみなされ、各国が自

図表 2-3　PISA 2000/2003/2006 の国別平均点

2000 年調査（32 カ国）

	数　学			読解力			科　学	
1	日本	557	1	フィンランド	546	1	韓国	552
2	韓国	547	2	カナダ	534	2	日本	550
3	ニュージーランド	537	3	ニュージーランド	529	3	フィンランド	538
4	フィンランド	536	4	オーストラリア	528	4	イギリス	532
5	オーストラリア	533	5	アイルランド	527	5	カナダ	529
6	カナダ	533	6	韓国	525	6	ニュージーランド	528
7	スイス	529	7	イギリス	523	7	オーストラリア	528
8	イギリス	529	8	日本	522	8	オーストリア	519
9	ベルギー	520	9	スウェーデン	516	9	アイルランド	513
10	フランス	517	10	オーストリア	507	10	スウェーデン	512

2003 年調査（41 カ国・地域）

	数　学			読解力			科　学			問題解決	
1	香港	550	1	フィンランド	543	1	フィンランド	548	1	韓国	550
2	フィンランド	544	2	韓国	534	2	日本	548	2	フィンランド	548
3	韓国	542	3	カナダ	528	3	香港	539	3	香港	548
4	オランダ	538	4	オーストラリア	525	4	韓国	538	4	日本	547
5	リヒテンシュタイン	536	5	リヒテンシュタイン	525	5	リヒテンシュタイン	525	5	ニュージーランド	533
6	日本	534	6	ニュージーランド	522	6	オーストラリア	525	6	マカオ	532
7	カナダ	532	7	アイルランド	515	7	マカオ	525	7	オーストラリア	530
8	ベルギー	529	8	スウェーデン	514	8	オランダ	524	8	リヒテンシュタイン	529
9	マカオ	527	9	オランダ	513	9	チェコ	523	9	カナダ	529
9	スイス	527	10	香港	510	10	ニュージーランド	521	10	ベルギー	525

注：1）2003 年の日本の読解力は 498 点で 14 位
　　2）イギリスの学校実施率が国際基準を満たしていなかったため、分析から除外
　　3）香港、マカオは 2003 年から参加

2006 年調査（57 カ国・地域）

	数　学			読解力			科　学	
1	台湾	549	1	韓国	556	1	フィンランド	563
2	フィンランド	548	2	フィンランド	547	2	香港	542
3	香港	547	3	香港	536	3	カナダ	534
4	韓国	547	4	カナダ	527	4	台湾	532
5	オランダ	531	5	ニュージーランド	521	5	エストニア	531
6	スイス	530	6	アイルランド	517	6	日本	531
7	カナダ	527	7	オーストラリア	513	7	ニュージーランド	530
8	マカオ	525	8	リヒテンシュタイン	510	8	オーストラリア	527
9	リヒテンシュタイン	525	9	ポーランド	508	9	オランダ	525
10	日本	523	10	スウェーデン	507	10	リヒテンシュタイン	522
11	ニュージーランド	522	11	オランダ	507	11	韓国	522

注：1）2006 年の日本の読解力は 498 点で 15 位
　　2）台湾、エストニアは 2006 年から参加

出所：文部科学省統計情報 PISA（OECD 生徒の学習到達度調査）より作成

国の国別平均点の順位に一喜一憂しました（図表2-3）。「PISAショック」と呼ばれるこの影響は、世界各国で、学習内容の見直しや教育スタンダードの策定、あるいは、評価の制度化などを進展させました。日本でも「確かな学力」への転換が図られ、2007年度から「教育に関する継続的な検証改善サイクルを確立」することをねらいとした「全国学力・学習状況調査」が開始されました。

　国際学力調査は、国際的に比較可能な調査を定期的に行うことによって、生徒の学習到達度に関する政策立案に役立つ指標を開発することを目的としています。PISA以前にも、すでに1964年から、国際教育到達度評価学会（IEA）によって国際数学・理科教育調査（1995年から国際数学・教育動向調査）が継続的に取り組まれてきました。TIMSS (Trends in International Mathematics and Science Study) と称するこの調査は、算数・数学、理科の到達度を国際的な尺度によって測定し、学習環境などとの関係を明らかにするもので、1995年以来、4年毎に実施されています。TIMSS 2003の参加国・地域数は41でしたが、TIMSS 2007では59に増えました。

　TIMSSが、教科内容の習得度を測るアチーブメント・テスト型であるのに対し、PISAでは、活用学力や学力適性を測るリテラシー・アプローチがとられています。TIMSSとPISAは、学力の概念や測定方法は異なりますが、共通する点は、世界各国で学力論争を巻き起こし、学力のグローバル・スタンダード化を加速させたことです。とりわけ欧米先進国では、学力低下が国力減退を招くという危機感が高まり、グローバルな競争に勝ち抜くために、競争力の基礎となる学力向上をめざす教育改革が展開されました。

2．アメリカの教育改革

（1）教育改革の始動

　アメリカにおいて、学力向上は、1983年にレーガン政権下で出された報告書『危機に立つ国家（A Nation at Risk）』以来の主要な教育課題でした。深刻な経済危機に瀕していたアメリカは、その原因が公教育の水準低下にあると考え、さまざまな公教育の改革を提案したのです。ブッシュ（父）大統領は2000年までに達成すべき6つの目標を提案し、「2000年のアメリカ――教育戦略（America 2000: An Education Strategy）」（1991年）によって、教育スタンダード策定とそれに基づく州統一学力テスト実施という教育政策が示されました。その政策を引き継いだクリントン大統領は、6つの目標にさらに2

項目を加え、連邦法「2000年の目標——アメリカを教育する法（Goals 2000: Educate America Act）」（1994年）を成立させました。これにより、学力向上のための州による教育スタンダード設定が法制化され、連邦政府の補助金交付が明示されました。

　アメリカの義務教育年限は州によって9年から12年と幅があり、その開始年齢もさまざまです。高等学校進学の際に、原則として入学試験はありません。大学入試も日本のような学力試験ではなく、大学進学適性試験（SAT）と高等学校の学業成績やクラブ活動の成果などをまとめた志願書で選考されます。学部や専攻は大学入学後に決定する場合が多く、編入学制度の利用も盛んなように、進路選択の自由度が高い**単線型**です。就学前の1年間と初等中等教育12年間をあわせてK–12と表しますが、学校系統は、学区によって異なります。一般的には、8–4制、6–3–3制、6–6制が主流ですが、近年では、思春期の変化に対応したミドル・スクールを置く5–3–4年や4–4–4制が増えています。このように多様である理由は、公教育の法的管理が州政府の権限であり、学区による地方自治を原則とするからです。教職員の採用と人事、校舎やスクールバスの維持管理、カリキュラムの作成、教材教具の購入など、日々の学校の維持・管理は学区が責任を負います。したがって、これまで、教育に対する連邦政府の役割は限定的でした。ところが、学力向上をめざす一連の改革は、連邦政府の強いリーダーシップのもとに教育目標を定め、その実行を州政府に求めた点で、アメリカ教育行政の大きな転換点となりました。

（2）学校選択とチャーター・スクール

　教育改革の方法として推進されたのは、学校選択制度でした。たとえば、芸能教育、理数教育、外国語教育などの魅力的な教育プログラムによって地域から多くの生徒を磁石のように引きつける「マグネット・スクール」や、教育委員会が生徒一人ずつにバウチャーを配布して各自が選択した学校に授業料として支払う「**教育バウチャー制**」が導入されました。なかでも「チャーター・スクール」は、教師・父母・地域住民らが自分たちの理想とする教育を実現するための学校選択制度として、全米規模で急速に普及しました。

　チャーター（Charter）とは、特許状または認可状のことです。公立学校の運営を希望するものは、州や学区の教育委員会から特別にチャーターを受け、学業成績などにおいて一定の成果をあげることを条件に、契約を結びます。運営は、親や地域住民だけでなく、NPOや株式会社に委託されることもあります。

図表 2-4　チャーター・スクールの学校数・在学者数の推移

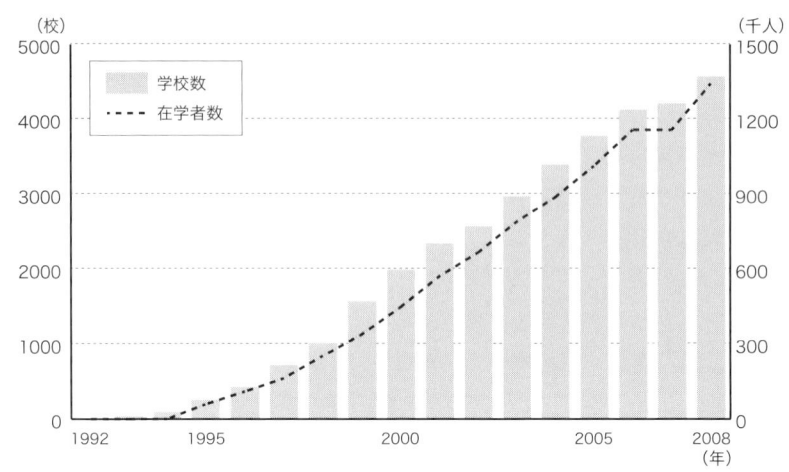

出所：文部科学省 2009: 45

　教育内容は、中途退学者や低所得者あるいは少数民族の教育に重点を置いたり、大学進学教育や英才教育を特色とすることもあります。このように、カリキュラムに大幅な弾力性が認められているのです。通学地域を越えて就学できるため、公立学校でありながら、自由に学校を選択することができます。民間のシンクタンクの発表によると、2008年10月時点で、チャーター・スクールの学校数は4568校、在学者数は約134万人となり、前年度より355校増、約10万人増となりました（図表2-4）。

　チャーター・スクールは、確かに自由な教育が可能ですが、公費で運営される以上、契約期間内に学業成績に関して成果をあげ、説明責任（アカウンタビリティ）を果たすことが求められます。もし契約時の成果があげられなければ、契約が更新されず、廃校になる場合もあります。たとえば、多くの公設民営型のチャーター・スクールを運営する株式会社のエジソン・スクール社は、学業不振のために契約打ち切りになったり、問題のある生徒を排除したりして、非難されました。実際に、2002年以降2008年10月までの閉校数は562校にのぼります。学業成果を検証する指標には、州統一テストが用いられるため、各学校の教員は、日々、テスト対策に奔走しなければなりません。このように、チャーター・スクールは、学校選択の自由と学力向上の責任が表裏一体になった政策といえます。

(3) NCLB 法とその影響

　ブッシュ（子）大統領によって 2002 年に制定された連邦法「落ちこぼれをつくらないための初等中等教育法（NCLB: No Children Left Behind ACT）」は、この方向性をさらに強めました。NCLB 法は、経済的・社会的に不遇な条件下にある児童生徒の教育を保障するために州や地方を支援する連邦補助金について定めた「初等中等教育法（1965 年）」を改正した法律です。本法は、州と地方の裁量権を増して選択の自由を拡大する一方で、学力テストの結果を公表し、すべての生徒が教育スタンダードに対して一定の習熟レベルに到達していることを求めました。公立学校は「**年間向上目標（AYP: Adequate Yearly Progress）**」を、数年間、連続して達成できないと「改善が必要な学校」に指定され、改善計画の作成と実行が求められます。それでも進歩がみられない場合、教職員の再編やチャーター・スクールへの転換という矯正的な措置がとられます。

　歴史的に移民が多く、多様な人種や民族で構成されるアメリカの学校では、人種、所得、英語の習熟度などによる学力格差が課題とされてきました。NCLB 法は、本来、こうした格差を是正し、「どの子も置き去りにしない」ことをねらいとした法律です。しかし、テストの成績次第で学校予算を変更するなど、説明責任（アカウンタビリティ）を強調するあまり、学校現場に混乱がもたらされました。たとえば、AYP を達成するために、学力の低い生徒に州統一テストを受験させなかったり、虚偽の成績を報告したりした事例が明らかになっています。また、すべての子どもにひとつの基準をあてはめ同じテストを受けさせることは、文化的な多元性や障がいをもつ児童生徒への配慮に欠けるという批判もあります。そのため、NCLB 法は、本当に支援が必要な子どもたちを排除し、「多くの子どもたちを置き去りにした」と指摘されています。

　はたして、アメリカの子どもたちの学力は、こうしたテスト漬けの生活によって実際に向上したのでしょうか。マサチューセッツ州を例にとると、確かに州統一テストの結果では飛躍的な向上が認められるといいます。しかし、PISA 2003 と PISA 2006 の結果を比較すると、アメリカの順位が大きく上がっているとはいえません。また、州統一テストの成績が良い生徒が、必ずしも大学進学適性試験である SAT の成績が良いとは限りません。人種や民族による学力格差にも大きな変化は見られず、むしろ格差が固定する傾向にあるとする研究もあります［黒田 2009］。

　2009 年に就任したオバマ大統領は、ブッシュ政権下では予算的裏づけが欠けていた NCLB 法を見直し、連邦予算の増額やテストにおける教員の負担軽

減を行う意向を示しています。世界的な金融危機に対応するために、同年2月に成立した景気対策法では、教育が、ヘルスケア、エネルギーと並ぶ3つの経済再建のアジェンダとされました。具体的には、就学前教育の拡充、高等教育進学者に対する奨学金増額および減税措置、貧困学区や地方の財政難に対応した公立学校への支援などの施策が盛り込まれ、大規模な対策費が充てられました。続く同年7月には、学校教育の向上を目的として、"Race to the Top（トップへの競争）"と名づけられた支援策を発表し、教育現場の改革を促すための予算が配当されることになりました。厳しい経済状況のなかで、今後、オバマ大統領が教育の機会拡大と質向上という2つの課題に、いかにして立ち向かうのかが注目されます。

3．ヨーロッパ諸国の教育改革

（1）EUの課題と教育政策

　冷戦終結後のヨーロッパでは、高い失業率や高齢化の進展、社会保障支出の増大、研究開発投資の伸び悩みなど、多くの課題に直面しました。こうした課題を打開するため、欧州連合（EU）による統合により、域内のヒトの移動を促進して雇用を拡大し、経済を活性化することが求められました。2000年代になると、EUは、2010年までに「世界で最も競争力の高いダイナミックな知識基盤型経済」を形成するための「リスボン戦略」を策定しました。そのなかで、教育は、目標達成の鍵と位置づけられました。具体的には、成長と雇用のための職業能力開発が必要とされ、各国が共有できる教育スタンダードをつくることが課題となりました。

　高等教育分野では、「欧州高等教育圏」を構築してEU共通の学位制度を導入し、国境を越えた質保証のガイドラインが打ち出されました。EU圏内では、単位互換が容易になり留学のための助成金が得られることで、学生の国際移動が盛んになりました。ヨーロッパの空港に降り立つと、「**エラスムス計画**」と呼ばれる留学交流プログラムで他国に向かう学生を見かけることは、めずらしくありません。生涯学習分野では、労働力の移動を促すために、「欧州生涯学習圏」を構築して、EUの多様な資格認定システムを一元化する枠組がつくられました。共通の基準を設けて認定手続きを簡単にし、どこの国でも通用する資格をつくるためです。同時に、急激に変化する社会のなかで常に新しい知識や技術を獲得するために、生涯にわたって学ぶ力、すなわち、生涯学習のための

キー・コンピテンシーを身につけることがめざされています。

　初等中等教育分野でも、教育水準の向上がキーワードとなり、EU統合への対応として、義務教育年限の標準化や外国語教育の早期履修などが取り組まれています。しかしながら、ひとくちにヨーロッパといっても、歴史的・社会的・文化的背景の違いから、教育制度は国によってさまざまです。以下では、イギリス（イングランド）、ドイツ、フィンランドを事例に、教育改革の動向を見ていきます。

（2）イギリスの教育改革

　イギリス教育改革は、サッチャー政権下の1988年教育改革法が、大きな転機となりました。1979年に政権に就いたサッチャー首相は、「イギリス病」といわれた長い経済停滞から抜け出すため、それまでの福祉国家政策を転換し、効率を重んじる新自由主義的な政策を推し進めました。教育はその改革の中心に位置づけられ、学校選択制度を導入して学力水準を引き上げることが目標とされました。1988年教育改革法では、政府が内容を定めるナショナル・カリキュラムが導入されるとともに、義務教育期間を4段階（KS: キーステージ）に分け、それぞれのキーステージ修了時にナショナル・テストが開始されました。

　イギリス（イングランドとウェールズ）の義務教育は5～16歳の11年間で、初等学校は5～7歳までの幼児部（KS1）と7～11歳までの下級部（KS2）に区分されます。11歳で初等学校を卒業すると、かつては、グラマー・スクール、モダン・スクール、テクニカル・スクールに振り分けられていましたが、現在は、ほぼ90％が5年間の総合制中等学校（Comprehensive School: 11～14歳＝KS3、14～16歳＝KS4）に進学しています。地域によっては、子どもの発達を考慮する観点から、ファースト・スクール、ミドル・スクール、アッパー・スクールが設けられています。これらの公立学校とは別に、公費補助を受けない独立学校（私立）があり、プレ・プレパラトリー・スクール、プレパラトリー・スクール、パブリック・スクールがあります。このように、イギリスの教育制度は、複雑な**複線型**でした。ただし、今日では、一部の地域で選抜制のグラマー・スクールやモダン・スクールが維持されているものの、基本的には総合制中等学校が主流となっています。中等学校を卒業すると、シックスフォームと呼ばれる課程で大学準備教育を受けて大学に進学するか、フルタイムまたはパートタイムで継続教育カレッジに進学して職業教育を受けます。

　1988年教育改革法が注目されるのは、それまでは各学校が自由に教育内容

Column ❷　イギリスのシティズンシップ教育

　従来、イギリスでは人格形成に関わる教育として、宗教教育と人格・社会・健康教育（PSHE: Personal, Social and Health Education）が行われてきました。後者は性教育を含む健康教育や環境教育、キャリア教育などの個人的な課題を取り扱うものとなっています。2000年以降は、宗教教育、PSHE、そして「シティズンシップ教育」が一体となって推進されるようになっています。

　シティズンシップ教育は、2000年のナショナル・カリキュラムの改訂において、ブレア労働党政権が正式にナショナル・カリキュラムに加えたものです。その際、シティズンシップ教育についての顧問団の議長に指名されたのがバーナード・クリック博士でした。クリックは顧問団の座長として、この新たな教科枠組の策定にあたりました。クリックにとってシティズンシップ教育は、イギリスにおける市民、とくに若者たちの間に政治的参加の意識を高め、イギリスの民主主義を維持、発展させるためのものでした。この教科を通じて、人々が「活動的な市民」の自覚をもつようになることが期待されたのです。それは初等教育段階においては法令によらず奨励され、中等教育段階においては法定のものとして導入されました。ここではさまざまな社会問題や事件、歴史的な出来事をめぐる議論、意思決定や自治活動への参加などの実践を通じて、民主主義を支える活動的な市民として必要な知識やスキルを学びます。

　イギリスのシティズンシップ教育の導入にあたり、クリックによって最も問題視されていたのは、イギリスにおける市民、とくに若者たちの投票率の低下にみられる非政治的な実態でした。シティズンシップ教育の目的は政治的リテラシーを再建し、イギリスの民主主義の基盤を確固としたものにすることでした。

　さらに、イギリスはマイノリティの増加という問題を抱えていました。伝統的な、あるいはキリスト教的な価値観を共有しない人々の増加が、社会のなかに新たな葛藤をもたらしているなか、多様な人々が1つの社会で共生していく方法を見出していく必要があったのです。後にクリックは、イギリス国内に増加する移民や亡命者の処遇をめぐって、市民権付与に伴う「シティズンシップ・テスト」と国家への忠誠宣誓の枠組と内容を検討するための「連合王国の生活に関する顧問団」の議長も務めています。ブレア政権にとって、シティズンシップ教育とは学校教育上のカリキュラム改革にとどまらず、マイノリティの処遇をめぐる国家的な取組の一環であったことがわかります。

　このシティズンシップ教育の目的やそのための方法については多くの批判がなされています。主な批判としては、その方法や実践が教化主義的、管理主義的なものと受け取られかねないものであること、さらに人権教育に対する配慮が十分

:::
になされていないことなどがあげられています。しかし、イギリスのシチィズンシップ教育は、各個人が所属する「コミュニティ」における実践を重視する側面をもつものであり、必ずしもイギリスのナショナル・アイデンティティを強調するものとはなっていません。一元的な価値の強調によらない、コミュニティへの直接的な帰属意識と政治的参加の奨励は、異質なアイデンティティを必ずしも排除するものではありません。それは、イギリスのシティズンシップ教育の重要な特徴であり、また多元化社会における1つのモデルを示すものとして注目に値するものと考えられます。

(清田 夏代)
:::

を決めていたことにかえて、全国共通で段階的に到達すべき学力の指標を定めた点でした。1992年には教育水準局が創設され、学校査察が制度化されました。その際、カリキュラムの運用に関して、各学校の運営自治は保障されたものの、テスト成績や査察結果は、親が学校を選択する際の情報として公表されました。学校への予算配分は生徒数に応じて行われたため、より多くの生徒を獲得しようとして、学校間の競争が過熱しました。メディアがリーグ・テーブルと呼ばれる全国ランキング一覧を盛んに取り上げると、親たちはより良い学校に入学させようと住居を探し求め、上位校周辺の不動産価格が上昇するという現象もみられました。その結果、富裕層は上位校のある地域に移り住み、他方では貧困層は成績低迷校の周辺に取り残されるなど、新自由主義的な改革は「教育の階層化」「商品化」を助長すると批判されました。

　1997年に政権に就いたブレア首相は、1988年教育改革法の枠組を維持しつつも、生涯学習社会の創出をめざして積極的な「教育への投資」を行いました。貧困地域の支援、教員の待遇改善、就学前教育の充実、基礎学力向上戦略などの取組や、テスト結果の公表の取りやめ、シティズンシップ教育の導入など、多様な背景をもつ子どもたちに配慮した改革は、一定の評価を得ました。2007年に政権を交代したブラウン首相は、ブレア首相の方針を踏襲し、さらに教育技能省を再編して新たに「子ども学校家庭省」と「研究大学技能省」を置くなど、教育重視の方針を明らかにしています。また、学校の多様化・個性化を図る施策として、たとえば、既存の公立学校がトラストを設けることで外部の協力者を得て教育を革新する「トラスト・スクール」が設立されています。

　これまでの改革の結果として、確かに16歳児が受験する義務教育修了資格試験の得点は過去10年で確実に改善しました。ただし、習った知識の反芻はできても全体の文脈をとらえる力が弱くなっているという指摘もあります〔阿

部 2005]。近年では、第9学年（14歳）対象の全国テストの取りやめが決定されるなど、テストのあり方が見直されています。

　イギリスの場合、義務教育修了後に教育・訓練を受けている若者の割合は、2005年で76.0%と、OECD加盟国平均の84.5%を下回っています。また、16〜18歳人口においてニートと呼ばれる若者が2005年時点で10.9%を占めていたように、若年労働者の問題が深刻になっています。その対策として、義務教育年限を2年間延長して18歳とする「教育・技能法（Education and Skills Act）」が2008年に成立しました。延長した2年間では、職場での訓練と学校での学習を組みあわせた職業訓練プログラムに参加したり、就労しながらパートタイムで教育・訓練を受けることも可能です。中等教育段階の資格制度として「ディプロマ」という新たな職業資格も導入されました。今後は、教育と職業訓練をどのように統合していくかが問われることになるでしょう。

（3）ドイツの教育改革

　連邦主義国家のドイツでは、東西ドイツ統一後も伝統的な三分岐制の学校教育制度が維持され、教育の権限は各州に任されてきました。ドイツの教育制度は、子どもたちは6歳から基礎学校（Grundschule）に通い、中等教育では子どもの適性に応じて、基幹学校（Hauptschule）、実科学校（Realshule）、ギムナジウム（Gymunasium）のいずれかに進学する**分岐型**が主流です。基礎学校の第5・6年にあたる2年間はオリエンテーション段階で、子どもの成績をもとに保護者と話合いを繰り返して進路を決定します。義務教育年限は9年（一部の州で10年）で、義務教育を終えた後も、見習いとして職業訓練を受けながら通常3年間、週に1〜2日職業学校に通う「デュアル・システム」がとられています。基幹学校を卒業すると、工場や企業で見習いをしながら職業訓練を受けます。実科学校は、より専門的な職業に就くための学校で、卒業後は、上級専門学校や専門ギムナジウムに進学して職業訓練を受けます。ギムナジウムは9年制（一部の州で8年制）で、卒業後は高校卒業資格＝大学進学資格（アビトゥア）を取得して、大学に進学します。アビトゥアを取得すると、原則として、どの大学のどの学部でも進学できます。ただし、入学希望者が定員を超えると、アビトゥアの成績や適性検査の成績などで入学制限が行われ、第一希望に入学できるまで待機するか、第二・第三希望に進学することになります。このほかに、従来の三分岐制校体系は低学年で子どもの将来を決定するため民主的でない、という考えから、それらをまとめた総合制学校（Gesamtschule）が

設立されています。

　1990年代以降のドイツでは、日本の「総合的な学習」と同じように、教科横断的な学習が重視され、各学校の自律性に基づいて学校運営をすすめる教育政策がとられました。しかし、PISA 2000の成績不振がメディアで大きく報道されたことで、国家レベルの改革意識が高まりました。PISA上位を占めたフィンランドなどの北欧諸国が単線型であることから、グローバル経済下での競争力を獲得するには分岐制かそれとも総合制か、という議論が沸き起こり、保守対革新の政治的論争にまで発展したのです［近藤2009］。そこで、2004年に全国共通教育スタンダードが設定され、これまで各州が独自に作成していた学習指導要領にその指標が反映されるようになり、カリキュラムの標準化が進展しました。学力向上の方策として、半日制の学校にかわり、全日制学校の整備が試みられています。シュレスヴィヒ・ホルスタイン州では、基幹学校と実科学校と総合制学校を統合して、地域総合学校と広域実業学校を新たな学校種として設立したように、複線をスリム化する改革も進んでいます。

　現在のドイツ教育改革は、社会的格差の是正を課題とし、低学力層への支援が重点的に行われています。というのは、国内で行われたPISA補足調査の結果から、生徒によって学力差が大きいこと、とくに移民家庭で低所得層の子どもたちの学力が低いことが明らかになったからです。もともとドイツ語を話せない旧ユーゴスラビアやトルコからの移民が多いうえ、冷戦終結後に多くの難民を抱えたドイツでは、移民の子どもたちが多数を占める基幹学校の「荒れ」が問題となっていました。そこで、就学前に十分なドイツ語が話せるように、就学前教育の拡充が進められています。たとえば、ベルリン市では幼稚園の最終年が無償化され、ノルトライン・ヴェストファーレン州では4歳児のドイツ語言語能力診断テストが義務化されました。また、家庭でもドイツ語で会話がなされるように、保護者を対象とするドイツ語教室などにも力が注がれています。こうした政策は、外国籍の子どもたちが急増する日本の教育問題を考えるうえで、参考例になるでしょう。2008年には、各州文部大臣会議と連邦教育研究省が、包括的な教育計画「ドイツのための資質向上策」を共同決定し、社会的出自に左右されることなくすべての人々に教育機会を保障していくことが確認されました。今後は、その計画がどのように展開されるのかが注目されるところです。

（4）フィンランドの教育改革

　ヨーロッパ諸国のなかでも、フィンランドは、PISA 調査で高い成績を収めたことから「学力世界一」として世界中の注目を集めています。フィンランドの学校の年間授業日数は約 190 日で、国際的にみて多いほうではありません。一般政府総支出に占める公財政支出の割合も、OECD 平均レベルです。では、フィンランドの学力の高さの原因はいったい何なのでしょうか。

　福祉国家であるフィンランドでは、就学前から高等教育まで無償制の原則で貫かれています。授業料、教科書だけでなく、文具代、通学費用、給食費も支払う必要がありません。義務教育は 7 〜 14 歳までの 9 年間で、すべての子どもが総合制基礎学校に通います。基礎学校を卒業すると、高等学校か職業学校に進学しますが、いずれも単位制で両者の単位互換が行われているため、卒業後も多様な進路の選択肢がある単線型の教育制度となっています。**修得主義**を採用するフィンランドでは、義務教育終了段階で基礎学校の教育内容が十分に習得されていない場合、「10 年生プログラム」という 1 年間で 1100 時間の補習教育を受けることができます。このプログラムは、すべての子どもたちが等しく教育を受ける権利を保障するものと考えられています。このように、フィンランドでは、教育の機会均等を保障することに重点が置かれています。

　PISA での好成績の理由の 1 つは、この平等性重視の原則です。PISA 2003 の学力分布では、下位層の割合が少なく、しかも下位層の得点が相対的に高いというように、生徒間の格差が小さいことが明らかとなりました。その要因は、居住地、性別、経済状況、母語などにかかわらず教育機会が均等であること、非選別的な進学システムであること、補習や個別指導で子どもたちを手厚くサポートすることといった、平等性を保障する教育制度です。障がいをもつ子どもも含め、多様な学力の子どもたちが同じクラスで学ぶ統合学級でありながら、個々の生徒の進度にあった、きめ細かな教育を展開していることに、「世界一」の秘訣があるのです。競争原理に基づく学校選択によって学校間の格差が広がったアメリカやイギリスとは、大きく異なる点でしょう。

　好成績のもう 1 つの理由は、「学習することを学ぶ（Learning to Learn）」という生涯学習概念が教育評価の指標に用いられているためです。フィンランドは、1990 年代初頭に不況に見舞われ、EU 統合のなかで市場化と国際競争の波にさらされました。政府は森林資源に頼る産業構造を改革するためハイテク産業に集中的に財政投資し、新しい産業を支える高度な人材の育成に向けた教育改革を開始しました。1994 年には、考える力の育成を目標としてカリキュ

図表2-5　LUMAプログラムとLUKU-Suomiプログラムの目標

LUMA	LUKU-Suomi
●高等教育機関における理科系分野の入学者増大 ●大学入学試験における理数科選択者の増大 ●児童生徒の理数科に関する知識・技能の向上 ●ジェンダー平等の推進 ●職業教育における理数科に関する知識・技能の向上 ●市民のための学習機会の拡充 ●理数科教員養成の拡充	●下位25％の児童生徒の知識と技術の向上 ●男子児童生徒の読書量増加 ●作文の指導方法改善 ●学校内外の読書量増加 ●学校図書館整備・公共図書館との連携 ●作家の学校訪問 ●教科横断的活動 ●演繹的読解力 ●全教員の協力 ●小学校教員のスキル向上 ●児童図書向け図書に対する教員の知識向上 ●学校・家庭間の連携 ●移民子女に対する「第二言語としてのフィンランド語」と母語授業の開発

出所：渡邊2007: 141-144を参照して作成

ラムの大綱化や授業時数の弾力化を図ろうと、地方に権限を委譲する改革が進展しました。しかし同時に、あまりに急激な改革のために学力低下の危機感が高まりました。そこで1990年代後半から開始されたのが、理数科教育をめざすLUMAプログラムや読解力向上をめざすLUKU-Suomiプログラムでした。LUKU-Suomiプログラムでは、移民子女に対する第二外国語としてのフィンランド語と母語授業の開発が明示されているように、多様な背景をもつ子どもへの配慮がなされています（図表2-5）。これらのプログラムに共通するのは、知識の獲得ではなく、知識を日常生活において活用する力を重視していることです。いかなる状況に置かれても自らの役割を理解し（自己理解）、社会的な文脈を読み取って（文脈理解）、適切に知識や技能を活用できる力（学習コンピテンシー）が求められます。このように、生涯にわたって学習することを学ぶという学力観は、OECDが示したコンピテンシー・モデルと一致しています。

　フィンランドの人々は、何歳だからどの学校にいなければならないという観念が薄く、学校を卒業しても学び続けるのが当たり前だという考えをもっています。たとえば、高校を出て仕事に就き、30歳になってから大学に入学することは、めずらしくありません。情報ネットワークの拠点である公立図書館が充実しているので、国民の8割が定期的に図書館を利用します。このように、生涯にわたって学ぶという国民意識の高さが、子どもたちの学力を支える文化的基盤となっています。また、教育改革が成功した要因として、教員の質の高さが指摘できます。フィンランドでは、教員になるには修士課程修了が義務づけられているように、高い専門性が要求されます。社会的にも古くから尊敬される職業のため、教員を志望する学生が多く、教員養成大学はどこでも難関で

す。教師や学校への信頼が厚いという点は、近年の日本が見直さなければならないところでしょう。

　世界の注目を浴びるフィンランドですが、問題がないわけではありません。たとえば、PISA 調査では、勉強を楽しいと感じる子どもの割合は OECD 平均を下回っており、学校嫌いや怠学の傾向がみられます。このため、政府は 2004 年にこれまでの弾力化・大綱化の方針を修正し、国家の基準的色彩が濃いカリキュラムを示しました。今後は、子どもたちが学ぶ意欲をもつ教育をどのように整えていくかが問われています。

4．教育改革のゆくえ

　本章では、欧米諸国の教育改革の展開を概観してきました。それぞれの国で改革の方法に違いはありますが、各国に共通する教育課題として、①知識基盤社会への対応、②多文化共生社会への対応、③リスク・格差社会への対応、④成熟した市民社会への対応（シティズンシップの教育）という 4 つが掲げられています［佐藤 2009］。これらの課題に対応するため、教育水準の向上をめざす教育改革が、世界的潮流として展開されています。

　教育改革は、確かにさまざまな成果をもたらしました。たとえば、子どもに求められる学習水準が明確になり、教育の透明性が増しました。学校選択の方法が多様化したことで、個々の生徒のニーズにあった教育が行えるようになりました。また、e ラーニング、マルチメディア教育などの教育方法の革新によって、遠隔地でも豊かな情報を得られるようになりました。障がいがあっても高齢になっても、学びの手段には、さまざまな選択肢があるのです。歴史的な背景から、社会階級や出自によって教育を受ける機会が限られていた欧米諸国において、多様な教育機会を与え、すべての子どもが同じレベルの学力を獲得できるよう保障する教育改革は、従来の教育システムを構造的に再編することを意味しています。

　欧米諸国で進展する教育改革は、アジア諸国でも急速に進んでいます。韓国や台湾は、PISA や TIMSS でトップクラスにあるように、国際的に高い学力をもつことが知られていますが、その背景には、厳しい受験戦争があります。韓国では、一発勝負の大学入試に勝ち抜くために、初等学校の頃からの塾通いは一般的です。グローバル化への対応として、1997 年に小学校 3 年からの英語教育が必修化されると、英語熱が過熱して父親だけを国に残して母子

で留学するケースが増えるなど、子どもの教育に過剰な期待がかけられています。PISA の好結果は、韓国の学力の全体的な高さを示すと歓迎されたものの、最優秀レベルの学生が少ないことから、エリート育成が課題とみなされました。そこで、2000 年に制定された英才教育振興法に基づいて、2003 年に科学技術に卓越したエリートを養成する釜山科学英才高等学校が開設されました。このような早期英語教育やエリート教育は、国際競争力の鍵となる人材育成を国家が支援するという方針によるものです。しかし、そうした試みが個人の人間形成にどのように関わるかについては、十分な議論がなされていません。そのため、校内暴力やいじめなど、1980 年代に日本で発生した問題行動が広がっていることや、親の学歴や経済水準が子どもの成績を決定するため、社会階層の再生産に結びついていることなど、多くの問題が取り残されたままになっています。欧米諸国でも、子どもや教員がテストに振り回されてストレスを抱え込んでいることや、市場化が教育の私事化を生み、格差が広がっていることは、先にみたとおりです。

　21 世紀に生きる子どもたちの未来に必要な教育とは、どのようなものでしょうか。近代学校教育制度は、これまで近代国民国家の主体となる国民的アイデンティティの形成を担い、公教育は国民統合の装置として機能してきました。けれども、グローバル化によって従来の国民国家の枠組が揺らぎ、その機能が十分に果たせなくなってきています。たとえば、移民の形が多様化して次々と別の国へ移り住む人々が増え、子どもたちは繰り返される移動のなかで自らのアイデンティティを形成する機会を奪われています（第 8 章）。経済発展につれて競争が激しくなり、子どもたちが地域社会から切り離され、自らの居場所を見失っていく状況は、先進国でも途上国でも共通する光景です。国際学力調査がこれほどまでに各国で論争を巻き起こしたのは、経済至上主義の国際競争のなかで結果ばかりを求める大人たちの都合にすぎません。

　新しい学力観では、多様で自由な発想が重視される一方で、国際化とそれに伴う標準化が進んでいます。個人の生涯職能開発を基軸とする新しい学力観は、個人の意思決定や科学の進歩といった、西欧的な普遍的価値を前提としています。もし標準化が進みすぎれば、国内に共存する多様な文化的価値との間で衝突が起こり、葛藤を生むことになるでしょう。したがって、民族的、文化的、宗教的に多様化する多文化社会では、より大きな枠組から子どもの学力をとらえ直す試みが必要です。21 世紀を迎えた今、多文化社会にふさわしい社会統合を図り、地域社会で共に生きるために、従来の公教育をどのように再構

築するかが問われているのです。

🔑 **キーワード解説**

●**経済協力開発機構（OECD）**　自由主義経済体制の先進工業諸国が加盟する国際経済協力全般の協議を目的とした国際機関。教育分野の活動目的は、共通の経済・社会的基盤を有する諸国が連携・協力して、国際的な調査研究や比較分析を行うとともに、これを広く公表し、各国における教育改革の推進と教育水準の向上に寄与することである。

●**単線型・複線型・分岐型**　学校系統の類型。単線型は、全学校段階が単一の系統に統合された学校体系である。複線型は、複数の学校系統が互いに関係することなく並立している学校体系で、大学を頂点にして予備学校がその下に発生する下構型と、国民教育の上に職業教育が積み上げられる上構型で構成される。歴史的に階級によって異なる学校系統が用いられたため、原則として学校系統間の移動はできない。分岐型は、1つの教育機関から複数の進学先を選択できる。一般的に、初等教育段階では単一の系統で、中等教育段階以降に複数の系統に分かれる。

●**教育バウチャー制**　バウチャー（voucher）は、取引証・引換券の意味で、子ども1人あたりに要する学校運営の経費を額面とした証票をさす。学校は受け入れた生徒数に応じて予算を配分されるため、競争原理が働いて学校の改善が促される。ただし、公立学校の予算が減少する、裕福な家庭に有利、学力向上を示す客観的データはない、といった批判もある。経済学者ミルトン・フリードマンが提唱。1990年にウィスコンシン州ミルウォーキーで最初に導入された。

●**年間向上目標（AYP: Academic Yearly Progress）**　NCLB法は、2013年度終了時までに、すべての公立学校の児童・生徒が一定の学力水準に到達することをめざしている。そのため、段階的に到達者の比率が増えるように、2002年度から12年間の年度別に、水準到達者の比率および高校卒業率などの指標を「年間向上目標」として各州で定めることとしている。

●**エラスムス計画**　エラスムス計画（ERASMUS: The European Community Action Scheme for the Mobility of University Students）は、各種の人材養成計画、科学・技術分野におけるEC（現在はEU）加盟国間の人物交流協力計画の1つで、大学間交流協定等による共同教育プログラム（ICPs: Inter-University Co-operation Programmes）を積み重ねることによって「ヨーロッパ大学間ネットワーク」を構築し、EU加盟国間の学生流動を高める計画である。

●**ニート**　NEETは、Not in Education, Employment, or Trainingの略称。職業にも学業にも職業訓練にも就いていない若者をさす。イギリス内閣府が作成した"Bridging the Gap"という調査報告書で使われたことに由来する。

●**修得主義・履修主義**　修得主義（課程主義）とは、教育課程の一定基準以上の内容修得を条件に、進級・進学を認める制度である。その反対に、履修主義（年齢主義）とは、定められた教育課程の修得ではなく、履修したことを条件に、進級・進学を認める制度をいう。日本では、義務教育段階は履修主義であるが、その後の高等学校以上は修得主義である。

読んでみよう

①佐藤学・澤野由紀子・北村友人編著［2009］『揺れる世界の学力マップ――未来への学力と日本の教育』明石書店．
　知識基盤型社会を培う「学力」を模索するため、世界各地の取組を地域ごとに図表を交えて解説する。

②恒吉僚子［2008］『子どもたちの三つの「危機」――国際比較から見る日本の模索』勁草書房．
　国際比較によって日本型のしつけと教育を見直し、日本の強さを生かすには何が必要かについて新たな視点を提示している。

③小玉重夫［2003］『シティズンシップの教育思想』白澤社
　「シティズンシップ」の概念を思想史的背景から読み解き、現代の教師のあり方をシティズンシップ教育の側面から提唱している。

④阿部菜穂子［2007］『イギリス「教育改革」の教訓――「教育の市場化」は子どものためにならない』岩波書店（岩波ブックレット No.698）
　新聞記者出身でジャーナリストの著者が現地で行った取材をもとに、イギリス教育改革を取り上げ、市場原理を取り入れた点を批判する。

⑤原田信之編著［2007］『確かな学力と豊かな学力――各国教育改革の実態と学力モデル』ミネルヴァ書房．
　主要各国の学力観、学力モデル、コンピテンシーの次元から、学力向上への取組を検証し、これからの日本の教育政策のあり方を考察する。

考えてみよう

①21世紀の社会に必要とされる学力とは、どのような学力だろうか。また、そうした学力はどのようにしたら獲得できるのかを考えてみよう。

②他国と日本の教育制度を比較し、日本の学校教育（初等中等教育）の長所と短所を考えてみよう。

【引用・参考文献】

馬越徹［2007］『比較教育学――越境のレッスン』東信堂.
OECD教育研究革新センター編著［2009］『教育のトレンド――図表でみる世界の潮流と教育の課題』立田慶裕監訳、座波圭美訳、明石書店.
大桃敏行・上杉孝實・井ノ口淳三・植田健男編［2007］『教育改革の国際比較』ミネルヴァ書房.
オスラー，オードリー、スターキー，ヒュー［2009］『シティズンシップと教育――変容する世界と市民性』清田夏代・関芽訳、勁草書房.
黒田友紀［2009］「アメリカ・マサチューセッツ州――どの子も置き去りにしない法‐テストとアカウンタビリティに基づく学力向上政策」佐藤学ほか『揺れる世界の学力マップ』明石書店.
近藤孝弘［2009］「ドイツ・オーストリア――移民受け入れに揺れる社会と教育と教育学の変容」佐藤学ほか『揺れる世界の学力マップ』明石書店.
佐藤学［2009］「学ぶ意欲の時代から学ぶ意味の時代へ――問われる「質と平等」の同時追求」佐藤学ほか『揺れる世界の学力マップ』明石書店.
塚原修一編著［2008］『高等教育市場の国際化』玉川大学出版部.
二宮皓編著［2006］『世界の学校――教育制度から日常の学校風景まで』学事出版.
福田誠司［2006］『競争やめたら学力世界一――フィンランド教育の成功』朝日新聞社.
ヘイノネン，オッリペッカ・佐藤学［2007］『オッリペッカ・ヘイノネン――「学力世界一」がもたらすもの（NHK未来への提言）』日本放送出版協会.
文部科学省［2009］『諸外国の教育の動向2008年度版』明石書店.
ライチェン，ドミニク・S、サルガニク，ローラ・H編著［2006］『キー・コンピテンシー――国際標準の学力をめざして』立田慶裕監訳、明石書店.
渡邊あや［2007］「フィンランドの教育改革と学力モデル」原田信之編著『確かな学力と豊かな学力』ミネルヴァ書房.

【参考ウェブサイト】

IEA国際数学・理科教育調査▶ http://www.mext.go.jp/b_menu/toukei/data/iea/index.htm
教育指標の国際比較（平成21年度版）平成21年1月▶ http://www.mext.go.jp/b_menu/toukei/001/1223117.htm
図表でみる教育（Education at a Glance）OECDインディケータ▶ http://www.mext.go.jp/b_menu/toukei/002/index01.htm
PISA（OECD生徒の学習到達度調査）▶ http://www.mext.go.jp/b_menu/toukei/data/pisa/index.htm

■ 五島 敦子

第3章 オルタナティブ教育の可能性

兵庫県にある「デモクラティックスクールまっくろくろすけ」。手作りのミニログハウスはみんなのお気に入りの場所（筆者撮影）

● この章のねらい ●

前章では、グローバル化のなかで世界各国の教育制度にどのような変化が生じ、改革が進められているのかを学びました。本章では、近代以降に制度化された教育制度のメインストリームに対して、一定の距離をとり続け、独自の教育を行ってきた「オルタナティブ教育」に注目します。その実践をみることで、現代における教育の可能性と課題について考えることがねらいです。本章を読んで興味をもった事柄については各自でじっくりと調べてみてください。

1. オルタナティブ教育の理念とその歴史的背景
2. 世界のオルタナティブ教育
3. オルタナティブ教育の役割

1. オルタナティブ教育の理念とその歴史的背景

(1) オルタナティブ教育とは何か

「オルタナティブ」という言葉には、「何かに取って代わるもの」「選択可能な2つのうちの片方」といった意味があります。広辞苑では、これを「既存の支配的なものに対する、もう一つのもの」と説明しているように、この言葉はある社会のなかで主流となっている習慣や方法とは異なる、別のあり方を指し示す際に用いられます。

たとえば、音楽の世界で「オルタナティブ・ミュージック」というとき、それは時代の流行とは異なる音楽、型にはまらない音楽のジャンルを指しています。医療の世界では、民間療法や東洋医学などの西洋近代の医療とは別の方法をとる医療を「オルタナティブ医療」と呼んでいます。同様に「オルタナティブ教育」あるいは「オルタナティブ・スクール」という言葉も一般の公教育とは異なる教育のあり方を指し示す際に用いられます。また、それは単に別の教育のあり方というだけにとどまらず、主流となっている教育システムへの批判および反動として形成された教育活動としての意味合いも含んでいるのです。

ひとくちにオルタナティブ教育といっても、さまざまな形態や特徴があります。よく知られているのは、不登校児童・生徒の受け皿となってきたフリースクールやフリースペース、黒柳徹子の『窓ぎわのトットちゃん』の舞台である戦前のトモエ学園、ルドルフ・シュタイナー（Rudolf Steiner）の教育理論に基づく自由ヴァルドルフ学校、世界のフリースクール運動の原型となったA・S・ニイル（Alexander Sutherland Neil）のサマーヒル校、セレスティン・フレネ（Celestin Freinet）が創設したフレネスクールなどです。『国際教育事典』では「オルタナティブ・スクールおよびプログラム」について次のように説明されています。

> 国家によるコントロールを受けた標準的な公立学校における伝統教育に対して、子どもや親が要求する諸経験を実現するための特別な教育方法やプログラム、活動、環境を提供できるように設計された学校

オルタナティブ教育はたえず進展し続けている教育運動であるため、1つの統一的な定義を与えること自体が困難な課題となります。次頁にあるように、

図表3-1　オルタナティブ教育の「とらえ方」

①市場および国家から相対的に自律し、メインストリームの規範や通念をとらえ直す〈公共性〉
②伝統的な教育（公教育・私教育の別を問わない）を批判的に、かつ再構築する視座でとらえる刷新性
③公教育との協同において独自の社会的役割を担う相互補完性
④近代西欧という特定の時代的・地域的制約にとらわれず、どの時代のどの地域にも見いだすことのできる多様性
⑤二項対立的な思考様式に依拠しない、ホリスティックな視座を重視する全体性（ホールネス）
⑥少数派の声に代表される多様な価値や「特別のニーズ」が尊重される多元性

出所：永田 2005

共通する特徴をあげるならば、第1に、伝統的・画一的な教育方法に代わるものであること、第2に、教育制度の多様化をめざす試みであること、ということになるでしょう。近年の研究においては、定義づけをあえて行わず、オルタナティブ教育をとらえる視点だけが示されることもあります（図表3-1）。

また、オルタナティブ教育を「刷新教育」と呼ぶ国があるように、この教育は近代社会がつくり出してきた教育システムを新たなものへとつくり替えようとする教育改革運動としての側面ももっています。

では、オルタナティブ教育は既存の教育システムのどのような点を批判しているのでしょうか。また、それに代わってどのような選択肢を示そうとしているのでしょうか。このことを知るために近代社会がつくり出した学校教育制度の歴史をひもといてみることにしましょう。

(2) 社会システムとしての学校の成立

人間は社会をつくり、そのなかでのみ生きることのできる「社会的動物」（アリストテレス）であるといわれています。生まれたばかりの人間はあまりにも弱く、周りの大人から世話を受けなければ生きていくことができません。そして人間が成長し、文化や習慣を身につけ、社会に適応していくためには教育が必要となります。

社会学者エミール・デュルケーム（Émile Durkheim）が、教育を「若い世代に対して行われる一種の組織的ないし方法的社会化」と定義しているように、教育の第一の役割は人間を「社会化」することにあります。また、近代以降において、教育は個人の営みというよりも、社会による組織的な取組として行われてきました。近代化の過程で開発された学校は、人間の「社会化」を大規模

かつ組織的に行う社会システムとして役割を与えられ、学校で人々は「読み書き計算」(3R's: reading, writing, arithmetic) などの社会生活に必要となる技能を身につけ、社会の成員となるべく教育されてきたのです。

　19世紀後半に入ると、欧米諸国において義務制・無償制・世俗性を原理とする「公教育制度」が成立します。公教育制度は就学率を著しく上昇させ、教育を広く行き渡らせることに貢献しました。その一方で、国民国家に後見された公教育制度は教育の標準化・規格化を推し進め、学校は人間を「社会化」するだけでなく、社会の目的に応じて「選抜・分配」するという機能もあわせもつようになります。

　20世紀、近代化を果たした先進諸国は経済および社会の発展期を迎えます。学校は大量生産を行う工業化社会を支える人材育成のための装置として、飛躍的にその機能を拡大させ、子どもたちが効率的に知識および技能を習得できるように改良されていきました。

　心理学者アルフレッド・ビネー（Alfred Binet）らは学校制度になじめない子どもを支援するために1905年に「知能テスト」を開発しています。知能テストは学校教育を改善する手立てとして広く普及しましたが、同時に子どもの能力を数量化し、順序づけるための指標としても用いられるようになりました。また、学歴資格が雇用市場で重視されるようになると、学校間にも序列がつくられ、学校の「選抜・分配」機能はいっそう強化されることとなります。こうして社会における学校の存在感が増すにつれて、学校のしくみが広く社会に浸透し、その方法論があらゆるところに適応されるという、社会の**「学校化」**と呼ばれる現象まで起こりはじめました。

　また、より多くの子どもを能率的に教育するために「一斉教授」方式や**「モニトリアル・システム」**（助教法）と呼ばれる新しい教育方法が開発されると、学校は子どもを「社会化」「選別・分配」するだけでなく、「管理・抑圧」するシステムとしても機能するようになります。哲学者ミシェル・フーコー（Michel Foucault）は、近代社会が生み出した学校、軍隊、監獄、病院、工場といった機関・施設は、どれも人間の自由を束縛し、同時に訓練によって規律を巧みに個人に内面化させるシステムを組み上げたことによって、権力に自ら進んで従属する主体をつくり出したと指摘しています。

　国家権力が絶大で、社会の成長神話が共有されているときは、学校が抱えていた矛盾や問題は見えにくくなっていたのかもしれません。しかし、国民国家が衰退し、社会の成長神話への懐疑が示されるようになると、子どもを教室に

閉じこめ、教師が知識を一方的に詰め込み、人間を序列化する学校は教育および学習の場として適切なのかという批判が出されるようになりました。それまで自明のものとなっていた学校教育への異議申し立てが始まったのです。

(3) 西洋における新教育運動の展開

そもそも学校教育に対する批判は公教育制度の開始当初からも示されていました。19世紀後半、ジョン・デューイ (John Dewey) は、教科や教師を中心に教育をとらえて、一方的に教え込みを行う教育を「旧教育」と呼んで批判し、子どもの自発性に基づく「新教育」を立ち上げようとしました。彼の主著である『学校と社会』(1899年) では次のように述べられています。

> 要するに、旧教育とは、重力の中心が子どもの外にあるのだ……今日私たちの教育に到来しつつある変化は、この重力の中心の移動に他ならない。……この場合、子どもが太陽となるのであり、そのまわりを教育の諸装置が回転することになるのだ。[デューイ 1899 (2006)]

デューイは、教育の中心には子どもの自発的な学習活動があるべきであり、学校の教育内容は社会の実態に即していなければならないと考えました。彼は、社会を「学校化」するのではなく、社会にとって有用な知識を学ぶ場所として学校を「社会化」し、かつ民主主義に根ざした自律的な学校によって、社会をよりよき方向に導くという「社会改造論」を主張しています。彼が開校した学校では、教師による知識の伝達に偏ることなく、料理や工作や織物などの仲間と協同で行う手仕事を中心とする体験型の教育プログラムが組まれました。またデューイは**問題解決学習**の提唱者としても知られています。

デューイの教育理論は「児童中心主義」と総称され、その運動は「新教育運動」として世界の教育実践に大きな影響を与えました。

スウェーデンでは、エレン・ケイ (Elen Kalorina Sofia Key) が『児童の世紀』(1900年) を著し、「教育の最大の秘訣は、教育しないことである」と述べ、20世紀は子どもの権利が認められる時代にしようと呼びかけました。イタリアでは医学博士マリア・モンテッソーリ (Maria Montessori) が知的障がいをもつ子どもの言語習得、感覚訓練の実践を健常児にも適用し、「モンテッソーリ・メソッド」と呼ばれる新たな教育方法を考案しました。ドイツでは労作教育を学校の中心にすえたゲオルク・ケルシェンシュタイナー (Georg

Kerschensteiner）の実践や、環境の悪い都会を離れて自然豊かな場所に学校をつくり、生徒が教師との共同生活を通して人間形成を図る「田園教育舎」の実践が展開されました。新教育運動の理念は教育に対する理解の幅を押し広げ、多くの優れた実践を生み出し、現在に至るまであらゆる教育活動の汲みつくしえぬ源泉となっています。

　その一方で、体験学習を重視し、子どもの個性や自発性を育成しようとする新教育運動はその革新性ゆえにさまざまな批判も受けてきました。たとえば、新教育運動が標榜した「児童中心主義」の理念は、あまりにロマン主義的であり、中世の教会支配による教育システム、すなわちキリスト教神学によって後見された教育システムを喪失した近代人が「救済者としての子ども」幻想を追求した産物にすぎないという指摘もなされています。［宮澤1998］

（4）日本における新教育運動の展開
　日本における新教育運動の影響については大正期にみることができます。明治期に主流であった教育理論はヘルバルト派教育学でした。近代ドイツの教育学者ヘルバルト（Johann Friedrich Herbart）は「教授」「訓練」「管理」を教育の原理とし、子どもの学習過程に「明瞭‒連合‒系統‒方法」という段階説を採用して、教師中心の学校システムに適合的な教育理論を提供しました。しかし、ヘルバルトの意志を受け継いだヘルバルト派の人々は、教師が四段階教授法を習得することを重視するあまり、知識注入主義の教育に傾き、教授法は画一化され、形式主義に陥っていきます。

　これに対して、新たに注目されたのがデューイやモンテッソーリの教育理論であり、アメリカの新教育運動の担い手であるヘレン・パーカースト（Helen Parkhurst）が考案した**ドルトン・プラン**でした。1917年、澤柳政太郎は「個性尊重の教育」「自然と親しむ教育」「科学的研究を基礎とする教育」「心情の教育」を掲げ、のちに日本における新教育運動（大正自由教育運動）の拠点となる成城小学校を創設しています。成城小学校はいち早く「ドルトン・プラン」を導入し、赤井米吉の明星学園、小原国芳の玉川学園の創設にも直接的な影響を与えました。また同時期には羽仁もと子の自由学園、野口援太郎と野村芳兵衛らの池袋児童の村小学校といった子どもの自由な自己活動を重視する学校がつくられ、論壇では「八大教育主張」と呼ばれる自由教育論が活発に議論されました。

　西洋においても日本においても新教育運動は、近代に誕生した学校システム

の問題点を指摘し、その改善をめざす学校内発的な教育運動として展開されました。そのため新教育運動は国家主義的教育の不備を補うことに利用され、なかには国民教育制度に取り込まれてしまったものも少なくありません。

（5）オルタナティブ教育へのニーズ

　近代学校は新教育運動による批判を受けたものの、国民教育システムとして近代社会を支え、その後も拡大を続けました。しかし、このシステムは1960年代から1980年代にかけて世界各国で不調をきたすようになります。

　学校では「校内暴力」「不登校」「いじめ」といった現象が頻発するようになり、「学校になぜ行かなければならないのか」「学歴は本当に人を幸せにするのか」「学校で習得する知識は社会で役に立つのか」といった学校に対する根本的な疑問や不満が出されるようになりました。これらはやがて学校という社会システムの機能不全としてもとらえられるようになります。

　「脱学校論」で知られるイヴァン・イリイチ（Ivan Illich）は1971年に『脱学校化社会』を発表し、「神なき社会の教会」として肥大化した学校システムの解体を主張しました。イリイチは学校を次のように説明します。

> 　学校は、学生たちが手順と内実を混同するように、彼らを学校化するのである。手順と内実の関係がぼやけてくると、人は新しい論理でものを考えるようになる。手当てをほどこすことが多ければ多いほど、それだけ結果はよくなるとか、階段をのぼっていけばそれで成功は得られるというわけである。こうして生徒は「学校化」され、その結果として、教えられることと学ぶことを混同するようになる。［イリイチ 1970（1977）］

　イリイチは、近代化の過程において、さまざまな制度が生み出されたことで「価値の制度化」が進み、人々は制度に依存することと引き替えに主体性や自律性を喪失したと考えました。彼は、教育における学校への依存に象徴されるような「学校化された社会」では、制度に対する依存は高まるばかりであり、かつてのように人々が相互のネットワークのなかで創造的な学習活動を行うことは不可能であると述べています。さらにイリイチはこのような状態が進むことで、「物質的な環境汚染、社会の分極化、および人々の心理的不能化」が引き起こされると警告したのです。

　また、イリイチとともに脱学校論を展開したパウロ・フレイレ（Paulo

Freire）は学校における教師中心主義および知識注入主義を次のように批判しました。

> 入れ物をいっぱいに満たせば満たすほど、それだけかれは良い教師である。入れ物の方は従順に満たされていればいるほど、それだけかれらは良い生徒である。教育はこうして預金行為となる。そこでは、生徒が金庫で教師が預金者である。［フレイレ 1972（1979）］

　フレイレは教師と生徒の垂直な関係に基づく既存の学校教育のあり方を「銀行型教育」と呼んでいます。それに代わって、彼は教師と生徒が水平な関係において、社会に対する理解を深め、共に社会を変えるための力を養う「課題提起教育」の実践を求めました。フレイレはラテンアメリカの貧困にあえぐ地域に分け入り、成人に対して識字教育を行いました。彼は貧困層の生活課題を文字の習得とともに「意識化」させることで、社会改革へと向かう「主体」の形成をめざしたのです。フレイレによれば、教育とは「未完成な人間が未完成な世界に批判的に介在し、世界を変革することを通して自らを変革（解放）し続ける終わりのない過程」とされます。

　脱学校論者たちに共通するのは、学校教育が担っている「社会化」機能への批判でした。彼らは、近代学校は社会でより良く生きる人間を育てているというよりも、人間がもともともっている力を奪い、社会から人間を疎外し、孤立させていると考えたのです。

　また、近代学校のもつ「選抜・分配」機能にも批判の目は向けられました。社会学者ピエール・ブルデュー（Pierre Bourdieu）は、学校は社会的不平等を是正するのではなく、むしろ強化するように働いていると主張しました。学校教育が開始された当初、人々は勉強すれば「生まれや身分」に関係なく豊かな暮らしができるという「立身出世主義」を信奉し、多くの人が一心に勉学に励みました。しかしながら、後期近代社会（成熟社会）を迎えた現代では、階層間格差は固定化しつつあり、「立身出世主義」は過去の夢物語とみなされています。このことについてブルデューは進学や就職の際に有利に働く資本として「経済資本」「**文化資本**」「社会関係資本」をあげ、学歴資格取得の過程のなかで、親のもつこれらの資本が子どもへと再生産され、同時に上層と下層という階層構造もそのまま再生産されていることを指摘しています。

　このことは裏を返せば多くの先進諸国では、学校教育によって人々の習得す

べき知識が「学校知」として価値づけられ、一元化されているということを意味しています。脱学校論者のいうとおり、「学校化された社会」では、教育による「社会化」の機能はその多様性を失っており、「選抜・分配」の準拠枠が

Column ❸　学校建築のオルタナティブ

　大学の授業のなかで学生たちに「小学校の絵」を書いてもらうことがあります。その多くに認められる特徴は校舎の形です。書かれたもののほとんどが横長のハーモニカ型か凸型に分かれます。また、校舎の真ん中に時計を書くことも共通しています。

　学校建築がこのような画一的なイメージとしてとらえられるようになったのには歴史的な経緯があります。明治時代、教育の近代化を進める政府は教科内容や学校行事だけでなく、学校の施設、設備、教具に至るまで厳しい統制を行いました。加えて、財政難の事情により校舎にかける予算はできるだけ抑え、「虚飾を排す」という方針が立てられたため、東西横長の校舎、北側に廊下、南側に20坪の教室という校舎が各地に相次いで誕生することになったのです。

　こうした校舎のもつ無機質さ、心理的圧迫感が子どもを学習活動から疎外しているのではないかという批判を受けて、1980年代頃から日本でも「壁のない教室」や「オープン・スクール」を導入する学校が増えています。また、「臭い、汚い、暗い、怖い、壊れている」などと揶揄されてきた学校トイレも改修が進められており、学習環境としての学校全体の見直しが行われています。

　「教育特区（構造改革特区）」による規制緩和では、明治時代に定められた教室の天井高3メートルという規定が撤廃されるということがありました（埼玉県草加市）。また、教育プログラムと空間プログラムの融合というコンセプトで設計された「ぐんま国際アカデミー」の校舎は子どもたちの新たな「学びの場」のモデルとして注目を集めています。

　学力低下論争のなかで、子どもたちの「学ぶ体」ができていないことがたびたび指摘されてきました。教育関係者には既存の学校環境に子どもを順応させようとするだけではなく、学びの場として教育環境を新たにデザインし直すという発想が求められています。　　　（藤井 基貴）

ぐんま国際アカデミーの「壁のない教室」（提供／ぐんま国際アカデミー）

「学校知」以外にないという閉塞のなかに追い込まれているのです。

　現在、学校という巨大な社会システムはそのあり方が根本から問い直されているといっても過言ではありません。そして異なる選択肢としての、より自由で、より多様な教育の場が求められています。こうしたニーズに応える場所として、世界各国でオルタナティブ教育の取組が進められているのです。では、オルタナティブ教育がどのような教育および学習の場となっているのかをみていくことにしましょう。

2．世界のオルタナティブ教育

（1）日本におけるオルタナティブ教育

　世界中で学校の機能不全が起こった1960年代から1970年代、日本は高度経済成長のまっただ中にありました。産業構造の変化によって、子どもに学歴をつけることが重視され、戦後の第一次ベビーブームによって、学校は未曾有の受験戦争を経験することになります。受験の成果を求めるあまり、学校は管理を強化し、これによって子どもたちは受験と管理という二重のストレスのなかに置かれることとなりました。その結果、日本においても「いじめ」「自殺」「不登校」「校内暴力」といった教育問題は年を追う毎に深刻化していったのです。

　文部科学省の調査によると、欠席日数が年間30日以上となる長期欠席者、いわゆる不登校児童生徒の数は1970年代より増加傾向にあります（図表3-2）。2008年度の不登校の小中学生は12万6805人と発表されました。各都道府県および市町村の教育委員会では、現在1200カ所以上で「適応指導教室」を開設しており、学校生活への復帰や社会的自立に向けた支援を行っています。

　こうした児童生徒のもう1つの受け皿となってきたのがフリースクールやフリースペースです。日本では、1980年代から各地に相次いでフリースクールが開設されました。フリースクールは、かつての新教育運動のように近代教育のより良いあり方を追求しようとするものではありません。フリースクールは学校の教育になじめず、また傷つき、学校から逃走してきた子どもを受け入れる「避難所」であり、そうした子どもたちの「居場所」となっています。このなかにはフリースクールではなく、フリースペースと自称しているところもあります。

　日本の学校教育法は第一条において「学校」を規定しており、文部科学省

図表 3-2　進学・長期欠席生徒の動向

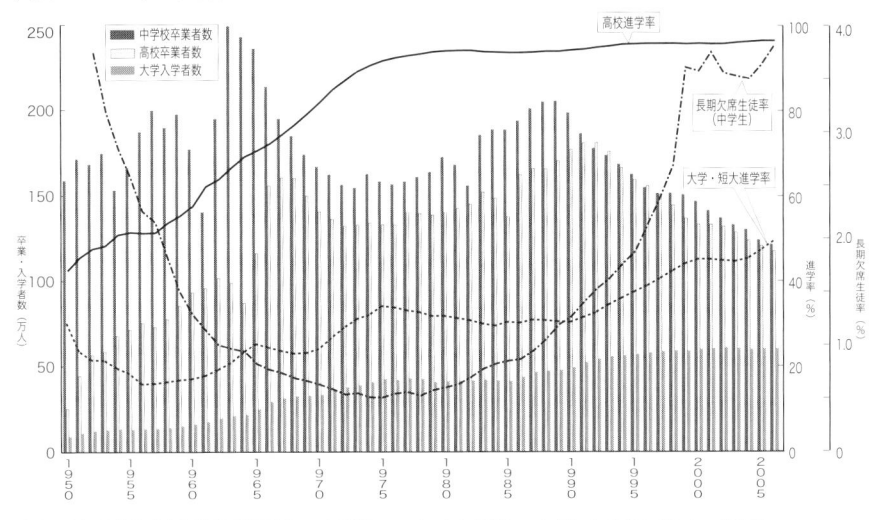

出所：文部科学省「文部統計要覧平成 20 年度版」のデータを参照し、木村ほか 2009: 59 を一部改編

や地方自治体の管轄のもとに置かれている学校は「一条校」と呼ばれます。フリースクールやフリースペースは、法令で定められた学校とは認められていないため一条校ではありません。近年になって、こうした「学び舎」への通学は在籍する小・中学校の校長の裁量で「出席扱い」として認められるようになりましたが、税金による公的支援を受けることがほとんどないため、不安定な財政基盤のもとでの運営を余儀なくされています。

現在、日本におけるフリースクールやフリースペースの数は数百にのぼるといわれています。近年では特定の地域を対象として制度の規制を緩和する「教育特区（構造改革特区）」により、いくつかのフリースクールが学校法人として認可され、公的な助成を受けられるようになりました。その一方で、公的な認可を受けることで独自の教育内容や運営の自由が狭められるのではないかといった懸念や、特区制度の見直しなども含めた先行きに対する不安は残されたままです。

また、フリースペースのなかには川崎市の「えん」のように市が設置し、NPO 法人が委託運営するという公設民営型の組織も生まれています。フリースペース「えん」は、2000 年に成立した「川崎市子どもの権利に関する条例」をもとに、1 万平方メートルに及ぶ市の広大な敷地のなかに子どもの自由な居場所として設置され、不登校の子どもたちを全日制で受け入れています。

川崎市の取組は官民協働の学び舎づくりの一環として全国的な注目を集めています（第5章コラム）。

フリースクールやフリースペースを教育に対する人々の多様な要求に応える場としてとらえるならば、日本でもそれらの教育機関に対する支援のあり方を公的な制度の枠組のなかで真剣に議論する時期にきているといえるでしょう。実際に、諸外国のなかには教育の多様性の確保という観点から、オルタナティブ・スクールに公立学校と同額の公的資金が出されているところもあるのです。

（2）アメリカにおけるオルタナティブ教育

一般に、オルタナティブ教育の起源は1960年代のアメリカにあるとされます。当時アメリカでは人種差別撤廃をめざす運動の一環として公立学校のボイコットが開始され、黒人の子どものためのフリースクールが相次いで開設されました。1970年代に入ると、公立学校の画一的な教育への不満からフリースクールは急増していきます。また公立学校でも多様なカリキュラムによる教育が推奨され、「学校の人間化」と呼ばれる改革が進められました。

1960年代から70年代に創設されたフリースクールの多くは時代とともに形を変え、現在ではほとんど残っていません。今なお継続しているものとして知られるのはボストン郊外にあるサドベリーバレー・スクールです。サドベリーバレー・スクールは1968年にダニエル・グリーンバーグ（Daniel Greenburg）らによって創設されました。現在も4歳から19歳までの子どもが200名ほど通っています。自主自律の理念にしたがい、行政や財団からの財政支援は受けていません。

サドベリーバレー・スクールの教育の特徴は「学習」のとらえ方にあります。この学校では、アリストテレスの「人間は生まれつき好奇心をもつものである」という人間観に基づき、学習活動は子ども自発性、主体性に完全に委ねられています。学校に関わるスタッフは子どもに学習を強制することは一切せず、学習のための資源を提供する役割に徹しています。

また、この学校では異なる年齢の子どもたちが互いに学びあい、支えあうことを通して自己形成を行うことが重視されています。学校には「ルール・ブック」と呼ばれる「きまり」があり、その内容は子どもとスタッフをまじえた合議によって決められます。学校組織は民主的な協同性を原理として運営されているため「デモクラティック・スクール」とも呼ばれています。こ

こへ通うには年間6000ドルほどの学費を納める必要がありますが、卒業すると同時に高校卒業の資格を得ることができます。ほとんどの卒業生が第一志望の大学に進学し、学習活動および社会奉仕活動に意欲的だと報告されています。ダニエル・グリーンバーグは来日した際に教育について次のように語りました。

> 子どもは誰も、物心ついたときから、自分自身の教育に個人として責任をもつべきである。したがって、子ども自身の選択、活動に対し、外部からの評価はあってはならない。卓越さと創造性、学習の良き習慣、自分が選んだ分野への情熱的な献身を育む最善の道は、子ども一人ひとりに自分の技能・関心を延ばす完全な自由を与えることだ。学校は（中略）完全なデモクラシーによって運営されなければならない。［グリーンバーグ2008］

現在サドベリー型のフリースクールは世界に40校以上あるといわれています。日本でも兵庫県神埼郡の「**デモクラティックスクールまっくろくろすけ**」をはじめ、東京、湘南、奈良、神戸、沖縄などに開校されています。

アメリカにはフリースクールだけでなく、さまざまなオルタナティブ・スクールが運営されています。それらはアメリカの教育に広がりと多様性をもたらしているといえるでしょう。その代表例として知られるのが、ホーム・スクーリング、チャーター・スクール、マグネット・スクールです。

ホーム・スクーリングとは、教育的ないし宗教的信条から、親が教師となって家庭で教育を行う就学形態のことです。教育方法は、学校と同様の教材やカリキュラムを使用する場合（school at home）と、子どもの興味関心を中心に学習活動を展開する場合（unschooling）とがあります。親は州にホーム・スクールを選択するという手続きをとりさえすれば、義務教育を家庭で行うことが認められます。ただ一部の州では学力テストの受験が義務づけられており、成績がふるわない場合は公立学校に戻されることもあります。ホーム・スクールにかかる経費は原則として親が負担しています。これまでホーム・スクーリングを経験した子どもは全体の1割程度になるといわれています。

ホーム・スクール運動は、アメリカの脱学校論者の1人であるジョン・ホルト（John Holt）により牽引されました。ホルトはフリースクールにおいても、子どもたちは教師からの権力関係から自由ではあることは困難であり、親だけが個々の子どもの発達段階に即した教育が可能であると考えました。彼の理念は、宗教的信条から公立学校での教育を拒否する親たちからも支持を集め、

ホーム・スクーリングは数々の裁判をへて合法化されることとなります。公立学校の教師たちはホーム・スクーリングでは子どもたちは集団生活を通じた社会性の獲得が難しいと反対しましたが、親たちからは公立学校における社会性の獲得は子どもにとって有益ではないという反論を受けることになりました。

1990年代には「もっと良い公立学校で学ばせたい」という親の教育要求に応える制度として、「チャーター・スクール」が普及しました。チャーター・スクールについては前章で述べられているとおりです。

また、アメリカには教育委員会が設立する「マグネット・スクール」と呼ばれるオルタナティブ・スクールも存在します。マグネット・スクールは同じ学区にある他の教育機関にない特別なカリキュラムを編成し、多種多様な人種的背景をもつ子どもたちに共通の学びの磁場（マグネット）を提供するものです。もともとマグネット・スクールは、特定の人種に偏らない学校をつくることで人種差別をなくそうという公民権運動の一環として誕生したものでした。近年では「ギフテッド」「タレンテッド」と呼ばれる高い知能を持った英才児を受け入れる教育機関としての役割も果たすようになっています。その一方で、チャーター・スクールのように子どもの学業成績に責任をとる必要がないため、公費にみあった成果があげられていないのではないか、一部の子どもばかりを優遇しているのではないかといった批判も受けています。

（3）ヨーロッパにおけるオルタナティブ教育
①自由ヴァルドルフ学校

20世紀以降、ヨーロッパでもさまざまなオルタナティブな教育が生み出されてきました。なかでも世界的に知名度が高いのが人智学(アントロポゾフィ)を創始したシュタイナーの「自由ヴァルドルフ学校」です。1919年、シュタイナーはタバコ工場の社長に依頼されて従業員のための学校をつくりました。ヴァルドルフとは、この工場の名前にちなんで付けられた名称であり、学校は現在ドイツを中心として、世界に1000校以上あるといわれています。

この学校の特徴は教師が8年間持ち上がりで担任になることです。学校に校長はおらず、担任を中心として全教員が全生徒に目を配ります。独自のカリキュラムとして「エポック授業」と呼ばれる同一教科を毎日2時間ずつ4週間連続で学ぶ集中授業が行われています。この間に子どもたちが作成したノートに教師は書き込みを行い、保護者、子どもとの親密な関係性を築いていきます。シュタイナーは子どもの発達段階を7年のサイクルに区切り、感性の芽

生えから自我の成立に至るまでの独自の人間形成論を展開しました。その理念に基づき、学校では読み書きを教えることは比較的遅い時期から行われ、その代わりに動きの形について学ぶ「フォルメン」やリズムに合わせて体を動かす「オイリュトミー」などの芸術的要素の高い授業が早い段階から行われます。また、テストによる評価はせず、教師から子どもへ手紙と詩による通信簿が渡されます。

　日本では「教育特区（構造改革特区）」によって「シュタイナー学園」（神奈川）と「北海道シュタイナー学園」（北海道）の2校が文部科学省から学校法人としての認可を受けています。また、シュタイナーの教育理念は保育園や幼稚園の教育実践にも広く取り入れられています。

②オルタナティブ教育の先進国デンマーク

　ヨーロッパのなかでもオルタナティブ教育の先進国として知られているのがデンマークです。デンマークの法律では、子どもに就学の義務はなく、国民に教育選択の自由が認められています。子どもたちは親の責任のもとで公立学校、オルタナティブ・スクール、ホーム・スクーリングのいずれかで教育を受けることになります。オルタナティブ・スクールは全学校の1割ほどですが、その実践は公教育を改善へと向かわせる「目覚まし効果」の役割を果たしていると評価されています［永田 2005］。

　デンマークの教育制度は世界的にみて自由度が高く、憲法で保障された親の教育への参加を前提として設計されています。こうした制度が成立した背景には、近代デンマーク精神の父として知られる**ニコライ・F・S・グルントヴィ**(Nikolaj Frederik Severin Grundtvig) の思想があります。グルントヴィは『生のための学校』を著し、人間に必要なのは書物に書かれた死んだ言葉を学ぶことではなく、対話を通して他者から生きた言葉を学ぶことにあると説きました。彼は、他者との対話と交流が学校における最大の教育内容であるととらえ、その理念は「フリー・スコーレ」や成人のための「フォルケホイスコーレ」として実現しました。これらの学校は自由と民主主義を柱とするデンマーク社会の象徴といえます。

　デンマーク政府はこうしたオルタナティブ・スクールに対して公立学校の75％にあたる助成金を出しています。学校は教師と保護者から構成される学校理事会によって運営されており、社会には学校づくりの主体は国家ではなく、親や市民にあるという教育理解が広く浸透しています。

③オランダのオルタナティブ教育

　オランダもまた国民に広く「教育の自由」が保証されている国として知られています。「学校創設の自由」「学校方針の自由」「学校組織の自由」が法律で認められており、オルタナティブ・スクールに対しても公立学校と同額の教育補助金が支給されています。そのためモンテッソーリ教育、ドルトン・プランによる教育、シュタイナー教育など多様な教育理論がオルタナティブ教育として実践されています。

　一般に、オルタナティブ・スクールは、①独立で運営されているもの、②宗教団体によって運営されているもの、③公立学校の特殊な教育プログラムとして運営されているもの、の３つに大別することができるとされます。オランダでは、第二の宗教団体（キリスト教）によって運営されてきた学校が近代以降のいわゆる「教育の国家化」に激しく抵抗し、「教育の自由」を強く主張し、獲得してきたという歴史があります（「学校闘争」）。この闘争は市民の間に「教育における自由とは何か」という問題を提起し、オランダ独自の教育制度を生み出す契機となりました。今もオランダでは一定数の子どもが集まりさえすれば、誰でも比較的容易に学校を始めることができます。

　その一方でオランダには教育の質保証の観点からオルタナティブ・スクールに対しても教育監査制度が導入されています。オランダでは「教育の自由」と「説明責任」が制度の柱となっているのです。

3．オルタナティブ教育の役割

（1）教育の可能性

　オルタナティブ教育は、機能の肥大化した近代学校という教育のメインストリームに対峙し、「子どもの学習の自由」および「学習選択の自由」を追求する教育運動として展開されてきました。オルタナティブ教育は教育界においてつねにマイノリティであり、ほとんどの国で全体の１割程度を占めるにとどまるとされます。しかしながら、１割であることによって変革を生み出すためのシステムの隙間となり、新たな教育の地平を切り拓いてきたのです。

　オルタナティブ教育を知ることを通じて、私たちは何を学ぶことができるのでしょうか。本章で取り上げたオルタナティブ教育のいくつかのユニークな取組のなかから、私たちは改めて自分、そして自分たちが所属する社会がどのような教育を選択し、またどのような教育を選択していないのかに気づくことが

できるでしょう。そして、それらが相互にどのような関係にあるのか（= 共時的な関係）、またかつてどのような関係にあったのか（= 通時的な関係）を見通すことができます。さらに、両者の比較を通じて、選択した教育をより良くするためのヒントを得ることもできるしょう。

このようにオルタナティブ教育を知ることを通じて、私たちは教育という営みがどのように構成され、どのような全体像を編み出しているのか、という教育の「全体性（ホールネス）」の視点に立つことができます。このような視点に立って、現在よりも豊かで幸福な未来をつくり出すために、今、教育に何が求められているのかを問い直してみてはいかがでしょうか。こうした認識に基づく新たな教育運動については第2部第5章の「持続可能な未来への学び――ESDとは何か」で詳しく学ぶことができます。

（2）教育の公共性

本章でみたように、近代学校は国民統合を果たす社会装置としての役割を担い、公費によってまかなわれてきました。20世紀中頃まで、公的な教育といえば、国家によって管理運営される教育を意味しました。第二次世界大戦が終わり、戦前の教育に対する反省から、教育は国家によって管理されるものではなく、国民一人ひとりの権利として位置づけられるようになっています。そして現代の学校には、社会のなかにある多様な価値を認め合い、多文化共生社会を支えるプラットフォームとしての役割が期待されています。

そのなかでオルタナティブ・スクールは既存の教育機関とは異なる選択肢を人々に示すことによって、多様な教育ニーズに応えると同時に、社会における価値の多元性を支え、教育における新たな「公共性」を組み立てる役割を果たしてきたといえるでしょう。

世界各国の行財政機関は自国のオルタナティブ・スクールに対して、さまざまな支援・関与を

図表3-3　オルタナティブ・スクールに対する教育行政の4類型

	公費助成 少	公費助成 多
質保証 高	消極支援・干渉型（オンタリオ州・タイプ）	積極支援・管理型（オランダ・タイプ）
質保証 低	消極支援・放任型（イギリス・タイプ）	積極支援・育成型（デンマーク・タイプ）

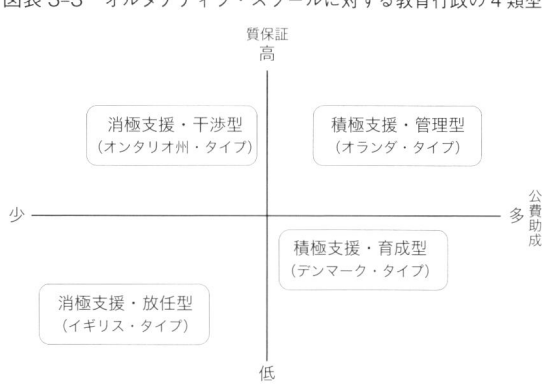

出所：永田 2005: 279 をもとに作成

行っています。図表3-3はオルタナティブ・スクールへの「公費助成」の割合と「質保証」の位置づけを分析したものです。日本ではオルタナティブ・スクールに対する公費助成はこれまでほとんどなされていないのが実情です。私たちはこれからオルタナティブ・スクールに対してどのような支援を考えるべきなのでしょうか。このことは私たちがどのような社会をつくりたいのかということと深く結びついた問いであるといえます。

キーワード解説

●**サマーヒル校** 1921年にニイルがイギリスに創設した私立の寄宿制学校。「世界で最も自由な学校」と呼ばれ、フリースクール運動に大きな影響を与えた。日本の「学校法人きのくに子どもの村学園」はサマーヒル校をモデルとしている。

●**学校化** イリイチは人々が社会制度に依存することによって、自律的・協同的な生き方を失っていくことを総称して「学校化」と呼んだ。また、社会学者の上野千鶴子や宮台真司らは、学校で通用している価値が社会全体へ適応され、それによって価値の一元化が進むことを「学校化」と定義している。

●**モニトリアル・システム（助教法）** 子どもをグループに分け、それぞれにモニター（助教）と呼ばれるリーダーを置く。教師はモニターに教える内容を伝え、モニターたちが各グループで伝達係の役割を果たすことで多人数の子どもに一斉に読み書きなどの学習をさせる教授法。ベルとランカスターがそれぞれ考案した方法であるため「ベル・ランカスター法」とも呼ばれる。

●**問題解決学習** 教師が設定した課題に答えるのではなく、児童生徒の興味関心にしたがって学習を組み立てるという学習方法。児童生徒の思考の過程として重視されるのは、①問題の発見、②問題の明確化、③仮説の提案、④仮説の検討、⑤仮説の検証とされる。

●**ドルトン・プラン** アメリカの教育家パーカーストによって始められた教育方法。自由と協同を原理とし、個々の子どもの能力を最大限に引き出すことを目的として考案された。教育内容は基本的に伝統的教科に従っており、主要科目は国語、数学、理科、社会、外国語。子どもは教師からの課題を「契約仕事」として引き受け、自学自習およびクラスメイトとの協同学習で課題に取り組む。

●**文化資本** ブルデューは経済力だけでなく、社会的不平等を再生産させる要因として親の所有する文化財にも注目した。文化資本は「客体化された資本」（蔵書、楽器、美術品など）、「制度化された資本」（資格、学歴など）、「身体化された資本」（言葉遣い、作法など）に分類され、親のもつ「文化資本」と「社会関係資本」（人脈）が学歴達成にも大きな役割を果たしていると指摘した。

●デモクラティックスクールまっくろくろすけ　1997年、サドベリーバレー・スクールの理念に共感した黒田喜美を中心として創設される。「子どもたちが自分たちでつくっていく学びの場」であることを基本理念として、全体に関することはすべて、スタッフと子どもたちとの話しあいによって決められている。詳細はホームページおよび参考文献『自分を生きる学校』を参照のこと。

●ニコライ・F・S・グルントヴィ（Nikolaj Frederik Severin Grundtvig）　19世紀に活躍したデンマークの牧師、詩人、政治家。学校における暗記勉強、試験による競争を無意味として批判し、「生きた言葉」による「対話」を重視した民衆のための学校を創始した。近代デンマーク精神の父とも呼ばれている。

読んでみよう

①永田佳之［2005］『オルタナティブ教育——国際比較に見る21世紀の学校づくり』新評論.
　世界のオルタナティブ教育が紹介され、教育行財政との関わりについても詳しい分析がなされている。卒業論文でオルタナティブ教育を取り上げるなら必読書となる。

②ダニエル・グリーンバーグ［2006］『世界一素敵な学校——サドベリー・バレー物語』大沼安史訳、緑風出版.
　サドベリーバレー・スクールの教育理念、学校生活、卒業生のその後について知ることができる。原題は『フリー・アット・ラスト（Free at last）』。

③黒柳徹子［1981］『窓ぎわのトットちゃん』講談社.
　黒柳徹子の自伝エッセイ。1981年に出版され、発行部数は750万部を超える大ベストセラーとなっている。舞台であるトモエ学園はダルクローズが創始したリトミック教育を日本で初めて取り入れた学校として知られ、1963年に廃校となるまで自由な校風のもと独自の教育が実践された。

④広田照幸［2009］『ヒューマニティーズ教育学』岩波書店.
　「教育学」を学ぼうとする人の手引きとなる書。これまで教育学がどのような問いに取り組み、どのような歴史をたどり、いかなる可能性を有する学問であるのかについて学ぶことができる。

⑤今井康雄編［2009］『教育思想史』有斐閣.
　西洋および日本の教育の歴史をおさえながら、各時代の代表的な思想家について解説している。現代の教育を考えるヒントは過去の思想のなかにちりばめられている。

💡 **考えてみよう**

①あなたの理想とする学校教育はどのようなものだろうか。「理想の学校」をテーマとして、その教育理念、教育方法、カリキュラム、設備、環境等について話しあってみよう。

②ホーム・スクーリングのメリットとデメリットは何だろうか。ホーム・スクーリングについて調べて、クラスでディベートをしてみよう。

③あなたの身内の人間がオルタナティブ・スクールへの通学を希望したら、あなたはどんなアドバイスをしますか。

【引用・参考文献】
石井洋二郎［1993］『差異と欲望――ブルデュー『ディスタンクシオン』を読む』藤原書店．
磯部裕子・青木久子［2009］『脱学校社会の教育学』萌文書林．
市川昭午［2006］『教育の私事化と公教育の解体―義務教育と私学教育』教育開発研究所．
イリイチ，イヴァン［1977］『脱学校の社会』小澤周三訳、東京創元社．
木村元・児玉重夫・船橋一男［2009］『教育学をつかむ』有斐閣．
教育思想史学会編［2000］『教育思想事典』勁草書房．
子安美知子［1965］『ミュンヘンの小学生』中公新書．
グリーンバーグ，ダニエル［2008］『自由な学びが見えてきた』大沼安史訳、緑風出版．
デモクラティック・スクールを考える会編［2008］『自分を生きる学校――いま芽吹く日本のデモクラティック・スクール』せせらぎ出版．
デューイ，ジョン［2006］『学校と社会・子どもとカリキュラム』市村尚久訳、講談社．
東京シューレ編［2000］『フリースクールとはなにか――子どもが創る・子どもと創る』教育史料出版会．
日本カリキュラム学会編［2001］『現代カリキュラム事典』ぎょうせい．
兵庫県不登校研究会［2009］『不登校の子どものための居場所とネットワーク――ネットワークを活かした支援とは』学事出版．
フーコー，ミシェル［1977］『監獄の誕生』田村俶訳、新潮社．
藤田英典［2000］『市民社会と教育――新時代の教育改革・試案』世織書房．
フレイレ，パウロ［1979］『被抑圧者の教育学』小沢有作・楠原彰・柿沼秀雄・伊藤周訳、亜紀書房．
松崎巌監修［1991］『国際教育事典』アルク．
宮澤康人［1998］「児童中心主義の底流をさぐる―空虚にして魅惑する思想」『季刊子ども学』Vol. 18、福武書店．
吉田敦彦［2009］『世界のホリスティック教育――もうひとつの持続可能な未来へ』日本評論社．
リヒテルズ直子［2004］『オランダの教育――多様性が一人ひとりの子供を育てる』平凡社．

■ 藤井 基貴

第4章 地球市民としての生涯学習

中国・上海の社区学校で学ぶ地域住民（筆者撮影）

● この章のねらい ●

「国民一人一人が、自己の人格を磨き、豊かな人生を送ることができるよう、その生涯にわたって、あらゆる機会に、あらゆる場所において学習することができ、その成果を適切に生かすことのできる社会の実現が図られなければならない」。2006年に改正された教育基本法の第3条には、新たに「生涯学習の理念」が付け加えられました。本章では、世界有数の長寿国であるわが国で、私たちが「生涯にわたって」より良く生きることのできる学びとはどのようなものか、国際的な動向もふまえながら考えていきます。

1．「社会教育」における学びの系譜
2．ユネスコ「生涯教育」の思想
3．日本における「生涯学習」政策の展開
4．グローバリゼーションにおける学びと地域の学び

1.「社会教育」における学びの系譜

(1) 社会教育の理念と法制度

　戦後日本の教育は、日本国憲法の精神に則って1947年に制定された教育基本法に基づいてスタートしました。その第7条では「家庭教育及び勤労の場所その他社会において行われる教育」を「社会教育」として位置づけ、その奨励のために「国及び地方公共団体は、図書館、博物館、公民館等の施設の設置、学校の施設の利用その他適当な方法」を講じなければならないと規定しました。続いて1949年に制定された社会教育法では、「国及び地方公共団体」が果たすべき役割をより具体的に規定しています。また「社会教育」とは、「学校の教育課程として行われる教育活動を除き、主として青少年及び成人に対して行われる組織的な教育活動（体育及びレクリエーションの活動を含む。）」と定義されています。

　日本では戦前から、広く学校外の教育的な活動全般を指して「社会教育」と呼んできましたが、法制度による体系をもたない曖昧な概念であり、戦前・戦中の国家主義的、軍国主義的な教育の一端を担ってきた歴史がありました。そのため戦後は、「民主的で文化的な国家」を建設し「真理と平和を希求する人間の育成」をめざすことを教育基本法で宣言し、続いて戦争への反省も込めながら新しく「社会教育」の法律を制定したのです。この社会教育法では、国や地方公共団体に対して、国民の自主的な学習に「不当に統制的支配を及ぼし、又はその事業に干渉を加え」ることを厳しく戒め、むしろ社会教育活動を「求めに応じて」支援し助長するために環境醸成・条件整備をしなければならない責務があることを規定しています。小川利夫は、社会教育が、社会教育の活動主体である「社会教育関係団体」、社会教育の活動拠点である「社会教育施設」、社会教育活動の内容や方法としての「学校開放学級および講座」という「三つの形態の社会教育活動」から構成されていると指摘しています［小川・倉内1964］。また、これらの社会教育活動を必要かつ十分に実現させるために、専門の社会教育職員（社会教育主事など）が配置されています。

　社会教育法制定に深く関わった寺中作雄は「国、地方公共団体というような権力的な組織との関係において、その責任と負担とを明らかにすることによって、社会教育の自由の分野を保障しようとするのが社会教育法制化のねらい」であったと端的に述べています［寺中1995］。今日に至る戦後社会教育の歴史

は、この「社会教育の自由」という理念を確認し、実質的、実体的に「三つの形態」から成る社会教育の充実と発展をめざしてきた実践の歴史といえます。以下では、全国で実践された数多くの社会教育活動のなかから、とくに「4つのテーゼ」と呼ばれる文書から「社会教育の自由」という理念について考えてみます。

（2）社会教育の実践から培われた「4つのテーゼ」

「4つのテーゼ」とは、1960年代から70年代にかけて出された社会教育の報告書のうちの代表的なもので、地域住民が社会教育に取り組むなかから獲得した社会教育の原理が表明されています。具体的には「社会教育をすべての市民に（枚方テーゼ）」（1963年、大阪府枚方市教育委員会）、「公民館三階建論」（1965年、東京都・三多摩社会教育懇談会）、「公民館主事の性格と役割（下伊那テーゼ）」（1965年、長野県飯田下伊那主事会）、「新しい公民館像を目指して（三多摩テー

図表 4-1 「社会教育をすべての市民に」（1963 年、枚方テーゼ：大阪府枚方市教育委員会）

①社会教育の主体は市民である
②社会教育は国民の権利である
③社会教育の本質は憲法学習である
④社会教育は住民自治の力となるものである
⑤社会教育は大衆運動の教育的側面である
⑥社会教育は民主主義を育て、培い、守るものである

出所：『社会教育を生きるための権利に──「枚方テーゼ」の復刻と証言』（社会教育研究所、1984.2）より

図表 4-2 種類別社会教育施設数（単位：施設）

区分	公民館（類似施設含む）	図書館	博物館	博物館類似施設	青少年教育施設	女性教育施設	社会体育施設	民間体育施設	文化会館
平成5年度	18,339	2,172	861	2,843	1,225	224	35,950	16,088	1,261
平成8年度	18,545	2,396	985	3,522	1,319	225	41,997	18,146	1,549
平成11年度	19,063	2,592	1,045	4,064	1,263	207	46,554	17,738	1,751
平成14年度	18,819	2,742	1,120	4,243	1,305	196	47,321	16,814	1,832
平成17年度	18,182	2,979	1,196	4,418	1,320	183	48,055	16,780	1,885
増減数	△637	237	76	175	15	△13	734	△34	53
伸び率(%)	△3.4	8.6	6.8	4.1	1.1	△6.6	1.6	△0.2	2.9

注：1）民間施設の回収率（推定）は、民間体育施設 68.5％、私立文化会館 70.1％である。
　　2）社会体育施設、民間体育施設において、平成8年度以前はゲートボール・クロッケー場の施設は含まれていない。
　　3）増減数の△は減少を示す。
　　4）増減数、伸び率は平成14年度から平成17年度を比較した数値である。

出所：文部科学省平成17年度社会教育調査

図表 4-3　指導系職員の状況

施設等区分	教育委員会		公民館(類似施設)	図書館		博物館		博物館類似施設	
指導者等区分	社会教育主事	社会教育主事補	公民館主事(指導)	司書	司書補	学芸員	学芸員補	学芸員	学芸員補
平成5年度	6,766	555	19,374	7,529	429	2,338	460	1,373	142
平成8年度	6,796	563	19,470	8,602	443	2,811	492	1,778	188
平成11年度	6,035	464	18,927	9,783	425	3,094	447	2,234	208
平成14年度	5,383	371	18,591	10,977	387	3,393	454	2,243	261
平成17年度	4,119	242	17,805	12,781	442	3,827	469	2,397	223
増減数	△1,264	△129	△786	1,804	55	434	15	154	△38
伸び率(%)	△23.5	△34.8	△4.2	16.4	14.2	12.8	3.3	6.9	△14.6
職員数に占める割合	11.6%	0.7%	31.6%	41.7%	1.4%	22.1%	2.7%	8.8%	0.8%
うち女性	358	53	6,643	10,721	355	1,305	188	933	114
(女性の割合)(%)	(8.7)	(21.9)	(37.3)	(83.9)	(80.3)	(34.1)	(40.1)	(38.9)	(51.1)

注：社会教育主事には，派遣社会教育主事（都道府県がその事務局の職員を社会教育主事として市町村に派遣している職員〈実数〉）を含む。
出所：文部科学省平成17年度社会教育調査

ゼ）」（1974年、東京都教育庁社会教育部）です。戦後復興と高度経済成長に支えられて生活スタイルが変化していくなかで、第1章でみたようにいわゆる55年体制下における「逆コース」と呼ばれる諸政策により、教育への管理が強化され自由が奪われていきました。このような時代を背景にして、「社会教育の自由」という理念を確かなものにするために、実践のなかから紡ぎ出されてきた原理原則を示した宣言が「4つのテーゼ」だといえます。

枚方テーゼは、1963年に枚方市教育委員会が発行したパンフレット『枚方の社会教育』のなかで示されました。その「まえがき」には「市民の平和と民主主義を守り育て、生活を高める大衆運動の原動力が社会教育をおいてどこに求められるでしょうか」と社会教育の意義を示し、「社会教育とは何か」という根源的な問いを6項目の原則としてまとめました（図表4-1）。

地域に暮らす住民・市民が自治の担い手となり、生活者を主体とする民主主義社会を創り出す力となるような「社会教育」を「国民の権利」として位置づけています。「幸福になりたい」という国民共通の願いは生活要求として表れ、生活要求が政治への要求として向けられます。そして憲法学習を基礎に、住民自治を打ち立て、主体的な担い手となって運動へと展開されます。こうした一連の過程に介在する社会教育の役割が、枚方テーゼには表現されているのです。

枚方テーゼが出された2年後の1965年には、「公民館三階建論」が出され

青少年教育施設	女性教育施設	社会体育施設	民間体育施設	文化会館
指導系職員	指導系職員	指導系職員	指導系職員	指導系職員
3,021	273	7,708	53,011	1,524
3,066	253	8,627	52,223	1,672
2,860	295	9,071	52,770	1,688
2,921	290	8,963	49,899	1,592
2,961	263	9,599	53,469	1,697
40	△27	636	3,570	105
1.4	△9.3	7.1	7.2	6.6
35.9%	21.8%	9.6%	24.3%	9.2%
963	229	3,120	27,193	360
(32.5)	(87.1)	(32.5)	(50.9)	(21.2)

ました。公民館は、社会教育の実践を支える社会教育施設の1つです。社会教育施設には他にも、図書館、博物館、青少年の家、文化センター、女性会館、各種スポーツ施設などがあり、全国各地に整備されています（図表4-2）。またこれらの施設には、専門職員（社会教育主事、公民館主事、博物館学芸員、図書館司書、インストラクターなど）が配置され、地域住民の学習ニーズを汲み取り、専門的な学習活動への指導・助言を行っています（図表4-3）。

とくに、地域社会において「住民の教養の向上、健康の増進、情操の純化を図り、生活文化の振興、社会福祉の増進に寄与することを目的」（社会教育法第20条）にして設置された身近な施設が公民館です。1946年に「社会教育、社交娯楽、自治振興、産業振興、青年養成の目的を綜合して成立する郷土振興の中核機関」として構想され、「市町村その他一定区域内の住民のため」の施設として、おもに小学校区や中学校区に1館の割合で全国に設置されました。この公民館が地域住民の学びの拠点となり、「社会教育の自由」を実現する多くの優れた社会教育実践が行われてきました。

「公民館三階建論」は、大都市のベッドタウン地域において都市型社会教育の環境醸成、施設整備に大きな影響を与え、この考えは後に、三多摩テーゼへと発展されました。戦後復興と高度経済成長へと続く1960年代から70年代にかけての時代は、全国総合開発政策によって首都圏域の都市基盤整備が行われ、それに伴い三多摩地域への人口流入と都市化が進行したのでした。そこで新しい住民によるまちづくりや住民自治を支える地域に根ざした学びの場が要請されてきました。3階建てのイメージでとらえられた公民館は、1階にレクリエーション活動などの社交場機能、2階にサークルやグループなどの小集団による学習・文化活動機能、3階では系統的な講座を行う教育活動機能をもった施設観が打ち出され、各階の活動に必要となる空間や設備などの施設機能が具体的に把握されました。また階を上がることが、学習の進展と深化を象徴しており、各階を相互に行き来しながら人々が交流し、学習が組織化され繋がるという教育機能への認識も深められたのです。こうした住民に身近な公民館の

図表 4-4　「新しい公民館像を目指して」（三多摩テーゼ：東京都教育庁社会教育部）

I　公民館とは何か——4つの役割
　1．公民館は住民の自由なたまり場です
　2．公民館は住民の集団活動の拠点です
　3．公民館は住民にとっての「私の大学」です
　4．公民館は住民による文化創造のひろばです

II　公民館運営の基本——7つの原則
　①自由と均等の原則　　　　　　　　②無料の原則
　③学習文化機関としての独自性の原則　④職員必置の原則
　⑤地域配置の原則　　　　　　　　　⑥豊かな施設整備の原則
　⑦住民参加の原則

広がりが1974年の三多摩テーゼのような条件整備の提言へと展開します。

　三多摩テーゼは、1974年に東京都教育庁社会教育部から出された報告書「新しい公民館像を目指して」であり、公民館の運営方針を4つの役割、7つの原則としてまとめています（図表4-4）。4つの役割とは、「公民館三階建論」で着目されたたまり場としての社交場機能、集団活動としての学習・文化活動機能、「私の大学」として高められた系統的学習が展開される教育活動機能を基本としながら、これらの機能が有機的に交流しあう「ひろば」と形容される役割です。この役割を実現する条件が7つの原則であり、いずれも「社会教育の自由」が「いつでも、どこでも、だれでも」保障されるための原則として、社会教育法に規定された国や地方公共団体が果たすべき環境醸成義務のシビル・ミニマムが示されたものといえます。

　これらのテーゼと同時期に、農村地域においても「生活と生産」の問題を正面から見据え、実際生活に即した社会教育の実質化をめざして、1965年に「公民館主事の役割と性格」（下伊那テーゼ）が提起されました。このテーゼでは、公民館において住民の学習を支援すべき公民館主事の役割について述べられています。まず公民館主事の仕事を「働く国民大衆の人間的な解放に役立つ学習・文化運動の組織化」であると定義します。これを前提に、「教育専門職」であると同時に「自治体労働者」でもあるという2つの性格に分離された身分上の矛盾を、民主的な社会教育の発展という課題に向けて統一的に止揚する専門的力量の形成が要求されました。とりわけ農村を取り巻く厳しい現状に立ち向かい、人間疎外を乗り越える力となるような学習内容を住民のために編成する力を高めること、さらに住民自身が学習内容編成の主体となるようにともに寄り添っていくことが、公民館主事の重要な仕事であると位置づけられたの

です。
　三多摩テーゼが公民館の施設機能としてのスペースや設備の充実、さらに施設が担う教育機能の強化を主張したのに対し、下伊那テーゼでは公民館で行う学習機能を重視し、労働（生産）と学習を結びつけ、学習内容編成権や公民館主事、社会教育主事の専門性が追求されたのでした。

2. ユネスコ「生涯教育」の思想

（1）ポール・ラングラン（Paul Lengrand）の「生涯教育」思想
　「4つのテーゼ」に代表されるように「社会教育の自由」を貫く認識が共有されようとしていた1960年代から70年代は、世界でも国際連合を中心に新たな潮流が生み出された時代でした。それが「生涯教育」（Lifelong Education）の思想です。
　戦争は世界に大きな傷跡を残し、多くの悲しみを生み出しました。国連はその悲劇を繰り返さないという使命のもと、人間の尊厳と平等を人類普遍の価値として位置づけ、1948年「世界人権宣言」を採択します。その第26条には「すべて人は、教育を受ける権利を有する」とあり、「教育は、人格の完全な発展並びに人権及び基本的自由の尊重の強化を目的としなければならない」と教育を受ける権利を基本的人権の一部ととらえ、世界が果たすべき教育の理想が示されました。とりわけユネスコ（国連教育科学文化機関：United Nations Educational, Scientific and Cultural Organization）がその先導的役割を担い、その実現に向けた取組を行ってきました。
　「生涯教育」の思想は、1965年ユネスコ成人教育推進国際委員会においてラングランが提起した考えでした。ラングランは、科学技術の進歩や社会構造の変化、余暇の増大などめまぐるしく変化する時代に、社会への適応とそのための継続的な知識の更新の必要性を指摘し、青少年の学齢期における「学校」を中心とした正規の教育体系（Formal Education）を問い直し、その修了後も継続して多様な教育機会を保障する成人教育の意義を重視しました。さらに、人の誕生からその生涯にわたる年齢や発達段階に応じた学習機会と社会のあらゆる場面における多様な教育機会とを統合する永続的な学習システムを構想していました。つまり旧来型の学校教育システムだけでなく、人生の各時期において学校外のさまざまな機会において学び続けることができるように、人間の成長発達に即した過去から未来に伸びる垂直的な学習環境と一人ひとりの必要

に応じた学習ネットワークによる水平的な学習環境が、相互に有機的なつながりとして統合された生涯教育システムの構築を提言するものでした。1976年にユネスコから出された「成人教育の発展に関する勧告」では、「『生涯教育及び生涯学習』とは、現行の教育制度を再編成すること及び教育制度の範囲外の教育におけるすべての可能性を発展させることの双方を目的とする総合的な体系をいう」と、既存の**教育体系**にとらわれない教育システム全体の再編成原理としての位置づけが示されています。

　こうした考え方は世界中でさまざまな受け止め方をされながら、社会に大きな影響を及ぼしました。また、いくつかの類似した考え方も提起されています。たとえばロバート・M・ハッチンズ（Robert Maynard Hutchins）の「**学習社会（learning society）**」論や OECD の「**リカレント教育（recurrent education）**」などがあります。こうした考え方は、いずれも人生のあらゆる時期において必要な教育を誰でも受けることができる社会のしくみを創り出そうとする考え方に基づいたものでした。

（2）エットーレ・ジェルピ（Ettore Gelpi）の生涯教育思想と「学習権宣言」

　1972年ラングランの後任にジェルピが就任すると、「生涯教育は政治的に中立ではない」とする立場に立って、さまざまなレベル（国家、階級、民族、性差、貧富など）における抑圧－被抑圧、支配－被支配という権力関係の視点から、「生涯教育」の思想が再検討されました。そしてジェルピは「人々を抑圧しているものに対する闘争に関わっていく力」や「人々の自立への闘いの強化」をもたらす学びの意義を説き、個人や集団が主体的に「教育の目的、内容、方法」をコントロールできるような「自己決定学習（self-directed learning）」が必要だと主張しました。さらに、情報化、国際化、科学技術の進歩など現代社会の変化の激しい時代に「適応のための教育」を主張したラングランに対して、盲目的な「変化への適応のための教育」は「搾取する国とされる国との間のより強力な文化的同質化の強化」のための教育に組み替えられ、利用されることもあるのだと指摘しました［ジェルピ 1983］。こうしたジェルピの着眼は、たとえば第3章でみたパウロ・フレイレ（Paulo Freire）とも共通した問題関心によるものでした。フレイレは言っています。「自分たちのおかれている状態が何に起因しているかに無自覚でいるかぎり、被抑圧者は搾取を宿命のように受け入れる」。「被抑圧者は、世界と自分自身についての歪んだ見方にとらわれて、自分を抑圧者によって所有されている物のように感じている」。だからこ

図表4-5 「学習権宣言」(抜粋) 1985年ユネスコ

学習権とは、
　読み書きの権利であり、
　問い続け、深く考える権利であり、
　想像し、創造する権利であり、
　自分自身の世界を読みとり、歴史をつづる権利であり、
　あらゆる教育の手だてを得る権利であり、
　個人的・集団的力量を発達させる権利である。

出所：社会教育推進全国協議会編2005より抜粋

そ、文字を獲得し自分自身を取り巻いている世界を読み取ることによって「解放」への力にすることが必要なのだと主張しているのです［フレイレ 1979］。

　ラングランに始まる「生涯教育」思想は、おもに科学技術の高度な発達と社会の変化、余暇の増大という課題へのアプローチを示しましたが、1970年代から80年代にかけて世界の南北間における経済格差や教育格差、貧困や飢餓など発展途上国をめぐる問題が顕在化し、「生涯教育」思想に欠如していた権力性への指摘がジェルピなどから提起されたのでした。こうした議論を経て1985年パリで開催された国際成人教育会議において「学習権宣言」が採択されます（図表4-5）。

　このなかで、「読み書き計算」という基礎的なスキルだけでなく、「なぜ」と問うことや「どうして」と考えることも権利だとされています。私たちは学校や社会で学んだこと、教科書や本に書いてあること、テレビや新聞の報道など、他者から与えられた正しさについて、何の疑問ももたず当たり前に正しいことだと信じがちです。しかし自分の頭で真実とは何かを考え、調べ、発見するために必要な学習こそが、権利として謳われているのです。疑問をもったり批判をしたりする態度は、他者から正しさを与えられるのではなく、自分自身で真実を見極めるために解釈しようと考えることなのです。皆が同じ意見をもち、考えることも批判することもできない社会は、自分自身の世界を読み取る力を剥奪されているといえましょう。自分自身が主人公となって歴史をつづることもできないでしょう。学習権は、一部の豊かな人々や特権をもつ人々の「文化的ぜいたく品」ではなく「人間の生存にとって不可欠な手段」であり、「学習活動はあらゆる教育活動の中心に位置づけられ、人々を、なりゆきまかせの客体から、自らの歴史をつくる主体にかえていくもの」なのです。

　その後、国連では「学習権宣言」の理念を世界中に広め、「教育的無権利層 (educationally under-privileged)」に対する積極的是正措置を講じていくため

Column ❹　東アジアにおける生涯学習

　ユネスコにおける生涯学習の議論は、欧米を中心とした成人教育の考え方が基礎になっています。しかしアジア地域では、日本の社会教育の影響もあり、施設を拠点とした地域住民による学びが特徴となっています。

　韓国では、それまでの「社会教育法」を廃止して、1999年に新しく「平生教育法」が制定されています。台湾でも1953年に「社会教育法」が制定されていましたが、2002年に新しく「終身学習法」が制定されました。韓国や台湾では、戦後の軍事政権あるいは戒厳令によって長い間、民衆の自由な教育・文化活動が制限されていました。しかし韓国では80年代、台湾では90年代以降に政治の民主化が進められるなかで、教育の自由を求める世論が高まり、生涯学習の法制化が進められたのです。韓国では、平生学習館・住民自治センター・社会福祉館などの施設を拠点にした、地域住民の学習要求に即した文化、教養を高める教育活動が行われています。とくに大学院の修士学位を頂点とする専門職制度（平生教育士）が整備されるなど、国家が積極的に生涯学習の政策化と推進に取り組んでいることが特徴です。台湾では、中学校などの教室を利用した社区大学（コミュニティ・カレッジ）が代表的です。行政区域ごとに社区大学が設置され、趣味教養から学術レベルまで多岐にわたる独自のカリキュラムや学習システムが構築されています。そのほかに、とくに東南アジアを中心に日本の公民館の発想を取り入れたコミュニティ学習センター（CLC: Community Learning Center）の設置が広がっています。2007年度のアジア太平洋地域における設置数は9万8968カ所に上ります。CLCでは、地域の住民が教育、収入の確保と増加、健康、環境、文化等の知識や技術を実情に即して自ら選択し、「生活の質の改善」を促す学習活動を目的に進められています。

（上田　孝典）

の「参加」を促す取組の1つとして、1990年を「国際識字年」と定めました。そして「2000年までにすべての人に教育を」を合い言葉に**「万人のための教育（EFA: Education For All）」**というキャンペーンを行っています。現在も2003年から2012年までを「国連識字の10年──すべての人に教育を」に定め、継続的な取組が続けられているところです。

（3）ユネスコ国際成人教育会議をめぐる動向

　1993年には、欧州委員会委員長であったジャック・ドロール（Jacques Delors）を委員長として「21世紀教育国際委員会」がユネスコに設置され、

1996年に報告書『学習――秘められた宝』が提出されました。この報告書では、①知ることを学ぶ(Learning to know)、②為すことを学ぶ(Learning to do)、③(他者と)共に生きることを学ぶ(Learning to live together, Learning to live with others)、④人間として生きることを学ぶ(Learning to be) という「学習の4本柱」を提示したことで知られています。21世紀の社会において「生きる(to be)」とは、「社会の構成員はすべてそれぞれが他者に対して責任を負っている」ことを自覚し、集団活動を通じて社会的能力を発展させ、社会的役割への心構えをもち、共同体の営みへの積極的参加をしていくことであるととらえられています。だからこそ、多様な価値を認識して相互理解によって共感し合うこと、こうした基盤のうえで生涯学習によって自己実現を図りながら、連帯して共生していくような社会を描き出したのでした。

バングラデシュのCLCで学習する女性たち（手打明敏氏撮影）

続いて1997年には、ドイツのハンブルクで第5回国際成人教育会議が開催されました（図表4-6）。ユネスコの国際成人教育会議は約12年ごとに開催されており、97年のハンブルク会議では「成人の学習に関するハンブルク宣言」とその行動計画である「成人学習の未来へのアジェンダ」が採択されま

図表4-6　国際成人教育会議の開催とその概要

1949年	第1回エルシノア（デンマーク）会議 戦後復興に果たす成人教育の役割について討議
1960年	第2回モントリオール会議 成人教育における学習者の自発性を確認し、ボランタリー組織や非政府の機関による推進を提起
1972年	第3回東京会議 成人教育の労働者の生活、労働の質に関わる課題提起と社会的弱者、教育的無権利層に対する教育機会の提供について提起
1985年	第4回パリ会議 「学習権宣言」を採択。生涯を通して学ぶ権利、フォーマル、ノンフォーマルな教育の接合などについて提起
1997年	第5回ハンブルク会議 「成人の学習に関するハンブルク宣言」および「未来へのアジェンダ」の表明
2009年	第6回ベレン（ブラジル）会議

した。宣言では「人権への全面的敬意にもとづいた、人間中心の開発と参加型社会だけが、持続可能で公正な発展に導く」として、「成人教育は行動的な市民性が生み出したものであり、また社会における完全な参加のための条件でもある」と社会への積極的な関与と行動によって参加型社会を形成することが提起されています。そしてグローバルな人類的諸課題と**社会的排除**（social exclusion）問題をふまえながら、「人々と地域社会が挑戦に立ち上がるために、自分たちの運命と社会を統御することができるようにする」ことが青年・成人教育の目的だとしています。先の報告書『学習──秘められた宝』でも「社会的結合（social cohesion）から民主的参加へ（democratic participation）」と参加型社会が強調されていますが、このように「参加」がキーワードとなる背景には、90年代以降顕著になってきた世界的規模での人類的課題への関心の高まりと個別的な課題に対する国際会議の開催がありました。とくに90年代には、ハンブルク会議までに次のような国際会議が開催され、ハンブルク会議での議論に大きく影響しました。

- 1990年「万人のための教育に関する世界会議──基礎的な学習ニーズに応えて」（タイ・ジョムティエン）
- 1992年「環境・開発に関する国連会議」（ブラジル・リオデジャネイロ）
- 1993年「人権に関する世界会議」（オーストリア・ウィーン）
- 1994年「人口と開発に関する国際会議」（エジプト・カイロ）
- 1995年「社会開発に関する世界サミット」（デンマーク・コペンハーゲン）
- 1995年「第4回世界女性会議」（中国・北京）
- 1996年「国連人間居住会議」（トルコ・イスタンブール）
- 1996年「世界食料サミット」（イタリア・ローマ）

しかもこれらの国際会議は従来型の政府間会議ではなく、世界中のNGOが参加することで議論を深め活発な交流の場となるだけでなく、学術的なネットワークの構築にも大きな役割を果たしていました。だからこそ、アジェンダでは「これらの世界会議において、世界のリーダーたちは市民の能力と創造力を解放するものとして教育に期待した」と成人教育を通じたエンパワーメントと参加を促す意義を強調したのです。さらに「あらゆる教育制度や人間中心の開発にとって成人教育が重要であるとの認識」から「持続可能な開発のための教育（持続発展教育）」（ESD: Education for Sustainable Development）という視点がクローズアップされていくようになります。

3. 日本における「生涯学習」政策の展開

(1)「生涯教育」から「生涯学習」へ

　ラングランによる「生涯教育」思想が日本の教育政策へ体系的に導入される契機となったのは、1981年の中央教育審議会答申「生涯教育について」でした。この内容は「人間の乳幼児から高齢期に至る生涯の全ての発達段階に即して、人々の各時期における望ましい自己形成」という垂直方向と「家庭のもつ教育機能をはじめ、学校教育、社会教育、企業内教育、さらには民間の行う各種の教育・文化事業にわたって、社会に幅広く存在する諸教育機能」という水平方向を統合し、「生涯教育の推進の観点から総合的に考察」することでした。そのうえで「生涯学習」とは、「各人が自発的意志に基づいて行うことを基本とするものであり、必要に応じ、自己に適した手段・方法は、これを自ら選んで生涯を通じて行うもの」、「生涯教育」とは「この生涯学習のために、自ら学習する意欲と能力を養い、社会のさまざまな教育機能を相互の関連性を考慮しつつ総合的に整備・充実しようとする」考え方と定義しました。つまり広く社会に存在する教育機能の整備・充実を役割とする「教育」概念と個人の自発的意志によって自ら行う「学習」概念を明確に区別し、使い分けていくようになりました。

　「生涯教育」から「生涯学習」へ表現を変えて使い分けられ、生涯学習政策として展開されていくのは、1984年に設置された臨時教育審議会が「生涯学習体系への移行」という方針を示してからのことでした。とくに1987年に出された第4次答申では、生涯学習体系の構築によって「学歴社会の弊害を是正するとともに、学習意欲の新たな高まりと多様な教育サービス供給体系の登場、科学技術の進展などに伴う新たな学習需要の高まりにこたえる」必要性が強調され、多面的な評価に基づく「学習歴」を重視する社会への転換が、教育サービスを需要に合わせて供給するという文脈のなかで強調されました。

　こうした政策動向を反映し、1988年7月には文部省社会教育局が生涯学習局（現、文部科学省生涯学習政策局）に改組され、次いで1990年には唯一の生涯学習関連法である「生涯学習の振興のための施策の推進体制等の整備に関する法律」が制定公布されました。このように教育行政のなかで公教育の一翼として法的に位置づけられている社会教育の関連部署や施設などは、次々と「生涯学習」を冠した名称に変更されていきました。

(2) 公教育としての社会教育をめぐる問題

「生涯学習体系への移行」が進められてからは、公教育としての社会教育が大きな揺らぎを見せています。1990年代以降の行財政構造改革、地方分権の推進のなかで社会教育法制度の抜本的な見直しが行われているのです。その方向性には、次の2つの特徴が見られます。1つは、社会教育法に準拠する社会教育行政の縮小、2つには、教育の私事化です。そしてこの両者は相互に関連しあいながら進行しているといえます。

1つめの社会教育行政の縮小は、地方自治体レベルにおいて進行しています。それは社会教育制度の運用の弾力化、社会教育施設の管理委託や指定管理者制度の導入、社会教育行政の一般行政化などがあげられます。

1990年代に入り、全国総合開発政策に基づく国土計画と全国一律の護送船団方式が見直され、地方分権のかけ声のもとで自治体の再編と規制緩和の必要性が指摘されるようになりました。1999年に「地方分権の推進を図るための関係法律の整備等に関する法律」（地方分権一括法）が制定されたことに伴って「平成の大合併」と呼ばれる自治体再編が行われ、1999年3月に3232あった市町村は2010年3月までの10年間で1760にまで再編されることになっています。こうした背景のもとで地方自治体の行政組織も大きく改変され、社会教育法とその関連法も改正されました。たとえば公民館運営審議会（公運審）についての必置規制が、任意設置に緩和されました。公運審は、公民館の運営や各種事業の企画・実施に地域住民の声を反映させるために設置されている、社会教育法に規定された審議機関です。また公民館長の任命に公運審への意見聴取が不要となり、同時に公運審の委員や社会教育委員は教育長の権限で選任できるように変更されました。

これら一連の法改正は、教育長に権限が集中強化されるだけでなく、地域住民や公民館利用者の声を社会教育行政に反映させる道筋が制限されていくことを意味しています。さらに働く青年の学習を支援してきた青年学級振興法が廃止され、青年学級に関する規定が削除されました。そして「青年の家」など、青年学級を支えてきた多くの施設も全国で再編されました。他にも図書館法や博物館法の改正で、運営基準や設置基準が見直されています。たとえば図書館長の司書資格要件が廃止されるなど制度運用が弾力化されました。こうした規制緩和により、地方分権を進め地方自治体の裁量を広げて、より地域住民に身近な生活課題や学習要求に対して、速やかにかつ柔軟に対応する機動的な行政サービスの改善が期待されたのです。

しかし反面では、指定管理者制度などへの民間活力の参入障壁の撤廃というねらいもありました。2003年に「官から民へ」と小さな政府への転換を進めた小泉政権は「地方自治法」を改正し、民間企業、財団法人、NPO法人、市民グループなどの諸団体が公の施設の包括的な管理・運営を代行できるようにしました。これが指定管理者制度です。地域住民に身近な公共施設を民間活力の導入によって活性化させ、より使いやすくすることが目的でした。指定管理者制度が導入されることにより、施設運営に創意工夫をこらして地域住民の施設利用を促進し、地域の活性化に大きな貢献をしている例も見られます。

秋田県湯沢市岩崎地区にあるコミュニティ施設「ふるさとふれあいセンター」では、地域住民がNPOを組織し、指定管理者となることで、住民が使いやすい身近な「たまり場」として、主体的な運営がされている。（筆者撮影）

　しかし全国の自治体における指定管理者の例をみると、実質的には施設維持運営費の抑制による経費削減という側面が大きいことも指摘されています。指定管理が導入される際の最大の目的が、人件費の抑制だからです。主事や司書など公務員として雇用されていた専門職員が嘱託や非常勤などの非正規雇用に置き換えられ、必置規制が緩和されることで雇用自体が縮小しています。たとえば、図書館が指定管理されることで司書資格をもたない館長が民間の経営手法を採り入れ、新刊書籍の購入経費を抑制して図書の貸し出しのみに業務を集約し、レファレンス業務や地域資料の整理収集といった公共図書館のもつ社会的任務が軽視される例など、さまざまな弊害も出てきています。

　平成17年度の統計では、社会教育関係施設全体の14.3％で指定管理者による管理委託が進められており、社会教育主事や公民館主事は大幅に職員が減少していることがわかります（図表4-3, 4-7）。

　さらに生涯学習政策の一般行政化も進められています。つまり社会教育法に基づいて設置されている公民館を、生涯学習センターなどへ名称変更（および公民館条例から生涯学習センター条例への条例改正）することにより非公民館化され、教育委員会の管轄から一般行政に移管されるのです。また地方自治体によっては教育庁の社会教育課が生涯学習課に改組され、図書館や博物館などの一部業務を除いて丸ごと「まちづくり課」などの首長部局に移管されているところもあります。このように「生涯教育」から「生涯学習」へという用語の転

図表 4-7　種類別指定管理者（管理受託者を含む）別施設数

区　分		計	公民館(類似施設含む)	図書館	博物館	博物館類似施設	青少年教育施設	女性教育施設	社会体育施設	文化会館
公立の施設数 (社会体育施設は団体数)		56,111	18,173	2,955	667	3,356	1,320	91	27,800	1,749
指定管理者	計	8,005	672	54	93	559	221	14	5,766	626
	公立の施設数に占める割合	14.30%	3.70%	1.80%	13.90%	16.70%	16.70%	15.40%	20.70%	35.80%
	市(区)町村	268	1	2	－	35	14	－	211	5
	組合	123	1	－	－	18	2	－	98	4
	民法第34条の法人	5,207	243	36	86	382	156	7	3,749	548
	会社	532	15	8	3	46	14	2	421	23
	NPO	165	4	7	1	9	14	1	117	12
	その他	1,710	408	1	3	69	21	4	1,170	34

出所：文部科学省平成17年度社会教育調査

換は、教育行政から一般行政への政策的変更も意味していたのです。こうすることで、教育行政を規定する教育基本法や社会教育法の規制から外されるのです。いわば社会教育行政の縮小にとどまらず、教育行政からの転換が進められているのであり、教育行政の独立によって中長期の展望に立った中立的な教育活動を行う法理念が、一般行政化によって保障されなくなる恐れもあるのです。

　2つめの教育の私事化は、2006年に全面改正された教育基本法とそれに連動した2009年の社会教育法改正とその関連法に関わっています。本章の扉に引用したように、新しい教育基本法で加えられた「生涯学習」の条文には、生涯にわたる学習を「一人一人が」行い、その「成果を適切に生かす」ことのできる社会の実現が謳われています。そして改正された社会教育法でも「国民の学習に対する多様な需要を踏まえ、これに適切に対応するために必要な学習の機会の提供及びその奨励を行う」と明記されました。社会教育推進全国協議会では、この法改正は、個人が自由に行う学習を市場のニーズに合わせ供給する市場メカニズムを導入するもので、国や地方公共団体が果たすべき環境醸成、条件整備という「社会教育」の責務が放棄され、生涯学習の理念が矮小化されてしまうと批判する声明を出しています。市場経済の論理で教育を解釈すると、「学習」は消費する商品として位置づけられ、学習者は受益者負担によって有料の学習サービスを享受する客体に位置づけられてしまいます。こうした考え方では、地域に根ざした公共性を育む学びへと展開する「社会教育」の原理は喪失し、バラバラな「一人一人」の個人が自らの利害に基づく学習（教育の私事化）へと駆り立てられることになるでしょう。さらに見逃せないのは、失われようとする公共性の再構築、つまり「新たな公共」を創り出すために、学校

の教育課程にボランティア活動や体験活動が導入されていることです。「青少年の奉仕活動・体験活動の推進方策等について」(中央教育審議会答申、2002年)では、奉仕活動や体験活動など「幼少期より積み重ねた様々な体験が心に残り、自立的な活動を行う原動力となることも期待され、このような体験を通じて市民性、社会性を獲得し、新しい『公共』を支える基盤を作ること」が重要であると指摘しています。地域や家族の変容によって人々の結びつきは希薄となり、それを補完するしくみとしてボランティア体験などを課すことで「公共性」を再構築しようという取組です。そして「地域での多様な幅広い奉仕活動・体験活動の機会を拡充し、青少年への参加を促していく必要がある」と、いわゆる学社連携、学社融合の推進が提言されています。つまり、ボランティア活動や体験活動を地域が支援し、地域の担い手の養成を生涯学習として行っていこうとする政策的な動きがあります。

　新しい教育基本法には「学校、家庭及び地域住民その他の関係者は、教育におけるそれぞれの役割と責任を自覚するとともに、相互の連携及び協力に努めるものとする」(第13条)とあり、社会教育法でも「社会教育が学校教育及び家庭教育との密接な関連性を有することにかんがみ、学校教育との連携の確保に努めるとともに、家庭教育の向上に資することとなるよう必要な配慮をする」(第3条第3項)と改正されています。現在では全国の生涯学習プログラムのなかに、本来は自発性に基づくはずのボランティアなどの活動を養成講座によって涵養し、家庭・学校・地域の相互の連携による体験活動として政策的に計画化した事業が多数用意されています。重要なことは、私たちが行政の意図に沿ったプログラムや用意されたメニューを鵜呑みにし、受動的に取り組むのではなく、それぞれの事業の主体や目的、内容や手法などを自分たちで検証し、住民が自らの必要に応じて主体となって計画化した学習活動に取り組むことではないでしょうか。

4. グローバリゼーションにおける学びと地域の学び

　2008年アメリカのサブプライム問題に端を発する世界金融恐慌は、地球規模で問題が拡大し、世界の経済が1つにつながっていることを知らしめました。ヒトやモノがボーダーレスに行き交う世界では、新型インフルエンザ・ウイルスも瞬く間にパンデミック(世界的流行)の危険性が高まります。21世紀の今日、グローバリゼーションの歪みと綻びが、あちこちで露呈してきました。新

自由主義と呼ばれる思想は、個々の「自由」を原理原則とした市場ではあらゆる選択肢が用意され、そのなかから自らの責任において必要な価値を自由に選び取ることができ、それによって自己実現を果たし、世界は最適化するというものでした。しかし多種多様に用意された選択肢は、市場原理のなかでマネーという単一の価値に置き換えられ、人々はお金こそがあらゆる選択肢に替わる互換性と万能性を有していると錯覚してしまったように思います。そしてこの間、私たちはお金では買うことのできないもの、得られない価値を見失ってきたのではないでしょうか。人間の労働力が使い捨てにされ、社会の格差が広がり、生存権が脅かされています（第8章第1節）。

　私たちはなぜ学ぶのでしょうか。この答えを探すために学び続けるのかもしれません。「学習権宣言」では「あらゆる教育の手だてを得る」ことが権利とされています。『学習——秘められた宝』には「いかに学ぶかを学ぶことでもある」と表現されています。この問いに答えるためには、自分自身の暮らしと人生を見つめ直し、社会との関係において自分自身を俯瞰する視点が必要です。「学習権宣言」には「自分自身の世界を読み取る」ことだと表現されています。「学習」が個人の自発的な意志に基づき、自らの必要に従い、自らが選んでする行為だとしても、それは自分だけの利害に基づいて行うのではありません。「学習」は、誰でもお金を出せば買えるものではなく、お金では決して得ることのできないものを手に入れるために必要なのです。"Think globally, Act locally"といわれます。つねに広い世界的な視点をもちながら、歴史の流れという垂直方向と、社会という水平方向のなかに自分自身を位置づけ、社会を変える力、行動する力に変えていく学びが必要なのです。それこそが「人間疎外をのりこえる力」としての社会教育活動だと下伊那テーゼは教えています。

　現在でも飢餓や貧困、宗教や民族による対立と紛争はなくなっていません。むしろ環境問題や核軍縮問題など地球規模での人類的課題は、ますます深刻さを増しています。だからこそ、改めて私たちはユネスコが時間をかけ重ねてきた議論に耳を傾けなければなりません。そして、日本の社会教育を重ね合わせて振り返るとき、戦後社会教育の実践によって獲得された「社会教育の自由」という理念は、ユネスコが掲げる理念と何ら変わるところのない普遍的な価値の追求であったことがわかると思います。

　社会教育と生涯学習は対立する概念でありません。生涯学習が個人のためではなく人類のための人間中心の学びであるならば、世界を取り巻く多くの困難も一歩ずつ克服へ向かうでしょう。日本でも、人間中心の学びとしての生涯学

習社会を打ち立て、その学習を権利として助長し環境醸成をする根拠として、社会教育法の規定が意味をもつしくみを社会に実現していかなければなりません。「社会教育の自由」に込められた意味を改めてみつめ直し、再評価することが必要でしょう。

　私たちは、私たち一人ひとりの手で自分自身とその属する社会の未来を創造していかなければならないからこそ、学び続けるのではないでしょうか。

🔑 キーワード解説

●**教育体系**（フォーマル／インフォーマル／ノンフォーマル・エデュケーション）　一般に、学校教育体系に代表される階層的で年齢による学年で区切られた教育システムをフォーマル・エデュケーション（formal education）という。それに対して、個人が家族や友人、メディアなど周囲からの影響や日常の経験から身につける一連の過程をインフォーマル・エデュケーション（informal education）という。さらに、確立されたフォーマル・エデュケーションの範囲外での組織的な教育活動であり、学習者によって意図的に行われるものをノンフォーマル・エデュケーション（non-formal education）という。

●**学習社会**（learning society）　1968年に出版されたR・ハッチンズの『ザ・ラーニング・ソサエティ』（The learning society）では、増大する余暇を活用し、教養ある市民が人間性を高め、いつでも学ぶことができ、充実した人生を送ること、そして人間らしくなることが教育の目標となる社会を提起した。

●**リカレント教育**（recurrent education）　1970年に経済開発協力機構（OECD）によって広められた教育で、個人のライフコースにおける〈教育→労働→余暇→隠退〉という単線的かつ一方向的な営みを、複線的かつ双方向的に生涯にわたって学校教育や職業教育、成人教育などを交互に分散させて行う考え方。

●**「万人のための教育（EFA: Education For All）」**　ユネスコを中心に1990年から進められているプロジェクトで、2015年までに世界中のすべての人たちが初等教育を受けられる、字が読めるようになる（識字）環境を整備しようという取組。2000年にセネガルのダカールで開催された世界教育フォーラムで決議された「ダカール行動枠組」では、2015年までの具体的な数値目標を掲げている。

●**社会的排除**（social exclusion）　ある社会（共同体）の完全なる構成員が、その関係性の喪失によって享受すべき諸権利から排除・疎外される問題状況を指す言葉であるが、明確な定義はない。もとはフランスにおける貧困問題を解釈する概念であったが、単なる経済的問題や権利剥奪の問題にとどまるものではなく、そもそも「完全なる構成員」となること、あるいは市民性（citizenship）の獲得から

疎外されている経済的・政治的・社会的なさまざまな次元における構造上の諸問題をとらえ、「社会的包摂（social inclusion）」への方途を模索する方法概念である。また教育においては、社会そのものへの疑義（「完全なる構成員」とは何を意味するか）を含み、主体形成の課題としてとらえられる。

読んでみよう

① 寺中作雄［1995］『社会教育法解説・公民館の建設』（現代教育101選55）国土社.
　戦後教育の復興期に、社会教育法がどのような理念のもとに編まれ、また実践の中心施設となる公民館がいかなる構想において建設されたのか、社会教育行政の中枢で政策を担った当事者により書かれたもの。

② 『月刊社会教育』国土社.
　社会教育に関する雑誌の1つ。さまざまな特集テーマについての研究者による論文のほか、全国各地の社会教育実践が紹介されている。

③ 鈴木敏正［2009］『教育学をひらく──自己解放から教育自治へ』青木書店.
　学校を中心とした教育論ではなく、社会教育、生涯学習を含めた教育原理論として、教育構造の本質を考察しようとしたもので、教育をめぐる理論と実践の構造が体系的に理解できる。

④ 関口礼子・小池源吾・西岡正子・鈴木志元・堀薫夫［2009］『新しい時代の生涯学習　第2版』有斐閣.
　生涯学習をめぐる歴史や理論、政策や運動、諸外国の動向など幅広い内容を盛り込み、教育を受ける立場ではなく学習する主体としての視点からまとめられたテキスト。

⑤ 矢野泉編著［2007］『多文化共生と生涯学習』明石書店.
　エスニック・マイノリティの学習権を論じたもの。横浜の多文化共生をめざす学校とフリースペースとの協働について、川崎での多文化共生を実現した社会教育関連施設の取組、南米日系人が集住する浜松での教育問題、図書館での多文化サービスなどの事例が取り上げられている。

考えてみよう

① 自分の住んでいるまちの公民館（生涯学習センターなど）に行ってみよう。そこで、どのような人々がどのような活動をしているか調べてみよう。また公民館に関する資料を集めて、近隣の公民館と特徴を比較してみよう。

② 2009年にブラジルで開催されたユネスコ国際成人教育会議について、どのよう

なテーマで何が議論されたのか、そしていかなる成果があげられたのかについて、インターネットなどを使って調べてみよう。

【引用・参照文献】
小川利夫・倉内史郎共編［1964］『社会教育講義』明治図書出版.
佐藤一子［2006］『現代社会教育学——生涯学習社会への道程』東洋館出版社.
――――［1998］『生涯学習と社会参加——おとなが学ぶことの意味』東京大学出版会.
ジェルピ，エットーレ［1983］『生涯教育——抑圧と解放の弁証法』前平泰志訳、東京創元社.
社会教育推進全国協議会編［2005］『社会教育・生涯学習ハンドブック』(第7版) エイデル研究所.
鈴木敏正編著［2002］『社会的排除と「協同の教育」』御茶の水書房.
ハッチンズ，ロバート・M［1968］『教育と人格——これからの教育はどうあるべきか』現代人の教養1、笠井真男訳、エンサイクロペディア・ブリタニカ.
フレイレ，パウロ［1979］『被抑圧者の教育学』小沢有作・楠原彰・柿沼秀雄・伊藤周訳、亜紀書房.
ユネスコ編［1997］『学習——秘められた宝　ユネスコ「21世紀教育国際委員会」報告書』天城勲監訳、ぎょうせい.
ラングラン，ポール［1971］『生涯教育入門』波多野完治訳、全日本社会教育連合会.

■ 上田 孝典

第II部
持続可能な未来をめざして

第5章 持続可能な未来への学び
ESDとは何か

2009年ドイツで開催されたESD世界会合（筆者撮影）

● この章のねらい ●

近年、私たちを取り巻く世界は持続不可能な様相を強めています。こうした事態に対して持続可能性(サスティナビリティ)をキーワードに教育のあり方をとらえ直し、希望のある社会を創出しようとする運動が広がっています。本章では、ESD（Education for Sustainable Development：「持続可能な開発のための教育」または「持続発展教育」）と呼ばれるこの教育運動がどのようにして誕生し、いかなる理論を背景に発展し、どのような実践が行われているのかを概説します。

1. ESDの誕生
2. 「持続可能な開発」とは何か
3. ESDとはどんな教育か
4. ホリスティックなとらえ方
5. ESDはいかにして実践されるか
6. 学校を超えて、地域で展開されるESD

1．ESD の誕生

　最近、「持続可能性」や「持続可能な〇〇」という言葉を目にするようになりました。10年ほど前なら専門家以外はほとんど使わなかったこれらの言葉が、今では日常生活でもたびたび登場します。これは、裏を返せば、私たちの生活を取り巻く持続不可能な状況が深刻化しているということなのかもしれません。

　確かに、極端な自然破壊の映像を流したり、絶望的なデータを過度に強調したりするような報道も見受けられ、持続不可能な状況がむやみにクローズアップされているのではないかという見方もできるでしょう。しかし、いつの間にか、地球温暖化や世界金融危機など、私たちは皮膚感覚で否応なしにも持続不可能性を感じるようになったのも事実です。グローバリゼーションの影響のもと、とくに2008年に起きた世界金融危機の後は、私たちの日常を取り巻く状況が持続不可能性をますます帯びてきているという見解に実感をもって首肯する人は少なくないでしょう。

　現在のように持続不可能な状況が注目されるようになる以前より、こうした事態に対して早くから警鐘を鳴らした人々はいました。『沈黙の春』(1962)を通して化学物質の危険性を訴えた**レイチェル・カーソン**（Rachel Louise Carson）や『成長の限界』(1972)で持続不可能な未来予測をしたローマ・クラブなどによって生産性や経済効率を最優先するような発展に対する疑義はつとに表明されてきたのです。しかし「持続可能な開発」という視点をもって国際舞台で本格的な議論が行われるようになったのは1980年代になってからのことです。

　1980年代は、公害問題が喫緊の課題として世界中で注目されるようになり、環境破壊を省みない経済優先の社会のあり方に疑問が付された時代です。とくに日本は、戦後、急速な経済成長を遂げましたが、その一方で、**水俣病**などをはじめとした公害訴訟が各地で起こり、急成長の負の側面が露呈した時代でもありました。こうした持続不可能な情勢に対し、いち早く警告したのは、政府ではなく、国際機関や大規模な市民組織でした。なかでも国際機関としては国連環境計画（UNEP）や**ユネスコ**（UNESCO）、市民組織としては国際自然保護連合（IUCN）や世界自然保護基金（WWF）が共同で環境保全の戦略を練るなかで、「持続可能な開発」という概念を打ち出したのです。

　1980年代後半になると、「環境と開発に関する世界委員会」（World

Commission on Environment and Development）による『我ら共有の未来』（ブルントラント報告書：*Our Common Future*〔邦題『地球の未来を守るために』〕）が世に出され、経済開発と同時に環境保全が重視され、現代世代のニーズのみならず未来世代のニーズをも視野に入れた開発のあり方がそれまでになく意識されるようになります。

1990年代には、「持続可能な開発」を実現するために、教育がキーワードとして国際舞台で注目されます。1992年にリオデジャネイロで開催された「環境と開発に関する国際連合会議（地球サミット）」で採択された「アジェンダ21」には環境保全と経済開発をバランスよく進めていくための行動計画が定められ、その第36条「教育・意識啓発・訓練の推進」では教育の重要性が明記されるに至りました。しかし、それは、どちらかというと教育関係者からの主張ではなかったため、実際に教育運動としてのダイナミズムが生まれたわけではありませんでした［UNESCO 2005: 69］。

「持続可能な開発」という文脈で教育がふたたび注目を集めたのは、「地球サミット」の10年後、南アフリカ共和国で開催された「持続可能な開発に関する世界首脳会議」（ヨハネスブルグ・サミット）でした。この会議では、「持続可能な開発のための教育の10年」(Decade of Education for Sustainable

図表5-1　ESD関連の国際的動向

	ローマクラブ報告書『成長の限界』刊行
1972	国連人間環境会議開催、「人間環境宣言」および「環境国際行動計画」採択
	国連環境計画 発足
1975	環境教育国際ワークショップ 開催、「ベオグラード憲章」採択
1977	環境教育政府間会議 開催、「トビリシ宣言」採択
1983	ブルントラント委員会『我ら共有の未来』刊行
1988	IPCC（気候変動に関する政府間パネル）創設
1992	国連環境開発会議（地球サミット）開催、「アジェンダ21」採択
1997	環境と社会に関する国際会議 開催、「テッサロニキ宣言」採択
2000	国連ミレニアムサミット開催、「国連ミレニアム宣言」採択
2002	持続可能な開発に関する世界首脳会議（ヨハネスブルグ）開催
	国連総会 DESD（「ESDの10年」）決議
2005	国連「ESDの10年」開始（～2014年）
2007	アメリカ元副大統領アル・ゴアおよびIPCCにノーベル平和賞授与
	ESD世界会合（「ESDの10年」中間年会議）開催、「ボン宣言」採択
2009	国連機構変動枠組条約第15回締約国会議（COP15）開催、「コペンハーゲン合意」採択
2014	日本にて「ESDの10年」最終年世界会合開催（予定）

Development: DESD）が日本の政府とNGOによって提案され、それを受けた2002年の国連総会で2005年から2014年までの10年間、国連の旗艦（フラグシップ）プログラムとしてESDを推進していくことが決議されました。こうしたESDの思想的潮流は、第4章でみてきたように、1990年代以降のユネスコによる一連の取組の流れも受け継いでいます。以来、DESDの主導機関となったユネスコやその他の国際機関、市民組織、政府によって持続可能な社会形成に向けた様々な活動が教育分野で行われています。

　以上から、ESDが誕生するまでには80年代からの国際的な動向があり、四半世紀を経て国連のプログラムとして軌道に乗ったことがわかります。もちろん、DESDが開始される以前から環境教育は盛んに行われてきましたし、「持続可能な未来のための教育」や「サスティナブル教育」「持続可能性のための教育」などという名称のもとで同様の教育が提唱されていました。しかし、持続可能な未来の創出という共通の目標のもとに各国の同意を得て、国境を越えた運動として初めて立ち上げられたのが、ESDなのです。

2.「持続可能な開発」とは何か

（1）世代間および世代内の公正

　ESDの特徴について説明する前に、SD、つまり「持続可能な開発」について、いま一度考えてみたいと思います。

　持続可能性に関する定義は多々みられますが、よく使われる定義に、ブルントラント報告書の定義が知られています。先にもふれましたが、1984年、国連に設置された「環境と開発に関する世界委員会」の委員長が後にノルウェーの首相となったグロ・ハーレム・ブルントラント（Gro Harlem Brundtland）であったことから、その報告書もブルントラント報告書と呼ばれています。世界的な有識者から成るこの委員会がまとめたのが"Our Common Future"（邦題『地球の未来を守るために』）です。そこには「将来世代のニーズを損なうことなく現在の世代のニーズを満たすこと」という表現で「持続可能な開発」の概念が示されています。以来、持続可能な開発は、世代を超えた平等性、もしくは「世代間の公正」を重視した概念として広く知られるようになりました。

　また、持続可能な開発は、世代間の公正のみならず、「世代内の公正」もめざされている概念でもあります。世界人口の約2割を占める先進国が世界消費の約8割を占めているといわれる現代社会は、資源や資金を比較的自由に使え

る人々とそうでない人々とに大別することができます。前者の多くは先進国の人々で、後者は発展途上国と呼ばれる国々の人々です。また近年は、前者の先進国と称される国々のなかでも貧富の格差が広がっています。同時代の地球に暮らす人々が社会的な平等を享受せずに、持続可能な社会を実現することは困難ですから、世代内の公正が求められるのです。世代内の公正は持続可能な社会をつくるうえで重要な社会・経済的側面であるといえます。

（2）「持続可能な開発」のモデル

先に紹介した見解はいずれも、経済を最優先する開発のあり方に対する反省に立って生まれたものです。このように経済と同等かそれ以上に環境や社会を重視する発展のあり方については多く論じられてきました。たとえば、先にあげた IUCN は「持続可能な開発」を批判的に検討しながら、次のようなモデルを例示しています（図表 5-2、5-3、5-4）。

くり返し強調しますが、「持続可能な開発」においては、環境面のみならず社会・経済面での持続可能性も問われます。この点をふまえ、ユネスコの専門家として長年、国際理解教育や ESD の推進に従事してきたジョージ・R・ティーズデイル（George R. Teasdale）は、次のように述べています。

> 「持続可能」とは何か。（中略）それは、私が辞書を調べたかぎりでは、ハーモニーとバランスに関連する概念です。したがって、私は「持続可能な開発」を、環境と調和のある暮らし、そして人間相互の調和のある暮らしとしてとらえています［日本ホリスティック教育協会編 2008: 35］。

国際理解教育や異文化理解教育も専門とするティーズデイルにとって、持続可能な社会とは、人間相互の調和のある暮らし、つまり異なる価値観をもつも

図表 5-2　柱モデル　　　図表 5-3　同心モデル　　　図表 5-4　円形オーバーラップ・モデル

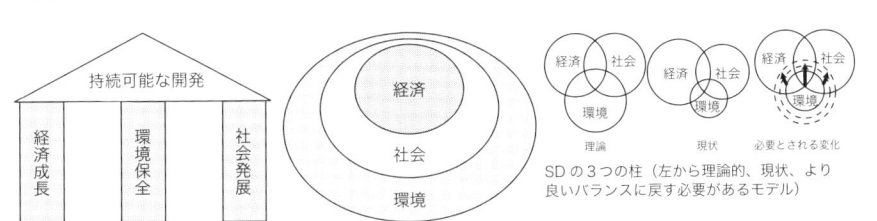

（柱モデル：持続可能な開発を支える「経済成長」「環境保全」「社会発展」の3本の柱）

（同心モデル：外側から環境、社会、経済）

（円形オーバーラップ・モデル：経済・社会・環境の3つの円。左から理論的、現状、より良いバランスに戻す必要があるモデル）

出所：IUCN 2006: 2

の同士でも互いに理解しあい、暮らしていけるような調和が重視される社会であり、それは自然環境との共存と同じくらいに重要な課題なのです。

図表5-5には、図表5-2の「柱モデル」に文化の要素が土台に位置づけられています。環境と社会と経済という、私たちの暮らしを構成する3つの要素が表わされていますが、これらに共通する基盤として「文化」が重視されているのです。「文化」は私たちの社会・経済活動や自然との暮らしにおいて「根っこ」となるような基盤です。ESDの国際実施計画（2004年10月版：4）にも「持続可能な開発」の鍵となる領域として社会、環境、経済が挙げられ、さらにその基底となる次元として文化が位置づけられており、ESDの推進にとって文化がいかに重要であるかを示しています。

図表5-5 ESDの3本柱とそれを支える文化

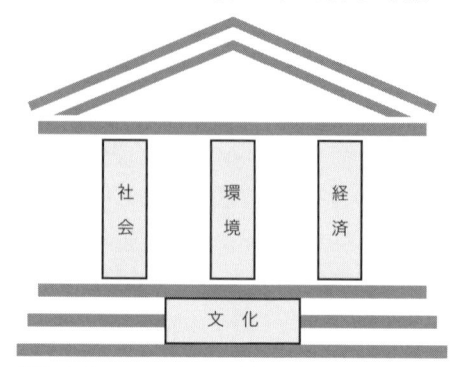

出所：日本ホリスティック教育協会編 2008: 5

現在、6000語ほど存在するといわれる言語の9割が21世紀中に消滅するとユネスコは警告しています。話者人口が100万人以上の少数言語の話し手の高齢化が進んでいるのがその一因です。このように急速に進む少数言語の危機的状況は、グローバル化が急ピッチで進むなか、各々の土地に根ざした文化の多様性がいかに脅かされているのかを象徴的に表わしています（第7章第2節）。文化がグローバルな経済発展の犠牲になるのではなく、経済も含めた「3本柱」（図表5-5）の発展は文化への敬意の眼差しなくしてはありえないという認識が重要です。

（3）グローバリゼーションへの抗い

ここでひとつの「叫び」にも近いメッセージが込められた図を紹介します。図表5-6と図表5-7は、アジアのノーベル平和賞とも称されるマグサイサイ賞受賞者であり、ラオスで青少年育成等のためのNGOを運営するソンバット・ソンポン（Sombath Somphone）による作図です。前者は、理想的なラオス社会の発展のあり方です。そこには、環境や文化、経済の柱が「真の国民の幸福」（GNH: Genuine National Happiness）を支えており、さらに「身体とこころと知性」のバランスのとれた発達が教育によって実現されています。タスキをか

図表 5-6　責任ある個人主義と持続可能な開発モデル

図表 5-7　グローバリゼーションによって押しつぶされる社会

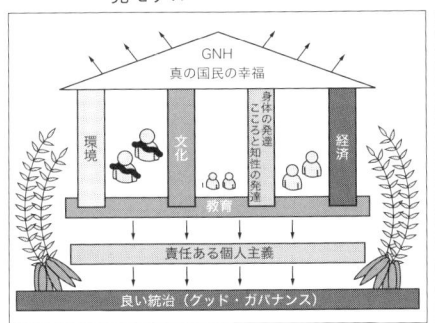

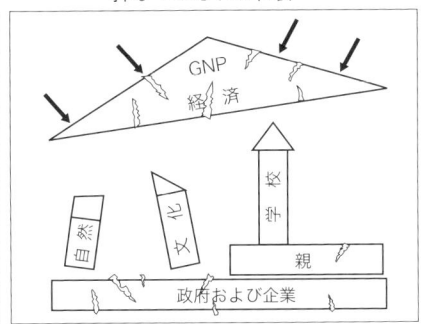

出所：ユネスコ・アジア文化センター 2007: 39

出所：Nagata et.al. 2008: 34

けた人は僧侶を、小さめの人は子どもを、大きめの人は大人を表わしています。左右に描かれているリースのような絵は、ラオスの風土を象徴するお米です。

一方、図表 5-7 を見ると、グローバリゼーションがラオス社会にも浸透し、いつの間にか屋根の名称は国民総生産（GNP）となり、教育を担う学校、そして親と政府と企業がその屋根を支えていますが、自然と文化の柱はもろく崩れています。そして社会全体が国外からの圧力に耐えかねて、バランスを失い、つぶされているのです。

グローバリゼーションが席捲する今日、このような状況は多かれ少なかれ、各国でみられるのではないでしょうか。日本も例外ではなく、グローバル経済の波が押し寄せ、若者は単純労働市場に駆り立てられる者と IT など高度な技能が求められるニューエコノミーに従事する者とに分断され、両者の経済的格差はもとより、希望格差までも歴然としてきているのが現代の日本社会です［山田 2004: 2006］。

こうした社会の成り立ちの一因として、より速いこと、より強いこと、より大きいこと、より効率のよいことに価値観をもつ人材を育成してきた教育のあり方が指摘されてしかるべきです。先の図表 5-7 でも、グローバルな経済を押し上げているのは国家や企業や消費者としての親が支える教育の柱でした。ESD とはそうした教育のあり方自体をとらえ直し、持続可能な未来を築く価値観や行動、ライフスタイルを培うことをめざす営みなのです。

3．ESD とはどんな教育か

以上、ESD より一足先に誕生した「持続可能な開発」という概念について、

その特徴をみてみました。では、こうしたモデルの社会を実現するための礎となる教育、つまり、ESDとはどのような特徴をもっているのでしょうか。この点については、すでにさまざまな見解が出されていますが、ここでは公約数的な見解を示したいと思います。

DESDを国際的に推進する主導機関であるユネスコや国連環境計画では、ESDは各地の独自性を重視するため、普遍的なモデルは存在しないと主張する一方で、ESDの基底にある価値として、次の項目をあげています［UNESCO-UNEP 2008: 10］。

- 社会・経済的正義の尊重
- 将来世代の人権の尊重
- 地球のエコ・システムを含めた生物多様性へのケア
- 文化の多様性の尊重
- 寛容と非暴力の文化の尊重

また、後に詳しく述べますが、イギリスの子ども学校家庭省による全国のすべての学校を持続可能にすることをめざす運動では、「持続可能な開発」に不可欠な概念として「ケア（ケアリング）」が挙げられ、次の3つのケアを学校教育で大切にしていくこと、すべての学校で実践されることが求められています［http://www.teachernet.gov.uk/sustainableschools/］。

- 自身へのケア
- 相互のケア
- 環境へのケア

1番目の「自身へのケア」とは自己中心主義ではなく、自分の健康や命を大切にするような価値観を指しています。2番目の「相互のケア」とは、文化的背景が同じであろうが異なろうが、近くの隣人であろうが異国の他者であろうが、他者のことを想い、重んじる価値観のことです。3番目の「環境へのケア」とは、身の周りの環境から地球環境まで幅広い環境を大事にする価値観です。

以上に示した特徴は、自然環境についてはもちろんのこと、先に示した世代間および世代内での公正が反映されています。また、文化や自分自身を大切に

することも重視されています。

　次に、ESDを推進するうえで各国が参照している国際実施計画をみてみましょう。国際実施計画（2004年10月版）には、ESDの諸特徴として次の項目が明記されています。

- 学際的でホリスティックであること
- 持続可能な未来に向けた価値づけがあること
- 批判的思考および問題解決を重視していること
- 多様な学習法を活用すること
- 学習者自身が意思決定に参加すること
- 地域の文化に適合していること

　この引用は同計画の最終版からではないのですが、最終版から削られたこれらの諸特徴は、ESDに関する国際的なドキュメントでも引用されている部分です。ここでは、ホリスティックであること、つまり部分ではなく全体を包括的にとらえていくアプローチや問題解決という志向性、参加型であるという学習法の特徴、さらには地域における独自の文化を重んじる価値観などが示されています。

図表5-8　ESDで大切にしている視点

ESDでつちかいたい「価値観」	ESDを通じて育みたい「能力」	ESDが大切にしている「学びの方法」
・人間の尊厳はかけがえがない ・私たちには社会的・経済的に公正な社会をつくる責任がある ・現世代は将来世代に対する責任を持っている ・人は自然の一部である ・文化的な多様性を尊重する	・自分で感じ、考える力 ・問題の本質を見抜く力／批判する思考力 ・気持ちや考えを表現する力 ・多様な価値観をみとめ、尊重する力 ・他者と協力してものごとを進める力 ・具体的な解決方法を生み出す力 ・自分が望む社会を思い描く力 ・地域や国、地球の環境容量を理解する力 ・みずから実践する力	・参加体験型の手法が活かされている ・現実的課題に実践的に取組んでいる ・継続的な学びのプロセスがある ・多様な立場・世代の人びとと学べる ・学習者の主体性を尊重する ・人や地域の可能性を最大限に活かしている ・関わる人が互いに学び合える ・ただ1つの正解をあらかじめ用意しない

出所：ESD-Jパンフレット「持続可能な社会のための『人』づくり」

　さらに、日本でESDを推進する民間組織であるESD-J（NPO法人「持続可能な開発のための教育の10年」推進会議）の見解をみてみたいと思います。ESD-J

は、「ESDで大切にしている視点」という表現をもって、ESDの特徴を図表5-8のようにわかりやすく提示しています。

以上の価値観や能力、方法から、ESDの実践は、教師から生徒へ既成の知識が一方的に伝えられるような伝統的な教育とは根幹を異にする学び、つまり「ホリスティックな学び」であることがわかります。この学びのあり方について、もう少し詳しくみてみましょう。

4．ホリスティックなとらえ方

以上のように、ESDに関する入門書や国際文書、または理論書をみると、それらはシステム論（第6章）の影響のもとにあり、ホリスティックな認識を重視していることがわかります。前述の国際実施計画（2004年10月版）の第1番目にもホリスティックなとらえ方の重要性が指摘されていました。この考えをあえて誤解をおそれずに端的にいえば、「全体は部分の総和以上である」という認識です。そこでは、物事を部分の集積として考えるのではなく、部分と部分の「つながり」に着目し、全体をとらえる眼差しが重んじられます。この「全体性」（ホールネス）という視点から、ESDの特徴として、次の3点を指摘したいと思います。

まず、従来の環境教育との違いと照らしあわせたときに浮き彫りにされるESDの特徴です。ESDが誕生して以来、環境教育と変わらないのではないかという批判がしばしばなされてきました。確かに、持続可能性と聞いて、まず思い起こされるのは地球温暖化をはじめとした環境問題であり、ESDがそのための対抗措置や予防手段としてとらえられるのは当然のことでしょう。しかし、それでは自然保全をめざす狭義の環境教育と同義となってしまい、新たな名称のもとに「10年」をかけて国際事業を展開する意義は見出せません。

ESDを環境教育と同義であるとみなす立場に対して、それは環境教育以上のものであり、南北格差などを重視する開発教育の要素も同様に重要であるとする見解があります（図表5-9）〔たとえば、OFSTED 2003; Bourn 2005〕。図表5-5が示すように、ESDも環境のみならず、社会や経済、さらには文

図表5-9　開発教育と環境教育とESDの関係

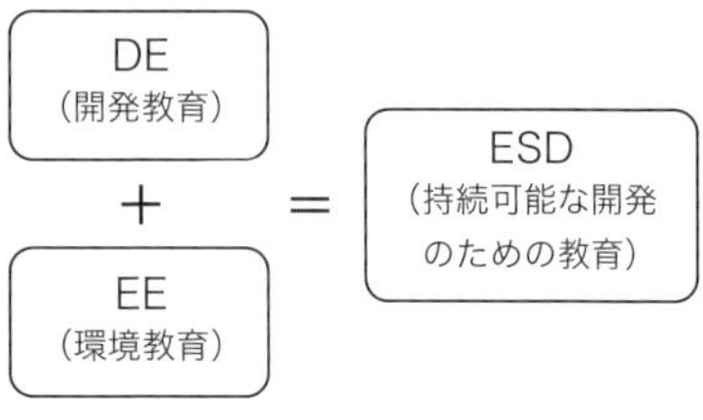

DE（開発教育）＋EE（環境教育）＝ESD（持続可能な開発のための教育）

出所：Bourn 2005: 56をもとに作成

化も重視されることが求められており、開発を全体的、つまりホリスティックにとらえようとしている点がESDの独自性として指摘されるべき1点目です。

第2点目の特徴として、「つながり」への着目があげられます。たとえば、環境問題ひとつとっても、アフリカで起きている水不足を起因とする紛争や、干ばつを契機とする栄養不足や不就学の問題など、環境と貧困、衛生、教育などの諸領域の問題は相互に関連していることは明らかです。図表5-10は、近年の環境問題がいかに貧困などの社会問題と関わりがあるのかを示したユニセフによる図です。

ESDでは、こうした「つながり」または相互関連性を学ぶことに重点が置かれています。たとえば、環境問題に対しては伝統的な座学や既存の知識の習得を主眼とする学びとは異なり、次のような学びのあり方が重視されています［Wade and Parker 2008: 15］。つまり、①環境問題を自分たちの暮らす地元

図表5-10　気候変動による子どもへの影響

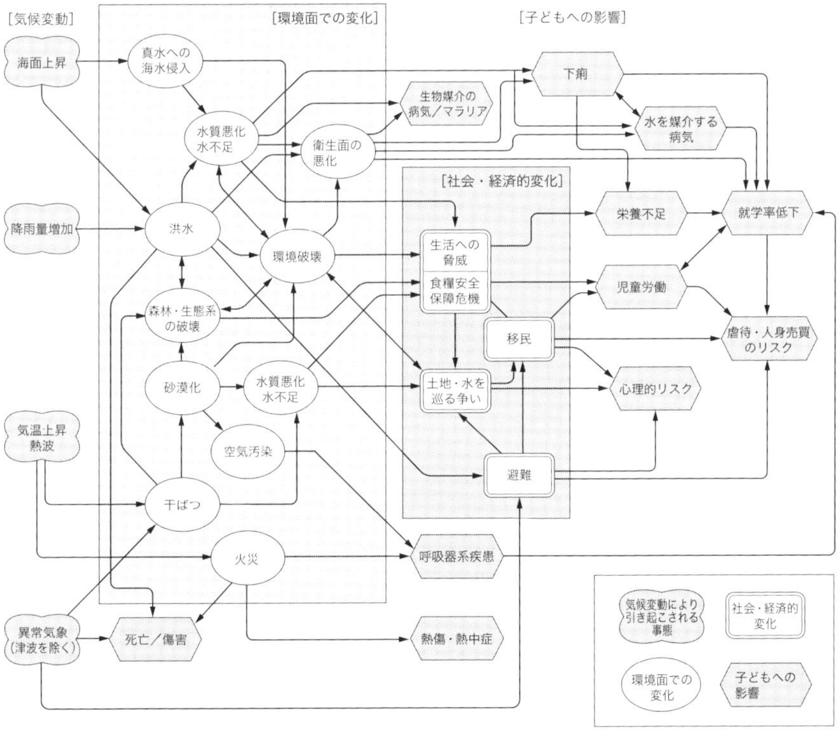

出所：UNICEF Innocenti Research Centre [2008] Climate Change and Children: A human security challenge, policy review paper. (http://www.unicef-irc.org/cgi-bin/unicef/Lunga.sql?ProductID=509).
〔訳／日本ユニセフ協会〕

や国境を越えた地域社会、グローバルなレベルでとらえ、各々のつながりを意識すること、②環境と開発に関する知識を広め、問題の原因についての因果関係を把握すること、③持続可能性についてのアクション・リサーチを実施し、フィールドで学び、情報を収集したり、事例を発表したりすること、④学び合いのフォーラムを開き、領域を超えたつながりの知識を共有すること、⑤ローカルな知識を重視し、持続可能性についての科学的な専門知識と併せて活用すること、です。以上は、先の「ESDの諸特徴」として挙げた諸点と符合しています。

また、ESDによって個別に取り組まれてきた教育課題が出会うという「つながり」もみられます。持続可能な未来をつくるという共通課題のもとに、従来は個別に活動してきた専門領域の人々がワークショップなどで情報や知恵を分かちあうという場が設けられるようになりました。こうした機会を通じて生まれた「ESDのエッセンス」、つまり複数の教育領域の専門家が見出した持続可能な社会のコアが、先の「ESDでつちかいたい価値観」「ESDを通じて育みたい能力」「ESDが大切にしている学びの方法」なのです。図表5-11には、ESDを通じて、持続可能性に関わる諸々の専門領域が各々の独自性を保ちながら、持続可能な社会にとっての大切なコアを共有していることが示されています。

ESDの特徴として3番目に指摘したいのは、教育のあり方自体を問い直す性格、すなわち、教育のパラダイム転換が求められているということです。持続可能な未来をつくるには、「価値観や行動、ライフスタイル」の形成に重要な教育が鍵を握っており、ESDは持続不可能な社会形成に加担してきた従来の教育のあり方を問い直そうとする運動でもあります。つまり、ESDの真髄は、近代化を促し、向こう見ずの経済成長を支えてきた教育のあり方そのものを根源的にとらえ直し、より持続可能な未来に向けてその志向性

図表5-11　ESDのエッセンスを共有する教育の諸課題

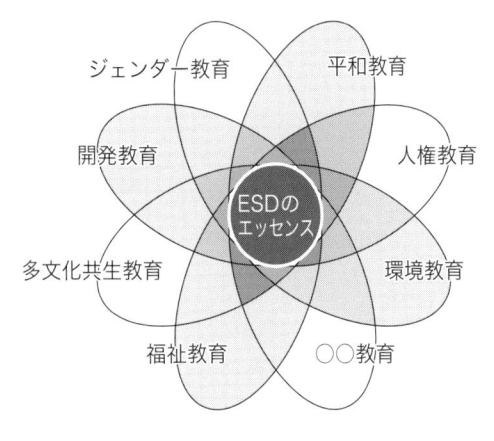

出所：ESD-Jホームページより（2009年12月5日に参照）

をシフトさせていこうとする性質にあるといえます。

　学校でのESD実践の場合、教育の根幹からとらえ直すこと、すなわち、カリキュラムから教員養成、学校建築、キャンパス・デザイン、給食、学校運営から教師と生徒の関係性にいたるまで、教育の総体を形づくるあらゆる側面を持続可能(サスティナブル)かどうかという観点から根源的に問い直すことが重要となります。このようなESDの本質ともいえる特徴は、「新たな方向づけ (re-orientation)」という表現をもってESDに関するさまざまな国際的文書の随所に表わされています。ESDという新たな試みをゼロから始めるというよりも、これまで取り組んできた実践に持続可能性という観点を取り入れたり、持続可能性という視点から見直したりして、教育のあり方自体を持続可能な方向に仕向けようという志向性です。

　ここで、「新たな方向づけ」の方向性について、先の国際実施計画でESDの

図表5-12　従来型の学校教育とホリスティック教育論の強調点

従来型の学校教育	ホリスティック教育論の強調点
基本的教育観	
教育者（主体）と被教育者（客体）の区別	学習の生起する関係性・場の成立が前提
教育者からの一方的線型的な教育関係	教育者／学習者の循環的相互形成的関係
経済的・政治的等の機能への還元	全体的宇宙的生命進化（いのち）の流れへの参与
学習者内部への知識・技能の蓄積過程	自己と世界の多重的関係のあり方の変容過程
標準化・均質化・画一化	個性化・異質化・多様化
学習者観	
合理的知性が基本的機能、心身の分離	知情意、心身、意識／無意識などの統合的理解
人材、操作対象としての被教育者	全体としての人間、全人格的応答的責任の相手
独立した個人、自己完結的自立	関係の中の個人、相互依存的自立
無限の一般的可能性	特殊的な個性的潜在力
外的動機づけ、コントロールの必要	内発の動機、自発的活性の内在
教育内容／学習方法	
学力の要素主義的理解	学力の全体的理解
事実、一般法則、明示的な知識の重視	精神性、意味、価値、暗黙知、覚醒の重視
教育内容の教科目への分割・断片化	総合学習、経験的学習による教科の統合
知的作業による学習中心	直観、身体、イメージなど多角的アプローチ
競争原理	相互依存、相互扶助
効率性、結果重視	プロセス重視
固定的スケジュール、時間割、計画性	出会い、柔軟性、流動性、非連続的
標準化された一元的基準・学習方法	多元的基準・多様な学習形態
客観的評価、測定、数量化・数学的記述	相互主観的評価、詩的・散文的記述
多数意見、標準的中心的学習者の尊重	少数意見、異質的周縁的学習者の尊重
学校制度	
学校の均質化・標準化・一元化	多様性、学校選択の幅の拡大、ゆらぎの許容
中央の管理統制	自治、生徒・親の学校運営参加
閉鎖的、専門家意識、教育機会の独占	オープンシステム、他の教育機関との相互依存
国家レベルでの統合が中心目的	個人から地球共同体まで多層的レベルのシステム

出所：日本ホリスティック教育協会編 2005: 33

諸特徴の1番目にあげられているホリスティックな視点から考えてみたいと思います。図表5-12には「新たな方向づけ」の方向性が**ホリスティック教育論の強調点**として「従来型の学校教育」との対比において示されています。

図表5-12をみると、ESDのめざす教育は「ホリスティック教育論の強調点」と符合することがわかります。これらの特徴は、先にもふれたシステム論から多くの影響を受けており、近代化の過程で専門分化もしくは断片化された思考からシステム思考へ、機械的な世界観からエコロジカルな世界観へ、トップダウンからボトムアップへ、競争から協働へ、従順な市民性から変化の担い手としての市民性へ、という持続可能な社会形成の基盤となるような志向性をもちます。

5. ESDはいかにして実践されるか

（1）インフュージョン・アプローチとインテグレーション・アプローチ

新学習指導要領には「持続可能」という言葉が盛り込まれています。2008年1月の中央教育審議会で教科横断型の学びの改善や、社会・地理歴史・公民・理科・技術・家庭など、教科・科目等の内容改善が答申された結果、幼稚園教育要領案や小学校および中学校の学習指導要領案に「持続可能な発展」や「持続可能な社会の構築（形成）」という言葉が明記され、「持続可能な開発のための教育」が明確に位置づけられています。この答申に関わった安彦忠彦はこの概念が「唯一新しいものの芽」であると述べています。ルソー（Jean-Jacques Rousseau）以来の近代の教育思想の根底にあり続けてきた能力開発が持続不可能な状況を生んでいることを指摘し、能力開発型にとどまっている教育から欲望を一定にコントロールするような「制御型の知性」の涵養が必要であることを強調しています［安彦2008: 7］。

確かに指針は明示されてはいるものの、実際にどのように実践すればよいのかはまだ試行錯誤の段階です。しかし、こうした課題に対して示唆に富むアイデアは提示されています。

カリキュラムを想定するなら、現行の「総合的な学習の時間」などを活用してESDを扱ったり、「ESD科」のような科目を創設したりするのではなく、どの科目にも持続可能性の課題を意識して授業を行う手法、すなわち、「インフュージョン・アプローチ」が求められます［OREALC/UNESCO Santiago 2008: Chap.3］。

図表 5-13　独立した教科としての ESD　　図表 5-14　教科を超えたテーマとしての ESD

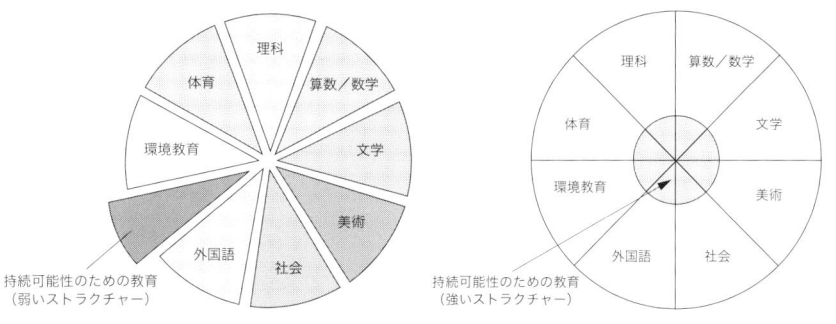

出所：McKeown, Rosalyn. Education for Sustainable Development Toolkit. 2002 (www.esdtoolkit. org/esd_toolkit_v2.pdf [2009 年 7 月 12 日に参照])

　図表 5-13 および図表 5-14 を見比べてください。旧来のカリキュラムに ESD を扱う独立した教科を新たに導入しようとするのが図表 5-13 です。一方、従来の教科のなかで持続可能性（サスティナビリティ）を扱い、学校等の組織全体で ESD を扱うという考えを図示したのが図表 5-14 です。ESD を扱う際の重要なアプローチとして国際的にも強調されているのは後者の手法です。
　インフュージョン・アプローチの実際は、たとえば、高校の数学を例にとれば、次のような可能性があげられます。

- 文化によって異なるさまざまな数の数え方や演算の方法を用いて、基本的な計算のしくみを学ぶ。
- 家庭や学校における電気や水の総使用量を試算して、節約の方法を考案し、実践し、結果を記録する。
- 給食や食堂で販売されている食品のコスト（経費）や栄養価を分析して、健康によく値段も手頃な 1 週間の献立をつくる。

［セルビー、パイク 2007: 18］

　また多様な科目の要素を統合したようなインテグレーション・アプローチも重要です。このアプローチでは通例、「総合的学習の時間」で見られるような特定のトピックのもとでの学びが実践されます。たとえば、人口や人種差別、平和、水などのテーマのもとに教科横断型の学習が行われます。一例ですが、「水」の場合、次のような複数教科を統合した学習が考えられます。

- 水にまつわる子どもの頃の思い出について、詩や物語を書く。(国語・外国語)
- 個人や家族の水の消費量を計測し、節水の方法を考案し実践する。(数学・理科)
- 清潔な水と健康の関係について調べ、水を媒介とする伝染病の事例を学ぶ。(家庭科・理科)

[同上書：23]

（2）ホールスクール・アプローチ

次に、学校運営についても考えてみましょう。ESDの実践の多くは、現在のところ、持続可能性(サスティナビリティ)に関心を抱く教師がみずからの教室内で実践をしていることが大半だといえます。しかし、それでは1人の教師の負担があまりにも多く、なによりも持続可能な社会形成に向けた営みとして限定されたものになってしまいます。

そこで学校全体でESDに取り組む姿勢が重要となります。図表5-15にはそのようなアプローチを取り入れたイギリスの学校のあり方が例示されています。各教科をみると、従来の伝統的な科目はそのまま保たれたままです。たとえば、環境教育は体育と理科が担っています。体育では、森のなかの野外活動を通して環境やそのケアについて学び、理科では、データを活用して地球温暖化を考えるというように先のインフュージョン・アプローチが用いられていることがわかります。また、教

図表5-15 ホールスクール・アプローチの例(イギリスのクリスピン・スクール)

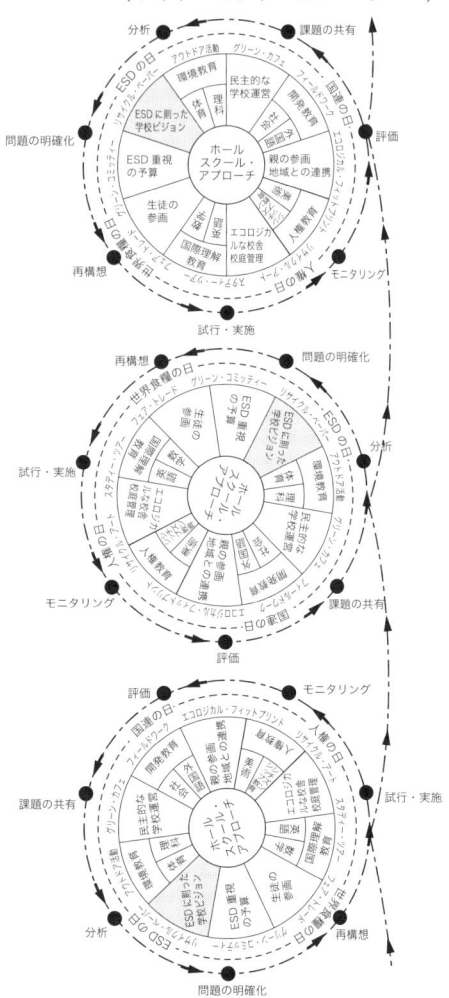

出所：日本ホリスティック教育協会編 2006：44

科のみならず、グリーンカフェやフェアトレードなど生徒を中心とした持続可能な社会につながる活動が設けられています。ESD用の予算も確保され、生徒の参画が促されます。こうした学校運営の手法は、学校全体での取組として「ホールスクール・アプローチ」と呼ばれています。

　くり返しになりますが、教育のあり方自体をとらえ直す志向性をもつESDはシステム全体の変革が求められます。そしてその変革は図表5-12に示されているようなホリスティックな価値観や世界観に基づいたものとなるでしょう。ここで示したインフュージョン・アプローチもホールスクール・アプローチも共にシステム全体の変革の志向性を有するアイデアなのです。

6．学校を超えて、地域で展開されるESD

　ESDの重要な課題について、最後にふれておきたいと思います。授業など学校のなかで実践されたとしても、学校外、つまり地域社会にはなかなか広まらないのではないかという指摘があります。この指摘は、単なる知識の習得ではなく、生徒の「価値観や行動、ライフスタイル」の変容を通して持続可能な「社会」形成をめざすESDにとって、チャレンジングな課題といえます。

　先にふれたように、ユネスコや国連環境計画では、ESDは各地の独自性を重視するため、普遍的なモデルは存在しないと主張しています。これは、換言すれば、各々の地域に根ざす独自の文化や社会的背景、歴史などを重視した実践が求められているということです。

　とはいえ、実際に各地でESDを具体化するとなると、しかも学校教育を超えた影響を及ぼすような取組をめざすとなると、独自の取組がしやすいように普遍的なモデルではなくても、あるイメージを与えてくれるようなものがあればよいと常々筆者は考えていました。そんな矢先に出会った絵が図表5-16（次頁）です。これは、持続可能な開発に取り組むイギリスの「オルタナティブ技術センター」が作成した「サスティナブル・スクール」（略称「サスクールSuschool」）のホームページに掲げられている絵です。この絵に描かれているのは、「サスティナブル・スクール」のモデルともいえる光景です。番号の付いた解説を見るとわかるとおり、たとえば、カーシェアリング用駐車場の案内があったり、学校菜園があったり、太陽電池パネルがあったりします。

　これらの構想はユートピアを描いた絵空事ではありません。実際にイギリス政府が2020年までに国内のすべての学校を持続可能な学校にしようという目

図表 5-16　持続可能な学校に向けた 71 のステップ

❶風力タービン
❷省エネ街路灯
❸太陽電池パネル
❹天候情報ステーション
❺バイオマス煙突
❻太陽光温水機
❼自然の小道
❽鳥箱
❾放課後利用広場・掲示板
❿壁画
⓫落書き用壁
⓬温風乾燥機
⓭タイマー付き水洗トイレ
⓮節水貯水槽
⓯再生紙トイレットペーパー
⓰自動節水洗面所
⓱すきま風を通さないドア
⓲省エネ電球
⓳節約型薄型パソコン
⓴紙のリサイクル
㉑紙の再活用
㉒雨風に強いデッキ
㉓アシのベッド
㉔日陰の遊び場
㉕埋め込んだリサイクルタイヤ
㉖再利用舗装（ターマック）
㉗みんなのニーズの確認用リスト
㉘遊び場ゲーム
㉙燃料穀物
㉚植物成長コンテナ
㉛仲良しベンチ
㉜運動・冒険エリア
㉝青空教室
㉞Suschool（サスクール）賞
㉟再利用文具
㊱フェアトレード用品
㊲再生紙用シュレッダー
㊳コピー機
㊴ロッカー
㊵電気メーター
㊶温度調節機付き暖房
㊷サスクール売店
㊸充電ポイント
㊹古本コーナー
㊺おさがり制服
㊻持続可能な購買のポリシー
㊼地産ヘルシー食品
㊽交換ショップ
㊾食堂
㊿エコ洗剤
51再利用食器
52有機肥料バケツ
53食器洗浄機
54温室
55学校菜園食品
56雨水用貯水機
57やかん
58自転車置き場
59電動自転車チャージポイント
60自転車トレイン（自転車による集団登下校）
61バス停留所
62徒歩バス（手をつないで集団登下校）
63屋根付き待合所
64リサイクルポイント
65屋外ギャラリー
66環境ポリシーの掲示
67小動物
68相乗り（カーシェアリング）
69持続可能な交通手段
70節約型冷蔵庫
71健全な土壌

出所：http://www.suschool.org.uk/　(© The Alternative Technology Centre's SUSchool project)

標を掲げて歩みはじめているのです。ただし、この絵をよく見ると、描かれているのは学校だけではありません。学校の向こうに広がる森や工場やオフィス街までも含めて持続可能な地域であるように工夫して描かれています。この学校での学びは、教室内での実践を超え、学校を超え、地域へと広がり、持続可能な社会を形づくる中心的存在です。

ただ、いきなり学校全体の改革など無理が生じますから、イギリス政府による「サスティナブル・スクール」構想では、持続可能性に資する実践を始めやすいように、次の8つの「扉＝入り口」（door）が設けられています（①食事と飲み物、②エネルギーと水、③旅行と交通、④購買とゴミ、⑤建築物とグラウンド、⑥包摂（インクルージョン）と参加、⑦地域の幸福（ウェルビーイング）、⑧地球的視野）。持続可能性（サスティナビリティ）に関心をもった学校は、これらのいずれかの項目を取っ掛かりとして、徐々に持続可能な共同体づくりを進めていくことが提唱されています。日本でも各々の地域でこのような持続可能な地域コミュニティの絵を描くことはできないでしょうか。

このような構想が打ち出された当時のイギリス首相であったトニー・ブレアは、次のように述べています。

> 「持続可能な開発」はただ単に教室内での教科で収まるものではありません。それは、学校が煉瓦やモルタルなどをいかに使用しているのか、さらには学校がどのように自分でエネルギーを生み出しているのかに見出されるのです。私たちの生徒は単に持続可能な開発が何かなどと伝えられるようなことはないでしょう。彼らはそれを実際に目にし、そのなかで活動をするのです。それこそ、持続可能なライフスタイルが何を意味するのかを探求できるような暮らしや学びの場だといえましょう。
>
> ［Tony Blair, September 2004, 前掲ホームページより（筆者訳）］

冒頭で「持続可能性」について概説しましたが、最近では「持続可能な開発」「持続可能な社会」「持続可能な未来」というどこか大きな遠い理想よりも「持続可能な暮らし（リビング）」というように、より身近な表現が用いられることが多くなったように思われます。上のブレア元首相の言葉もその1つです。まずは私たち一人ひとりが身の周りの持続不可能性に気づくこと、そして持続可能性（サスティナビリティ）に近づける個々の努力を、学校のみならず、地域社会へと開いていくこと——こうした営みの延長線上に、先の絵のような未来像を全国各地で具現化できたら、と思うのです。

Column ❺　〈いのち〉をはぐくむケアリングな共同体
――フリースペース「たまりば（えん）」

　川崎は、1960年代の高度経済成長によって急速な発展を遂げた都市である。他方、労働力として成長を支えた貧困層の人々や外国人労働者の人権問題、小児ぜんそくなどの公害病問題を抱え、人権保障が日常の課題として意識されてきた地域でもある。そんななか、親と教師や地域住民が主体の教育改革が1980年代から掲げられ、およそ20年の歳月を経て成立したのが「川崎市子どもの権利に関する条例」であった。この条例は徹底した子ども本位の性格をもっている。このことは、「国連・子どもの権利条約」で規定されている権利を7つの柱にまとめ直した諸権利、すなわち「安心して生きる権利」「ありのままの自分でいる権利」「自分を守り、守られる権利」「自分を豊かにし、力づけられる権利」「自分で決める権利」等が条文のなかで明確に示されていることからもうかがえる。

　この権利保障の延長線上に誕生した青少年施設が「川崎市子ども夢パーク」であり、同パーク内にあるフリースペース「えん」である。「子ども夢パーク」は子どもの権利条例の理念を具現化するために創られた生涯学習施設であり、「えん」はそのなかにある不登校等の子どもたちが通う「居場所」である。その運営母体は「フリースペースたまりば」と呼ばれるNPO法人である(1)。

　こうした「居場所」の重要性は「川崎市子どもの権利条例」の第3章第3節「地域における子どもの権利の保障」第27条にも次のように明文化されている。

> 子どもには、ありのままの自分でいること、休息して自分を取り戻すこと、自由に遊びもしくは活動すること、又は安心して人間関係をつくり合うことができる場所（以下、「居場所」という。）が大切であることを考慮し、市は、居場所についての考え方の普及並びに居場所の確保およびその存続に努めるものとする。／市は、子どもに対する居場所の提供等の自主的な活動を行う市民および関係団体との連携を図り、その支援に努めるものとする。

　「えん」には毎日、30〜40人ほどの子どもたちが通う。そこに身を置いてみると、不思議な空間であることに誰もが気づくだろう。大規模校に見られるような管理はなく、一見、子どもたちは自由気ままに過ごしている。それぞれがグループで遊びまわったり、個人で読書や演奏をしたりしている。しかし、まったくのバラバラではない。誰もが緩やかに集っている。それぞれが安心して「つながり」を感じながら、安心感のなかで多様な学びや育ちが保障されているのである。「居場所」とは、単なる物理的な空間ではなく、学校や家庭、地域のなかで生き

づらさを感じてきた若者が安心して過ごせる温かな空間であることが実感できる。

　経済優先の社会のなか、日本の多くの子どもたちは否応なく産業界の期待に応えるように育てられてきた。「よりよい大学へ、よりよい会社へ」という一元的な価値観のもと、親や教師の期待に沿うように育てられた子どもは少なくない。大人の理想とする子ども像に自らを合わせられない子どもは社会のメインストリームから外されていく。そんな風潮のなか、自分を肯定できない若者が増えている(2)。自らを傷つけ、もしくは他者を傷つける子どもは少なくない。こうした子どもが幸せになれない社会とは、はたして持続可能な社会といえるだろうか。

　上のような社会情勢のなかで「えん」は希少な空間である。「生きている、ただそれだけで祝福される」──この言葉は「えん」のパンフレットに書かれている言葉であるが、その意義は競争社会のなかで常に厳しい評価にさらされてきた子どもにとってはこの上なく大きい。「よい子」「わるい子」という拙速な価値判断は下されず、ありのままの自分が受容されるのである。

　「えん」では、社会の基準や制度的な規範がはじめにありき、ではない。代表である西野博之が「子どもの『いのち』の方に制度やしくみを引きつけてくること。そのことが実現できれば、もう少し生きやすい世の中になるのではないかと思う」(3)と述べるように、「えん」は〈生きとし生けるもの〉が互いに応答し合う関係性のなかで自らのルールや〈規範〉をつくっているケアリングな共同体なのである。それは、ジェーン・マーティン[2007]のいうところの、「学校」よりも「ホーム」に近い空間なのかもしれない。

　「えん」のようなサスティナブルな空間が二重のシステムで保障されていることは重要である。1つは冒頭で述べた子どもの権利条例という法システムであり、もう1つは「居場所」のスタッフによる献身的なケアを通した柔らかなシステムである。これらのシステムを社会のなかでまもり、育んでいくこと、それがESDへの道なのではないだろうか。　　　　　　　　　　　　　（永田 佳之）

［注］
（1）「えん」の誕生の背景には地元で地道に不登校の子どもたちと活動してきたフリースペース「たまりば」の活動がある。詳しくは西野［2006］を参照。なお、文脈によって両者を区別することは難しいが、本文中では原則的に「えん」を用いている。
（2）ユニセフ調査（Report Card 7）では日本の子どもの孤立感が国際比較でトップとなり話題になった。調査のもとになった OECD 調査のデータでは「通う学校」についての質問で「学校は気おくれがして居心地が悪い（I feel awkward and out of place）」が先進国の平均値の倍近くにもなる［UNICEF 2007: 45］。
（3）「『たまりば』が紡いできたこと」（西野博之へのインタビュー記録）『ホリスティックな教育改革の実践と構造に関する総合的研究』（科学研究費研究成果報告書、代表：菊地栄治、［2004: 200-204］。

［このコラムは筆者が代表を務めるアジア太平洋地域 ESD 研究会の ESD 実践事例集（http://groups.google.com/group/Education4SD）からの一論考を修正をしたものである］

🔑 キーワード解説

●**レイチェル・カーソン**（Rachel Louise Carson）　米国ペンシルバニア州生まれの生物学者。1960年代より農薬などによる環境問題を指摘したことで知られる。環境問題の古典とされる『沈黙の春』のほか、環境教育や幼児教育まで幅広い分野で注目された『センス・オブ・ワンダー』などの著作がある。

●**水俣病**　熊本県水俣市のチッソ（旧・新日本窒素肥料）の工場廃水が原因でふるえや四肢の感覚障害を起こした有機水銀中毒による神経疾患。不知火海沿岸で多くの犠牲者を出した。

●**ユネスコ（UNESCO）**　国連の一機関であり、UNESCO は「国際連合教育科学文化機関（United Nations Educational Scientific Cultural Organization）」の頭文字。第二世界大戦後、戦争をくり返さないという願いのもとに設立された。「戦争は人の心のなかで生まれるものであるから、人の心のなかに平和のとりでを築かなければならない」というユネスコ憲章の前文が、敗戦国であった日本の市民の心をとらえ、全国規模の民間運動の結果、日本は 1951 年に加盟。本部はパリ。

●**旗艦（フラグシップ）プログラム**　国連機関が主導機関となり、約 10 年間にわたり各国で繰り広げられる国連キャンペーン。最近では、「国連持続可能な開発のための教育の 10 年（DESD）」の他、「国連識字の 10 年」（2003～2012）や「『命のための水』国際の 10 年」（2005–2015）などがある。

●**ホリスティック教育**　「ホリスティック」とはギリシャ語の「ホロス（全体）」から派生した言葉。ホリスティック教育とは、人間を身体・感情・思考・精神性などから成る有機的な存在としてとらえ、「つながり（関係性）」や「つりあい（均衡）」「つつみこみ（包括性）」を重視する見方や考え方に基づく教育のあり方。

📖 読んでみよう

① 日本ホリスティック教育協会編 [2005]『ホリスティック教育入門』せせらぎ出版．
　ホリスティック教育に関する格好の入門書。なぜ今ホリスティック教育が求められるのかから、基本的な理論や同教育の発展史などがわかりやすく記されている。

② 日本ホリスティック教育協会（吉田敦彦・永田佳之・菊地栄治）編 [2006]『持続可能な教育社会をつくる――環境・開発・スピリチュアリティ』せせらぎ出版．
　ESD の理論や実践を具体的に載せた図書。国内外の ESD 実践やその理論的な背景などが紹介されている。ESD がなぜ必要なのか、未来学者のアーヴィン・ラズロがその必要性を説いた講演も収録。

③ 広田照幸 [2004]『教育』岩波書店．
　「予想された未来社会の像から、その社会にとって必要な教育を演繹」するとい

う思考法をもって、グローバリゼーションの時代文脈における教育のあり方を吟味している。ESD に直接的な言及はないが、「未来世代との再配分の問題」に、教育学が何ができるのかを問い、ESD の基本的な視座を提供してくれる。

考えてみよう

① 自分の地域の環境問題など、現代社会の問題を1つ取り上げ、その背景にある「つながり」や因果関係を見出してみよう。
② 自分の暮らす地域社会の 20 年後の持続可能または持続不可能な様子を描き、そのうえで持続可能な状況を維持するには、もしくは持続不可能な状況を改善するには、今の教育をどうすればよいのか話しあってみよう。
③ 本文でもふれたように、ホリスティックなものの見方として、「つながり」をもった全体には部分の総和以上のものがあるといわれる。その一例として、あらゆる命はもちろんのこと、ひとたびバラバラになった時計の部品をただ寄せ集めても機能しないという例があげられる。ほかにもこのような例があるか、考えてみよう。

[引用・参考文献]

安彦忠彦［2008］「新学習指導要領が目指す教育目標とは何か」『BERD』(2008. No.12) Benesse 教育開発センター.
NHK「地球データマップ」制作班編［2008］『NHK 地球データマップ──世界の"今"から"未来"を考える』日本放送出版会.
菊地栄治［2004］「『たまりば』が紡いできたこと」『ホリスティックな教育改革の実践と構造に関する総合的研究』(科学研究費による研究成果報告書、代表：菊地栄治).
カーソン, レイチェル［1974＝2002］『沈黙の春』新潮文庫.
喜多明人編著［2004］『現代教育改革と子どもの参加の権利──子ども参加型学校共同体の確立をめざして』学文社.
持続可能な開発のための教育の 10 年推進会議 (ESD-J)『持続可能な社会のための「人」づくり』(ESD-J による小冊子)
セルビー, デイヴィット、パイク, グラハム［2007］『グローバル・クラスルーム──教室と地球をつなぐアクティビティ教材集』小関一也監修・監訳、明石書店.
マーティン, ジェーン・R［2007］『スクールホーム──ケアする学校』生田久美子訳、東京大学出版会
西野博之［2006］『居場所のちから』教育史料出版会.
日本ホリスティック教育協会（永田佳之・吉田敦彦）編［2008］『持続可能な教育と文化──深化する環太平洋の ESD』せせらぎ出版.
─── （吉田敦彦・永田佳之・菊地栄治）編［2006］『持続可能な教育社会をつくる──環境・開発・スピリチュアリティ』せせらぎ出版.

────編［2005］『ホリスティック教育入門〈復刻・増補版〉』せせらぎ出版.
ノディングス，ネル［1997］『ケアリング』立山善康ほか訳、晃洋書房.
────［2007］『学校におけるケアの挑戦』佐藤学監訳、ゆみる出版.
ボーン，ダグラス［2005］「「持続可能な開発のための教育の10年」が提示する課題──『持続可能な開発のための教育』と世界市民意識──英国の視点」「「持続可能な開発」と21世紀の教育──未来の子ども達のために、今、私たちにできること─教育のパラダイム転換」国立教育研究所.
メドウズ，ドネラ、メドウズ，デニス、ランダース，ヨルゲン［1979］『成長の限界──ローマ・クラブ『人類の危機レポート』』大来佐武郎監訳、ダイヤモンド社.
山田昌弘［2004］『希望格差社会』筑摩書房.
────［2006］『新平等社会──「希望格差」を超えて』文藝春秋.
ユネスコ・アジア文化センター［2007］『未来へのまなざし：アジア太平洋持続可能な開発のための教育（ESD）の10年』

Nagata Yoshiyuki, et.al. [2008] *A Study Tour for Learning Good Practices of ESD in Non-Formal Education.* Steering Committee for ESD Workshops & Symposium, Asia/Pacific Cultural Centre for UNESCO (ACCU).

Bourn, Douglas [2005] "The Challenge of the Decade for Education for Sustainable Development – Education for Sustainable Development and Global Citizenship – The UK Perspective," in *Sustainable Development and Education for the 21st Century: What We Can Do Now for the Children of the Future – An Educational Paradigm Shift.* Tokyo: NIER and MEXT.

IUCN [2006] *The Future of Sustainability: Rethinking Environment and Development in the Twenty-first Century* (Report of the IUCN Renowned Thinkers Meeting, 29-31 Jan. 2006)

OFSTED [2003] *Taking the First Step Forward... Towards an Education for Sustainable Development: Good Practice in Primary and Secondary Schools.*

OREALC/UNESCO Santiago [2008] *Teacher's Guide for Education for Sustainable Development in the Carribean.* OREALC/UNESCO Santiago.

Wade, Ros and Parker, Jenneth [2008] *EFA-ESD Dialogue: Education for a Sustainable World.* UNESCO.

UNESCO [2005] *United Nations Decade of Education for Sustainable Development (2005-2014): International Implementaion Scheme.*〔本文中で引用した「国際実施計画」の2004年版は「国連持続可能な開発のための教育の10年国際実施計画案（全文仮訳）」としてESD-Jより刊行されている『ESD-J 2004活動報告書「国連持続可能な開発のための教育の10年」キックオフ！』のなかに収められている〕

UNESCO [2005] *Guidelines and Recommendations for Reorienting Teacher Education to Address Sustainability.*〔国立教育政策研究所訳［2007］『持続可能性に向けた教師教育の新たな方向づけ』p.56〕

UNESCO-UNEP [2008] *YouthXchange: Towards sustainable lifestyles, training kit on responsible consumption.* 2nd Edition.

UNICEF Innocenti Research Centre.[2007] *Report Card 7: Child Poverty in Perspective: An Overview of Child Well-being in Rich Countries.* UNICEF Innocenti Research Centre.

World Commission on Environment and Development [1987] *Our Common Future.* Oxford University Press.

[参考ウェブサイト]

ESD for the Asia-Pacific Region：持続可能な開発のための教育研究会 ▶ http://groups.google.com/group/Education4S（筆者が代表を務める研究グループのESD実践事例集）

Sustainable Schools ▶ http://www.teachernet.gov.uk/sustainableschools（イギリス政府による全学校を持続可能なコミュニティにする構想が描かれている）

Youth Xchange ▶ http://www.youthxchange.net （ユースエクスチェンジ：持続可能なライフスタイルのためのトレーニングキットが掲載されている）

■ 永田 佳之

第6章 環境教育の視座
自然と人間の関係性を問う

どこか懐かしさを感じさせるブータンの風景。かつての日本の姿を重ね合わせ、本当の幸せについて考える人も多い（枝廣淳子撮影）

● この章のねらい ●

現在、地球温暖化をはじめとして、私たちはさまざまな環境問題に直面しています。本章では、地球環境の現状を理解し、自然と社会、人のつながりを考えます。また地球的視野に立って本質的な課題解決に向けて行動するために必要なアプローチとして、持続可能性（サスティナビリティ）の考え方やシステム思考を紹介します。

1. 今、地球に起きていること
2. 問題の構造——成長の限界
3. 根本的な問題を考えるために
4. 「本当に大事なこと」を考える
5. 私たちにできること
6. 望ましい未来をつくろう

1．今、地球に起きていること

（1）トリプルリスクの時代

　私たちの住む星、地球。今、この地球の自然環境はさまざまな危機にさらされています。森林の消失や砂漠化の進行、有害物質による大気や水の汚染、オゾン層の破壊、絶滅の危機に瀕する野生生物。

　なかでも切迫しているのは、**地球温暖化**の問題といえるでしょう。

　産業革命以降、大気中の二酸化炭素をはじめとする温室効果ガスの量が増え、地球全体の平均気温が上昇しています。私たちは1年間に平均で、地球が吸収できる31億トン（炭素換算）の2倍以上にあたる72億トン（炭素換算）を排出しています。今後、大気中の二酸化炭素の濃度が増え、ますます温暖化は進むだろうと考えられています。このまま気温が上がり、産業革命以前に比べて平均気温で2度上昇すれば、マラリアやデング熱などの熱帯性の病気に感染する可能性が高まります。また、米や小麦は受粉するときの温度で収穫量が決まり、受粉の最適温度より1度上がるごとに収穫量は10%減るため、農作物の収穫量が減り飢餓が広がるなど、さまざまなリスクが高まります。

　国連の気候変動に関する政府間パネル（IPCC: Intergovernmental Panel on Climate Change）の最新の報告書（第4次評価報告書、2007年）では、この100年間に気温が0.74度上昇しているという結果が出ています。温暖化のリスクを防ぐために、気温上昇は2度以内に抑えたいのに、その約3分の1はすでに上がってしまっている……。あと1.3度上がるか上がらないかのうちに、私たちが方向転換をしないと、前述のようなさまざまな危険に直面することになります。IPCCは、今後も私たちが石油や石炭、天然ガスなどの化石燃料を好きなだけ使って高い経済成長をめざす社会を続けていけば、今世紀末の気温上昇は4度、最大で6.4度になると報告しています。そのとき、私たちはどのような世界に生きるのでしょうか。

　地球温暖化のほかにも切迫している問題があります。エネルギーの問題です。「ピークオイル」（peak oil）という言葉を聞いたことがあるでしょうか？　原油（oil）の生産量が最高点（peak）に達することをいい、原油の生産量はピークに達した後、減少に向かいます。原油のほか、石炭や天然ガスなども近い将来枯渇すると予測されています。つまり、私たちの現在の暮らしや経済活動を支えている化石燃料を永遠に使い続けることはできません。すでに、アメリカや

イギリス、ノルウェー、メキシコなどの産油国では生産量のピークを迎えており、世界全体でみても1996年以降に産油量のピークを迎えた国は22カ国にのぼります。

　石油の生産量が減少する一方で、人口増加や経済発展に伴って需要は増加しています。需要と供給のバランスが崩れ、国際情勢も緊迫する可能性もあるでしょう。日本のようにエネルギー自給率が4％と低く、消費するエネルギーの8割を海外から輸入した化石燃料（その約半分は石油）に頼っている国にとって、近い将来、石油の入手が困難になっていくだろうということは想像に難くありません。

　石油は単に燃料として利用されているだけでなく、プラスチックなどの石油製品の原料でもあり、石油が入手できなくなれば工業生産にも大きな影響が出るでしょう。また、農業の分野でも、ビニールハウスやトラクターの燃料として、さらには化学肥料や農薬の原料として石油が使われているため、ピークオイルは農業にも大きな影響を及ぼします。日本ではこのピークオイルの問題は残念ながらまだあまり話題になっていませんが、海外では「世界の産油量のピークはいつ来るか？」ということに大きな関心が寄せられ、2010年にピークに達すると予測する専門家や、すでにピークを過ぎてしまっているとする研究者もおり、「ピークオイル後の世界」に向けて、地域や企業のレベルで脱化石燃料への動きが進められています。

　地球温暖化やエネルギー危機と並んで深刻なのが食糧危機です。石油の価格や、トウモロコシなどを原料とするバイオ燃料の価格が上昇するのに伴って、食糧の価格も上昇しています。それに対し、世界の主要な小麦や米の輸出国が輸出を一時的に制限または禁止する措置をとったり、穀物輸入国が食糧供給確保のために広大な農地を他国から借りたり、長期的な穀物供給の契約を結んだりしています。食糧価格が高騰し、食糧不足に陥った国では食糧をめぐる暴動も起きており、各国にとって食糧安全保障が大きな問題になっています。日本も食糧自給率がカロリーベースで1960年代には約70％だったのが、その後大幅に落ち込んでこの10年ほどは40％前後で推移しており、多くの食糧を海外からの輸入に頼っています。食糧危機の問題は決して他人事ではありません。

　このように、地球温暖化、エネルギー危機、食糧危機という「トリプルリスク」の時代に、私たちは生きています。この3つの切迫した問題に、私たち一人ひとりが向き合い、対処していかなければならないのです。

（2）温暖化は「問題」ではなく「症状」の1つである

　このトリプルリスクはそれぞれ個別の問題として発生しているのではなく、温暖化とエネルギー問題、エネルギー問題と食糧問題というように、お互いに重なる部分があり、深いつながりがあります。

　かつての環境問題は、公害問題や騒音問題など、それぞれが個別の問題として発生しており、因果関係も明らかで加害者と被害者も区別がはっきりしていました。しかし、今、私たちが直面している地球環境問題は、温暖化の例をみてもわかるように、誰もが加害者であり被害者になりえます。また、それぞれが複雑に絡みあっているため、温暖化の進行を防ごうと化石燃料からバイオ燃料への切り替えを進めたのはいいけれど、原料のトウモロコシを栽培するために森林が伐採され、かえって温暖化が進んでしまったというように、ある問題の解決策が別の問題を引き起こしてしまいがちです。

　そのため、それぞれを個別の問題として考えるのではなく、他の問題とのつながりや、そもそもその問題を引き起こしている根本的な原因と構造に目を向ける必要があります。さらにいえば、地球温暖化やエネルギー問題などは、実は「問題」ではありません。「一体どういうこと？」と思うかもしれませんが、これらは、もっと根源的な「問題」の「症状」の1つにすぎないのです。たとえ何らかの方法で温暖化を一瞬に解決したとしても、根本的な問題が解決されないかぎり、また同じような問題が起こってしまうでしょう。

　それでは根源的な問題とは何でしょうか？　次節で見ていきましょう。

2．問題の構造——成長の限界

（1）根源的な問題とは？——「有限の地球で無限の成長をめざす」

　「成長の限界」という言葉を聞いたことがあるでしょうか？　1972年に、ローマ・クラブという民間の研究機関の委託を受けて、当時、アメリカのマサチューセッツ工科大学（MIT）教官だったデニス・メドウズ（Dennis Meadows）らが「このままいくと世界はどうなるか？」というシミュレーション研究を行ってまとめた本のタイトルです。この本のなかでメドウズらは、地球は有限であり、このままのペースで成長を続ければ、私たちはいずれ「成長の限界」に達してしまうだろうと述べています。

　地球の人口は今や60億を超え、途上国を中心に増え続けています。1900年に20億人以下だった人口が、1987年に50億人、1999年には60億人ま

図表 6-1　世界の人口増加

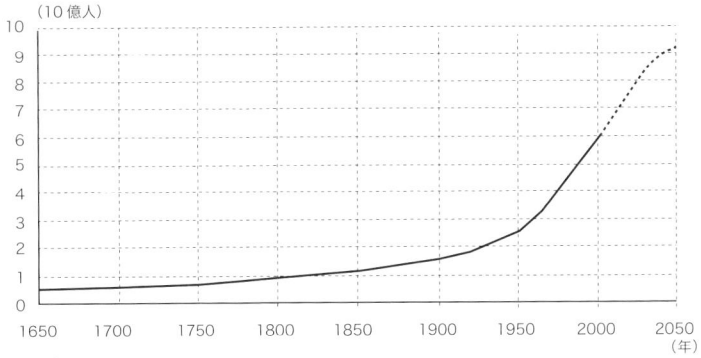

（10億人）

出所：メドウズほか 2005: 4

図表 6-2　世界の工業生産高

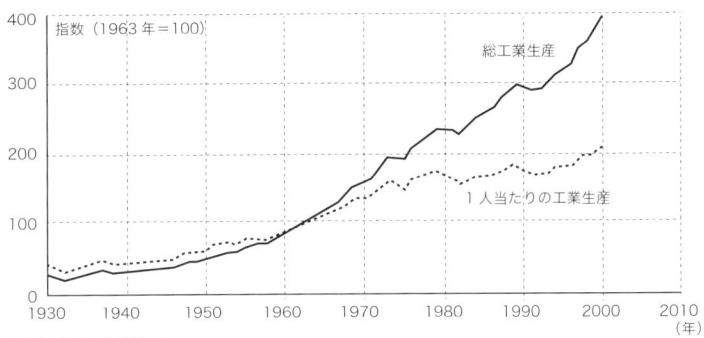

出所：メドウズほか 2005: 4

で増えるというように、人口増加のスピードは加速度的に増しています（図表6-1）。また、人口が増えるに従って穀物や大豆などの食糧生産量も増えているほか、経済活動も活発になり工業生産高や木材の消費量、エネルギー消費量、金属消費量など、いずれも右肩上がりで増えています（図表6-2）。

　しかし、ピークオイルの問題をみても明らかなように、地球上の資源は有限であり、耕作できる土地にも限りがあります。私たちはあたかもこのまま永久に成長を続けられるかのように経済活動を行ってきましたが、それが地球の限界にぶつかっているのが現在の状況です。二酸化炭素吸収源の限界にぶつかって地球温暖化が引き起こされ、化石燃料という資源の限界にぶつかってエネルギー危機が起きています。つまり、「有限の地球の上で無限の成長をめざしていること」が引き起こす「歪み」として表れているのが、温暖化やエネルギーの問題なのです。

（2）エコロジカル・フットプリント

　有限の地球で無限の成長をめざそうとしている結果、「人間が要求する量」が「地球が提供できる能力」を超えてしまっています。

　「**エコロジカル・フットプリント**」という指標があります。「フットプリント」（footprint）とは「足の裏、足あと」という意味です。つまり「私たちは今どれぐらいの大きさで地球を踏みつけているのか」、言い換えれば「私たちの暮らしや経済活動を維持するために、どれぐらいの地球が必要なのか」ということを表したものです。『**成長の限界**』が出された1970年頃のエコロジカル・フットプリントは0.8ほどと、地球1つの範囲内で収まっていました。それが現在では地球の範囲を超えて1.4くらいといわれています。

　「地球は1つしかないのに、なぜ1つ以上の暮らしができるのだろう？」と思うかもしれません。これは、たとえば銀行口座を考えてみるとわかりやすいでしょう。みなさんがこれまで努力を重ねたくさん貯金をしてきたとします。たくさん残高があれば、短期的には収入よりもたくさんのお金を使うことができます。今私たちがしていることもこれとまったく同じで、これまで地球が長い時間をかけてためてきてくれたものを、私たちが短期的にたくさんの量を使っているのです。貯金を使い続けていれば銀行口座の残高はいつかゼロになるように、地球がためてきてくれたものもこのまま使い続ければいつかなくなります。それでも、私たちは今もなお、地球の資源を消費し、このまま成長を続けようとしています。しかし、地球は1つですから、このような無理な状態が続いたとき、成長を抑えて地球1つ分以下にもっていこうという圧力が働きます。この圧力が今、温暖化やエネルギー問題といった形で表れてきているのです。

図表6-3　エコロジカル・フットプリント

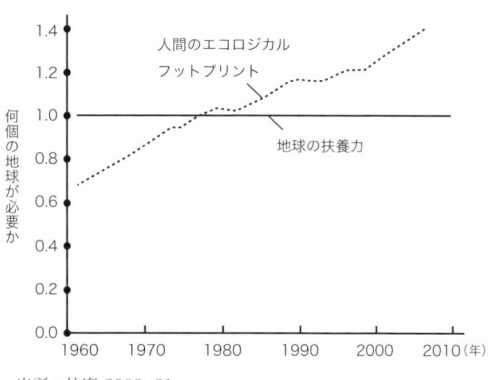

出所：枝廣 2008: 61

（3）地球をひとつのシステムとして考える

　さらに考えなければいけないポイントは、私たちの暮らしも経済も、そして地球も、さまざまな要素がつながり、互いに影響しあう、ひとつの「システ

Column 6　「幾何級数的成長」とは

　人口や工業生産高のグラフ（図表6-1、6-2）を見ると、どちらも急激に増加しています。しかも、どちらも直線的な増加ではなく、ある時点から加速度的に急増している様子がわかるでしょう。これは「幾何級数的成長」と呼ばれるパターンで、倍増をくり返して、ある段階から急に増えるのが特徴です。

　幾何級数的成長の例を1つあげましょう。0.1ミリの厚さの新聞紙を半分に折ります。さらにまたその半分に折ります。さらにまた半分に折り……ということをくり返していきます。折りたたんだ新聞紙の厚さははじめ0.2ミリ、次に折ったときは0.4ミリ、3回目に折ったときは0.8ミリ…と倍々ゲームで増えていきます。さて、もし42回折りたためたとしたら、はたして厚さはどれくらいになっているでしょうか？　10センチ？　10メートル？　それとも10キロメートル？　なんと、月まで届く厚さになるのです！

　私たちは普通、「増加」や「成長」に対して直線的な増加を思い浮かべがちです。そのため、なかなかこのような加速度的な成長をイメージしたり、それによって引き起こされる急激な変化に備えることができません。幾何級数的成長を続ける人口や人間の経済活動が、地球の限界に達して崩壊を引き起こす前に、私たちは速やかに手を打つ必要があるのです。

（飯田　夏代）

ム」として存在しているということです。

　たとえば、植物由来のパーム油を原料にした「環境にやさしい」洗濯洗剤をつくったところ、日本の川の水はきれいになりました。でも、原料のパーム油をとるために熱帯雨林を伐採してオイルパームのプランテーションをつくったことで、東南アジアの森林は減少し、生態系は破壊され、農薬の使用による環境汚染や地元住民の健康被害などの悪影響が出てしまった……。

　このように、環境問題の解決策を考えるときに、全体像を見ずに、目の前の問題だけにとらわれてしまうと、「あちらを立てればこちらが立たぬ」という状況に陥りがちです。たとえその問題は解決できたとしても、いずれまた別の問題が出てきます。地球上のすべてのものはつながっており、ひとつのシステムを構成していることをつねに念頭において考えることが大切です。

3．根本的な問題を考えるために

トリプルリスクのように複雑に絡みあった問題や、成長の問題、持続可能な社会づくりといった大きなテーマについては、これまでどおりの考え方や方法では対応できなくなります。この節では根本的な問題を考えるうえで有効な考え方の枠組やアプローチをいくつか紹介します。

（1）システム思考——問題の構造を見る、全体を考える

システム思考とは、1つひとつの出来事のつながりをたどり、全体像を理解して、根本的な解決策を考えるアプローチです。システム思考では、今起きている「出来事」は氷山の一角にすぎず、その出来事をつくり出している「行動パターン」、さらにそのパターンを生み出す「構造」というように、全体を見ていくことによって、本当に大事なことは何か、どのような解決策があるかを考えます。

図表6-4　氷山モデル

システム思考では、同じような問題がくり返し起こっている場合や、問題を解決しようとして一生懸命やっているけれどもなかなか解決できないような場合、それは個人のせいではなく、その問題のシステム、つまり構造に問題があると考えます。その構造を変えないかぎり、どんなに人が変わっても同じ行動パターンがくり返されるため、必ず同じ問題が起こるからです。問題は人ではなく構造が起こしており、その構造を考えていく、というのがシステム思考のアプローチです。

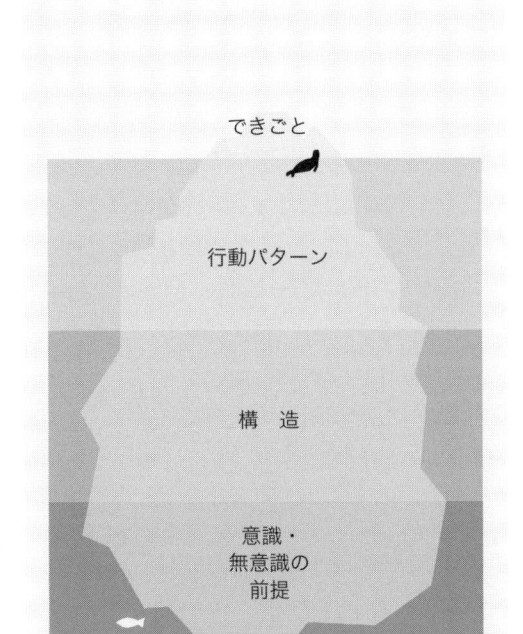

できごと

行動パターン

構　造

意識・無意識の前提

出所：メドウズほか 2005: 165

温暖化などの環境問題は、まさにこの「構造」が原因で起きている問題だといえるでしょう。誰も温暖化を進めたいと思っているわけではなく、多くの人が温暖化問題に取り組んでいるにもかかわらず、二酸化炭素を削減することができないのはなぜでしょう？　それは、私たちの努力が足りないのではなく、進んで二酸化炭素を減らしたくなるようなルールやシステムがない、つまり社会や経済の構造に問題があるからなのです。二酸化炭素の排出を大きく削減するには、その問題となる構造に働きかける必要があるのです。

（２）バックキャスティング
　もう１つ大切なのは、「**バックキャスティング**」でビジョンを描くことです。バックキャスティングは「フォアキャスティング」と反対の手法です。「フォアキャスティング」はこれまで日本の政府や多くの企業で問題解決や目標達成に取り組む際に主流だったやり方で、「予測する」という意味の「フォアキャスト（forecast）」から来ています。今はこういう状況だからこうしよう、と今の時点でできることを積み上げていき、「だから将来はこうなるだろう、こういうことができるだろう」と予測する方法です。一方、「バックキャスティング」は「振り返る」という意味で、最初に将来の理想像（＝ビジョン）を描き、その目標を達成するためにより効果的な方法を考え、実行するやり方です。

　少し難しく聞こえるかもしれませんが、みなさんも試験のときなどには、ごく自然にこのバックキャスティングという方法をとっているのではないでしょ

図表6-5　フォアキャスティングとバックキャスティング

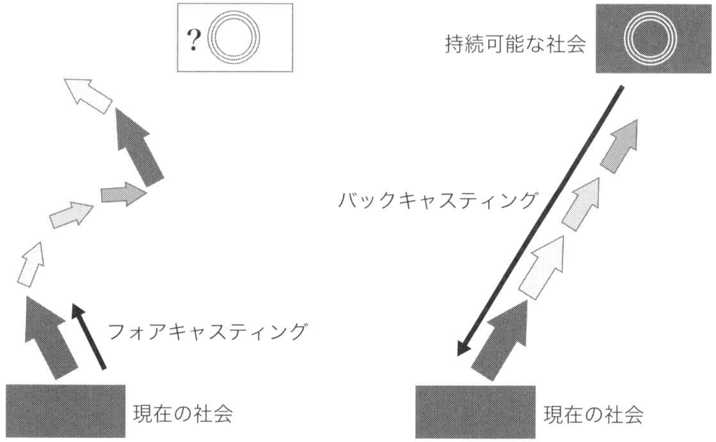

出所：髙見 2003: 42

うか。「〇日に試験があるから、それまでにはこれとこれを準備しておこう」というように目標を設定して勉強するでしょう。「今これしか勉強していないから今度の試験はこれくらいの点数だろう」というやり方では高い得点は望めず、最悪は試験に通らない可能性もあります。

同じように、持続可能な社会をつくりたい、温暖化の進行を食い止めたい、という場合、現状からスタートするフォアキャスティングのアプローチではなかなか前に進むことができません。トリプルリスクに直面し、私たちの社会のあり方にも大きな方向転換が求められている時代こそ、「本当にどうあるべきなのか？」と理想の姿を描いて、そのビジョンに向けてしくみやルールを整え、望ましい方向に進んでいくバックキャスティングが大切になってきます。

（３）持続可能な社会とは

最後に、私たちがめざすべき社会について考えるときに役立つ枠組を、２つ紹介します。

①ナチュラル・ステップのシステム条件

ナチュラル・ステップは1989年にスウェーデンの小児ガンの研究者カール＝ヘンリク・ロベール（Karl-Henrik Robert）博士が設立した国際NGOです。地球を１つのシステムと考えて、そのシステムが持続可能であるための４つの条件を定義づけています。

- システム条件１：自然のなかで地殻から掘り出した物質の濃度が増え続けない（例：化石燃料、重金属（鉛・水銀・カドミウムなど）、リン鉱石など）。
- システム条件２：自然のなかで人間社会のつくり出した物質の濃度が増え続けない（例：PCB、フロン、一部の農薬、ダイオキシン、臭素系難燃剤、NOx、SOxなど）。
- システム条件３：自然が物理的な方法で劣化しない（例：森林の乱伐、道路や建築のために肥沃な土地を開発することなど）。
- システム条件４：人々が自らの基本的ニーズを満たそうとする行動を妨げる状況をつくり出してはならない（例：賃金・労働環境、安全衛生、福祉、若年労働、人権、公平（平等）など）。

②ハーマン・デイリーの３条件

　もう１つの定義は、元世界銀行のエコノミスト、ハーマン・デイリー (Herman Daly) によるものです。自然のサイクルのなかで、地球が供給できる資源やエネルギーの量や、地球が吸収できる汚染物質の量には限界がありますが、デイリーはこの地球の「供給源」と「吸収源」について、それぞれの持続可能な限界を次のように定義しています。

- 条件１：再生可能な資源を持続可能な形で利用するには、その資源が再生するペースを超えてはならない（例：森林の場合、森林が回復するペースを超えて木を伐採し、植林もしなければ、いずれ森林は消滅してしまう）。
- 条件２：再生不可能な資源を持続可能な形で利用するには、その再生不可能な資源に代わりうる、再生可能な資源が開発されるペースを上回ってはならない（例：石油などの化石燃料を持続可能な形で利用しようとするならば、石油などの使用による利益の一部を風力発電、太陽光発電、植林に投資しつづけ、埋蔵量を使い果たした後も同等量の再生可能エネルギーを利用できているようにしておくことが大切）。
- 条件３：汚染物質を持続可能な形で排出するには、自然や環境がそうした汚染物質を循環し、吸収し、無害化できるペースを超えてはならない（例：私たち人間が出す二酸化炭素の排出のペースは、森林や海などの自然が吸収できるペースを上回ってはいけない）。

　人口の増加や経済の増大によって、私たち人間が必要とする資源やエネルギーの量は増えます。また同時に、私たちが排出する廃棄物や汚染物質の量も増えていきます。こうした供給源や吸収源のバランスが崩れ、地球が供給し、吸収できる限界を超えてしまったときに問題が生じるのは、これまで見てきたとおりです。

　ナチュラル・ステップのシステム条件やハーマン・デイリーの３条件は、持続可能性とは何かと考えるうえで、はっきりとした指針を与えてくれます。こうした条件を踏まえて、有限の地球上で持続可能な社会を営んでいくにはどうすればよいか、自然と人間との関係を考えながら、本当の幸せを創り出すような社会にするにはどうすればよいか、私たち一人ひとりが考えていくことが大切です。

4.「本当に大事なこと」を考える

(1)「成長」と「幸せ」のデカップリング

「成長」について考えるとき、単に「成長がいけない」と否定するのではなく、「奨励すべき成長」と「抑えるべき成長」を区別することが重要です。「奨励すべき成長」とは、私たちの幸せや満足につながるような成長のこと。これは抑える必要はなく、どんどん成長させていきたいものです。一方、私たちの幸せを増やそうという経済活動が、大量の二酸化炭素排出量や資源・エネルギー消費量を伴うのであれば、これは見直す必要があります。

「デカップリング」(decoupling) という表現があります。「カップル」(couple) とは「あの２人、カップルだよね」などというように、「２つのものをくっつける」ことをいいます。「デカップル」(decouple) というのはその反対に、「もともとくっついていたものを２つに分ける、切り離す」という意味です。

これからの時代に求められているのは、このデカップリングの考え方です。私たちの幸せや満足は増やしつつ、資源・エネルギー消費量や二酸化炭素排出量はできるだけ抑えていく。「そんなことできるの？」と思うかもしれませんが、スウェーデンでは実際に、1990年から2006年までの間に、GDP（国内総生産）を44％増加させて経済を成長させながら、温室効果ガスを8.7％削減することに成功しています。この温室効果ガスの削減は、家庭用暖房のエネルギーを石油から木材チップなどのバイオマス燃料に転換したり、エネルギー税や炭素税などを導入したりすることで実現したもので、国民の我慢によるものではありません。この事例を見てもわかるように、経済成長と環境の切り離しは可能なのです。

(2) GDPとGPI（真の進歩指標）

また、GDPそのものについても考える必要があります。GDPは経済成長や国の豊かさを測る物差しとしてよく用いられる指標で、一般的には、GDPが増えることと豊かさはイコールだとされています。2008年の「100年に一度の経済危機」といわれる世界的不況のあおりをうけて、GDPがマイナスに転じたことが深刻な問題と受け止められているのは、それを表しているといえるでしょう。

しかし、本当にGDPが増えると私たちは豊かで幸せになれるのでしょ

か？　GDPに計上されるのは、市場で取引された経済活動です。つまり、私たちの幸せにつながるかつながらないかには関係なく、貨幣価値を伴ったモノやサービスであれば、それがGDPとして計算されます。そのため、戦争、犯罪や公害、病気、家庭の崩壊などのマイナス要因についても、そこで何らかの経済活動が行われていれば「経済成長」だとみなされるのです。一方、育児や家事、ボランティアなど、お金のやりとりを伴わない行為については、それがいくら個人や家庭、地域の幸せや満足につながるとしても、GDPには一切計上されません。また、GDPでは国全体の経済規模を測りますが、国民に富が平等に分配されているのかという点は反映されていません。一般には、GDPというパイが大きくなれば配分も増え、貧困が解消されるといわれがちですが、富が平等に再分配されるかどうかは、GDPとはまた別の話なのです。

　GDPの成長が、私たちの幸せや豊かさと必ずしも結びついていない現在の状況を、このように言い表すこともできるでしょう。「今では世界中いたるところに無数の『ミナマタ』や『チェルノブイリ』が拡散している。虫や魚が住めなくなったぼくたちの地域にも、シックハウスと呼ばれる家にも、添加物だらけの食物にも、アレルギー疾患を抱える身体にも。これらの問題の根源が経済成長なるものにあることを、ぼくたちはもう知っているはずだ。GDPなどという指標が、ぼくたちの地域、家、食物、身体にそぐわないものとなっていることを痛いほど感じているはずだ。家にはモノが溢れてはいるが、家庭の時間はますます少なく貧しい」［辻 2003: 66］。

　環境破壊が進み、交通事故が増えても「成長」とみなされるのに、家族のための時間や社会のためのボランティア活動はプラスに換算されない――これはおかしいのではないかと、アメリカの「リディファイニング・プログレス」(Redefining Progress ＝進歩を定義し直す）というNGOがGDPに代わる新しい指標を提案しています。GDPには換算されない、幸せにつながるものを足して、幸せにつながらないものを引いた「**真の進歩指標（GPI: Genuine Progress Indicator）**」という指標です。

　図表6-6（次頁）は「リディファイニング・プログレス」のグラフです。GDPとGPIはある時期までともに伸びています。しかし、1人あたりのGDPが1950年以来ずっと右肩上がりで伸びているのに対し、1人あたりのGPIは1970年代半ば頃からずっと変わっていません。

　日本の私たちの実感としても、だいたいこれに近いのではないでしょうか。日本は世界有数の経済大国といわれながら、派遣切りやネットカフェ難民とい

図表6-6 アメリカの1人あたりのGDPとGPIの変化の推移

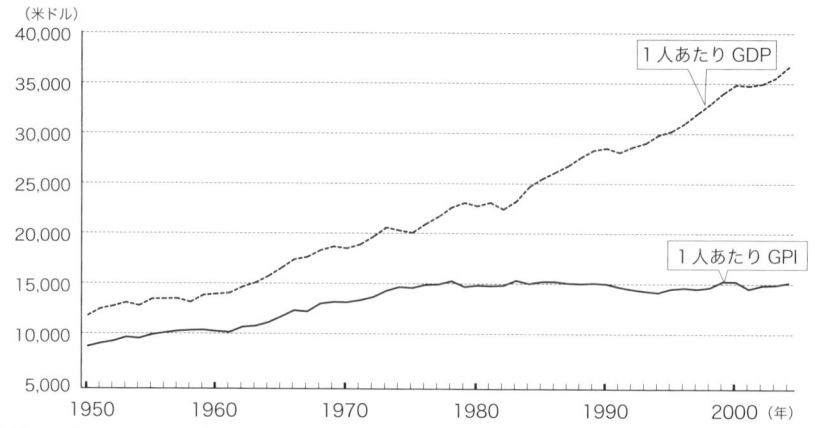

(米ドル)

出所：リディファイニング・プログレス (Redefining Progress) のウェブサイト (http://www.rprogress.org/sustainability_indicators/genuine_progress_indicator.htm) [2009年5月29日参照]

う現象、自殺率の高さをみても、本当に豊かな国なのか、国民が幸せを感じる社会なのか、疑問に思う人も少なくないでしょう。

　GDPだけで経済成長を測り、それを豊かさや幸せの指標にする時期はそろそろ終わりなのではないでしょうか。GDPと豊かさや幸せはイコールではありませんし、私たちもGDPを増やすために生きているのではありません。GDPが何％上がった、下がった、と一喜一憂するのではなく、それは私たちの幸せにつながっているのか、そうでないのかをきちんと見極める必要があります。そのためにも、GPIのようなGDPに代わる指標が、これからますます求められるようになってくるでしょう。

（3）ブータンのGNH（国民総幸福）

　GPIのほかに、もう1つGDPに代わる指標があります。ブータンのGNHです。GNHとはGross National Happiness（国民総幸福）の略。GNP（国民総生産、Gross National Products）が「生産」で国の力や進歩を測る物差しなら、GNHは国民の「幸福」で国の進歩を測る指標です。「物質的な豊かさだけでなく精神的な豊かさも大事である」として、ブータンでは国民の幸せを増大させ、GNPやGDPではなく、GNHを国の開発の基本に据える方針をとっています。

　GNHには「公正な社会経済発展」「環境保全」「文化保存」「良い統治」という4本の柱があり、さらにこれを支える9つの分野として、「生活水準」「健康」「心理的・主観的幸福」「教育」「生態系と環境」「コミュニティの活力」「バラン

スのよい生活時間活用」「文化の活力と多様性」「良い統治」を定めています。

どれだけ人々が情緒的に満たされているか、人々がどんな時間の使い方をしているか、コミュニティがどれだけ生き生きしているか——こうしたことの価値は、GDPにはほとんど換算されず、実際にブータンもGDPを基準にすれば決して豊かな国とはいえません。しかし、ブータンでは国民の9割が「自分は幸せである」といっているそうです。日本で「自分は幸せだ」という人は、どれくらいいるでしょうか？　本当に豊かなのはどちらの国なのか、豊かさや成長の意味を考えてみる必要がありそうです。

このブータンのGNHの考え方は、今、世界中から注目を集めています。日本でも、その影響を受けた企業や自治体が、社員や市民の幸せを考えて、それぞれ独自の指標をつくろうという動きがあります。向山塗料株式会社（本社：山梨県甲府市）では、売上よりも社員の幸せや満足を第一に考える「GCH」（グロスカンパニーハピネス）を経営の基本とし、東京都荒川区では「GAH」（グロス荒川ハピネス）という指標を区政に取り入れようと動き始めています。

このように経済成長至上主義の社会のあり方を問い直す動きが出てきています。経済成長を追求してきた結果、成長の限界にぶつかっていろいろな歪みが出てきている現在、「本当の幸せってなんだろう？」「私たちは何のために生きているんだろう？」といった本当に大事なことを立ち止まって考えることが、ますます大切になってきています。

（4）ハーマン・デイリーのピラミッド

最後に、自然と社会、経済、そして幸福の関連について、全体像を考える枠組として参考になる「ハーマン・デイリーのピラミッド」を紹介しましょう。ハーマン・デイリーについては第3節でも紹介しましたが、持続可能な経済について研究している経済学者です。

図表6-7（次頁）のピラミッドのいちばん下にあるのが、太陽エネルギーや、生物、さまざまな原材料などの「自然資本」です。この自然資本が、いわばすべての基礎になるもので、「究極の手段」と呼ばれています。これに科学や技術を用いることで、私たちは加工した原料や工場の人工的な資本（「中間的手段」）をつくり出します。この中間的手段を使って、自動車や電力など、さまざまなモノやサービスをつくり出しています。これは「中間的目的」になります。さらに、この上に「究極の目的」があります。これは「人は何のために生きているのか、何のために働いているのか」の答えにあたるものですが、ひと

図表6-7　ハーマン・デイリーのピラミッド

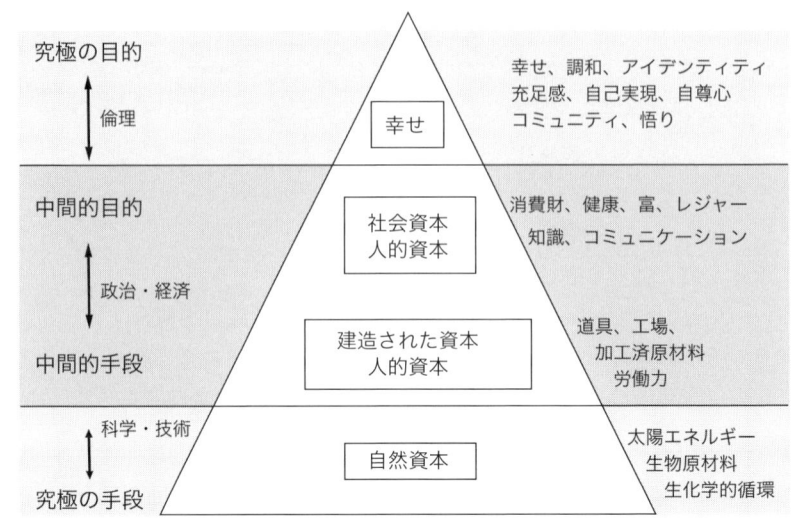

究極の目的		幸せ		幸せ、調和、アイデンティティ 充足感、自己実現、自尊心 コミュニティ、悟り
↕ 倫理				
中間的目的		社会資本 人的資本		消費財、健康、富、レジャー 知識、コミュニケーション
↕ 政治・経済				
中間的手段		建造された資本 人的資本		道具、工場、 加工済原材料 労働力
↑ 科学・技術				
究極の手段		自然資本		太陽エネルギー 生物原材料 生化学的循環

出所：有限会社イーズのウェブサイト（http://www.es-inc.jp/lib/archives/090105_080650.html#header2）
〔2009年5月29日参照〕

ことでいえば「幸せ」です。

　前述のとおり、私たちは経済成長やGDPを増やすために生きているわけではありません。モノが究極の目的ではなくて、幸せになるために生きています。しかし、現在の私たちの社会や経済では、ピラミッドの真ん中の部分、つまりどういう原材料を使って何をどれぐらい、どうやってつくり出すか、というところしか扱っていません。これはあくまでも「中間的な手段で中間的な目的を達する」部分で、その根本には「究極の手段」である自然資本や、そもそもの「究極の目的」である幸せがあるはずですが、それらを見失ってしまっています。このことが、環境問題や社会的な問題を引き起こしているといえるでしょう。

　さまざまな問題が顕在化している今こそ、ピラミッドの全体を見て、すべてを支えている自然資本とのつながりや幸せについて、しっかりと考えることが必要なのです。

5．私たちにできること

　これまで問題の構造や、問題を考えるときに大切な考え方の枠組などについ

て考えてきました。最後に「私たちに何ができるのだろうか？」という行動の面についてみていきましょう。

　今、世界や日本の各地でさまざまな取組が行われており、その成功事例から私たちはこれからとるべき行動のヒントを得ることができます。ここでは地球温暖化とエネルギー問題の取組を例に、いくつか紹介します。

（1）世界の成功事例
　世界には、野心的なビジョンを打ち出し、実効性のあるしくみをつくって効果を上げている例がたくさんあります。
　デンマークのサムソ島の取組もその1つです。この島は、以前はエネルギー源の大半を化石燃料に頼っていましたが、1998年から10年間のエネルギー転換計画に取り組み、風力発電などの自然エネルギーを積極的に導入した結果、現在では電力供給は100％自給自足で、化石燃料はほとんど使われていません。また、このエネルギー転換計画の成功によって、プロジェクトに参加した企業は利益を得ることができ、島にとってもエコツーリズムという新たな産業の可能性が生まれています。エネルギー自給自足を実現した場所として、年間1000人以上がこの島を訪れているといわれています。

（2）国や自治体ができること
　国や自治体のレベルでは、自動車の代わりに公共交通機関の利用を推進するしくみやインフラを整備したり、炭素税や環境税などの導入によって域内のエネルギー消費量を下げ、一方で再生可能エネルギーの導入を進めるしくみをつくることが大切です。
　ドイツには、太陽光発電や風力発電などの再生可能エネルギーを、発電コストよりも高い値段で買い取る「固定価格買取制度」というしくみがあります。この制度によってドイツでは自然エネルギーの普及が一気に進みました。とくに太陽光発電の分野では、それまでトップの座を誇っていた日本を大きく引き離し、現在世界第1位となっています。
　一方の日本では、国のレベルよりも自治体レベルで再生可能エネルギーの導入が進んでいます。日本には、太陽光や風力、小水力、地熱、バイオマス、バイオガスなど、さまざまな再生可能エネルギーがあり、地域によってその土地の特性や条件にあった再生可能エネルギーを利用することが可能です。千葉大学と環境エネルギー政策研究所の調査結果によれば、全国で86の市区町村が

域内の民生用の電力需要を100％自給しており、今後も自治体レベルでエネルギー自給の取組が進むことが期待されています。

（3）企業ができること

それでは企業にはどのようなことができるでしょうか？　こまめな節電や省エネ、また夏の冷房を28度以上に設定する「クールビズ」のような取組も大切ですが、二酸化炭素排出量やエネルギー使用量を大幅に削減でき、かつ社員の意識に頼らなくても望ましい行動をとりたくなるようなしくみをつくることが大切です。

自転車通勤にも通勤手当を出す代わりに、自動車通勤の場合は通勤手当を半額にするというしくみを取り入れて、通勤時の二酸化炭素排出をぐっと減らすことに成功した企業がありますが、これは効果的なしくみづくりの好例です。また、もう1つ大切なのは、「化石燃料を使いたいときに使いたいだけ使う」という従来どおりのビジネスから、新しい、持続可能なビジネスモデルを創造することです。たとえば、「顧客が欲しいのは商品というモノではなく、その機能・サービスである」という観点から、アメリカの商業用カーペットメーカー、インターフェース社は、カーペットを売るのではなくリース契約によってカーペットの機能を売る「エバーグリーン・リース（Evergreen Lease）」というサービスを提供しています。また、イギリスのBP社は、「自分たちは石油ではなくエネルギーを提供する会社である」と自らの会社のあり方を再定義し、風力や太陽光発電などの再生可能エネルギーの導入などにも取り組んでいます。これらは、持続可能なビジネスモデルをつくり出している例といえるでしょう。

（4）私たち一人ひとりができること

私たちが個人のレベルでもできることはたくさんあります。「エコは我慢してエネルギー消費を抑えること」と思っている人も多いかもしれませんが、我慢ではなく、「幸せや満足につながるエネルギー」と「幸せや満足につながらないエネルギー」とを区別し、後者のエネルギーを減らすことがポイントです。たとえば、誰もいない部屋で電気やテレビがつけっぱなしということはありませんか？　歯を磨いているとき、水を出しっぱなしということはありませんか？　そういった必要のない、誰の幸せにもつながっていない電力や水の消費を減らすだけでも随分違いますし、テレビやパソコンなどの待機電力をカットしたり、白熱電球を省エネ型電球（消費出力は白熱電球の4分の1、寿命は10倍

に交換したりすることで、さらにグッと減らすことができます。

　またなるべく地元でとれた食材を買って、食糧が生産地から消費者に届くまでの輸送距離（フードマイレージ）を減らしたり、家電を買い換えるときは省エネ型のものを選んだり、環境に取り組んでいる企業の製品を買うこともできます。これらは、私たち消費者の「選ぶことの力」を活かして社会を変えていく大切な取組なのです。

6．望ましい未来をつくろう

　最初に述べたように、今、私たちは地球温暖化、エネルギー問題、食糧危機など、さまざまな切迫した問題に直面しています。このまま行けば、今世紀末には世界は絶望的な状況に陥ってしまうかもしれません。

　でも、今ならまだ間に合います。確かに現在は危機的な状況かもしれませんが、「ピンチはチャンス」というように、物事を大きく変えられる機会でもあるのです。その意味で、非常にやりがいのある、面白い時代に私たちは生きているといえるでしょう。

　「未来とは予測するものではなく、つくり出すものだ」といわれるように、私たちは望ましい変化をつくり出し、未来をつくることができます。そのためには、まず私たち一人ひとりが、自分の頭で考えて、自分で選んで、自分で決めていくことが大切です。一人ひとりが立ち止まって、自分の心に耳を傾ける時間をもち、「本当の幸せってなんだろう」「成長って本当に必要なんだろうか」と考えたり、「私はこれが幸せだと思う」「私はこれを望む」と自分で選んだりすることが、いろいろな問題の解決への第一歩となるでしょう。

　温暖化をめぐる動きをはじめとして、世界的にも、自治体や企業のレベルでも、また一人ひとりの取組レベルでも、変化が加速しています。さらに広がっていけば、絶望的な状況に陥る前にきっと状況を好転させられることでしょう。

🔑 キーワード解説

●**地球温暖化**　人間の活動により排出される二酸化炭素などの温室効果ガスが大気中にたまり、その濃度が上昇するために、地球の気温が上昇すること。

●**ピークオイル**　石油の生産量が最高点に達し、最高点に達した後、生産量が徐々に低下していくこと。アメリカやイギリス、ノルウェーなど、すでにピークを迎

えた国もあり、世界の産油量は 2010 年にピークに達するとする専門家や、すでにピークを過ぎているとする専門家もいる。

●エコロジカル・フットプリント　私たち人間の暮らしや経済が、どれくらいの地球の表面積に支えられているのかを示す指標。北米を中心に活動するマティース・ワケナゲルらにより開発された。国連や国、自治体による環境調査や政策立案などにも活用されている。

●『成長の限界』　1972 年に、ローマ・クラブの委託を受けたアメリカのマサチューセッツ工科大学（MIT）教官（当時）のデニス・メドウズらが行ったシミュレーション研究をまとめた本のタイトル。このなかでメドウズらは、「地球は有限であり、このまま現在のような成長が続けば 100 年以内にわれわれは限界に達する」ことを示している。

●システム思考　出来事や状況の表面だけを見るのではなく、さまざまな要素のつながりや、その出来事を引き起こしている構造など、全体を把握するアプローチ。

●バックキャスティング　ビジョン（あるべき理想の姿）を描いてそれを実現するため効果的な方法を考えて実行するアプローチ。その反対は、現状からできることを積み上げていく「フォアキャスティング」。ナチュラル・ステップの基本ツールの 1 つ。

●ナチュラル・ステップ　スウェーデンの小児ガンの研究者、カール＝ヘンリク・ロベール博士が設立した国際 NGO。環境と経済、社会がバランスよく発展する社会が持続可能な社会であるとし、科学を元にした 4 つのシステム条件や、バックキャスティングなどのツールを提供している。

●デカップリング　「切り離し」「分離」を意味する言葉。環境問題や持続可能性(サステナビリティ)の分野では、「経済成長と資源・エネルギー消費の切り離し」のことを指す。

●真の進歩指標（GPI: Genuine Progress Indicator）　アメリカの NGO「リディファイニング・プログレス」が提唱している GDP に代わる指標。GDP から犯罪や公害、病気などのマイナス要因を差し引き、家事や育児、ボランティアなどの要素の価値を加えて計算したもの。

●国民総幸福（GNH: Gross National Happiness）　「幸福」で国の力や進歩を測ろうとする考え方。ブータンの第 4 代ワンチュク国王が、同国は GNP よりも GNH を大切にする、と発言したのに端を発するといわれる。現在の経済や社会のあり方を見直す動きがあるなかで注目を集めている。

📖 **読んでみよう**

①アル・ゴア［2007］『不都合な真実』ランダムハウス講談社.
　アメリカ元副大統領アル・ゴア氏が、これまで「不都合」だと隠されてきた地

球温暖化の「真実」をわかりやすく伝えている。写真やイラストも多く、地球温暖化の入門書として最適の1冊。これに続き2009年12月に出版された『私たちの選択』（ランダムハウス講談社）は、温暖化防止のための具体的な解決策をまとめており、私たちができること、すべきことを示してくれている。

②枝廣淳子［2008］『エネルギー危機——最新データと成功事例で探る"幸せ最大、エネルギー最小"社会への戦略』ソフトバンククリエイティブ.

世界と日本のエネルギーの現状や、エネルギー危機を起こしている構造をわかりやすく説明。また世界の先進事例から今後のとるべき方向性や行動のヒントを学ぶことができる。

③枝廣淳子・小田理一郎［2007］『なぜあの人の解決策はいつもうまくいくのか？——小さな力で大きく動かす！ システム思考の上手な使い方』東洋経済新報社.

システム思考の入門書。システム思考の考え方や基礎的なツールを、さまざまな事例を交えながら紹介する。

④NHK「気候大異変」取材班＋江守正多編著［2006］『気候大異変——地球シミュレーターの警告』日本放送出版協会.

このまま温暖化が進行すると地球の未来はどうなるのか。最新のスーパーコンピューターによって描き出された100年後の地球の姿とすでに世界各地で起きている異変を紹介。「100年後の地球の姿を決めるのは、今を生きる私たちの選択にゆだねられている」との言葉に、どうすべきかを考えさせられる1冊。

⑤高見幸子［2003］『日本再生のルール・ブック——ナチュラル・ステップと持続可能な社会—』海象社.

国際NGO「ナチュラル・ステップ」日本支部代表の高見幸子が、4つのシステム条件やバックキャスティングなど、ナチュラル・ステップの考え方やその活動について、わかりやすくまとめたもの。

⑥ニッキー・チェンバース、クレイグ・シモンズ、マティース・ワケナガル著、五頭美知訳、和田喜彦・岸 基史解説［2005］『エコロジカル・フットプリントの活用——地球1コ分の暮らしへ』インターシフト.

「エコロジカル・フットプリント」がつくられた目的や計算方法、その使い方などをわかりやすくまとめた1冊。世界のエコロジカル・フットプリントの活用事例なども紹介。

⑦ドネラ・H・メドウズ、デニス・L・メドウズ、ヨルゲン・ランダース［1979］『成長の限界——ローマ・クラブ人類の危機レポート』大来佐武郎監訳、ダイヤモンド社.

1972年に原書が出されて以来、世界の多くの人に影響を与えてきた、環境分野の必読書。決して予言的な内容ではなく、本質的な問題の構造を理解し、望ましい変化に向けた行動を促すことが本書の趣旨である。

⑧ドネラ・H・メドウズ、デニス・L・メドウズ、枝廣淳子［2005］『地球のなおし方——限界を超えた環境を危機から引き戻す知恵』ダイヤモンド社．

『成長の限界』の30年後アップデート版『成長の限界　人類の選択』（ダイヤモンド社、2005年）で示された「地球はすでに限界を超えている」というメッセージのエッセンスをわかりやすく伝える。システム思考をもとに、問題の構造を理解し、真の解決策を考えていくアプローチを学ぶことができる。

⑨辻信一［2008］『GNH——もうひとつの豊かさへ、10人の提案』大月書店．

ヘレナ・ノーバーグ＝ホッジ、島村菜津、結城登美雄、サティシュ・クマール、ダグラス・ラミスなど、さまざまな分野で活躍する10人の講師が、GNH（国民総幸福）をキーワードに「豊かさ」について語る。

⑩田中優［2006］『戦争って、環境問題と関係ないと思ってた』岩波ブックレット．

平和と環境問題は別々の問題と思われがちだが、たとえば軍事からの二酸化炭素排出によって温暖化が進むなど、実は密接につながっている。私たちのお金やエネルギーの流れを変えることで社会のしくみを変えることができること、平和を求めることが環境問題の解決にもつながることをわかりやすく説く。

考えてみよう

①かつての公害問題のような環境問題と、現在の地球温暖化などの問題との違いは何か？　また地球温暖化を引き起こしている根本的な問題とは何か？
②バックキャスティングの考え方を使って、2050年の持続可能な社会のビジョンを描き、その目標達成のための手段を考えてみよう（エネルギー、食糧、林業、交通など、1つテーマを絞って考えること）。
③GDPに代わるような、「もうひとつの豊かさの指標」をつくってみよう。

【引用・参照文献】

アンダーソン，レイ［2002］『パワー・オブ・ワン』枝廣淳子・河田裕子訳、海象社．
枝廣淳子［2008］『エネルギー危機——最新データと成功事例で探る"幸せ最大、エネルギー最小"社会への戦略』ソフトバンククリエイティブ．
高見幸子［2003］『日本再生のルール・ブック——ナチュラル・ステップと持続可能な社会—』海象社．
辻信一［2003］『スローライフ100のキーワード』弘文堂．
メドウズ，ドネラ・H、メドウズ，デニス・L、ランダース，ヨルゲン［1979］『成長の限界——ローマ・クラブ人類の危機レポート』大来佐武郎監訳、ダイヤモンド社．
メドウズ，ドネラ・H、メドウズ，デニス・L、枝廣淳子［2005］『地球のなおし方——限界を超えた環境を危機から引き戻す知恵』ダイヤモンド社．
ラミス，ダグラス［2004］『経済成長がなければ私たちは豊かになれないのだろうか』（平

凡社ライブラリー 513）平凡社．

Daly, H. E. [1973] *Toward a Steady-State Economy*, San Francisco: W. H. Freeman and Company.

[参考ウェブサイト]
気候変動に関する政府間パネル（IPCC）「第 4 次評価報告書統合報告書政策決定者向け要約」（文部科学省・気象庁・環境省・経済産業省による翻訳版）▶ http://www.env.go.jp/earth/ipcc/4th/syr_spm.pdf

国際 NGO ナチュラル・ステップ・ジャパン▶ http://www.tnsij.org/

デンマーク大使館ファクトシート「エネルギーはどこから来るか？」▶ http://www.ambtokyo.um.dk/NR/rdonlyres/80031A12-A57A-44F1-BBD1-710CFF0F13A3/0/Environmentfactsheet9.pdf

米国航空宇宙局（NASA）▶ http://visibleearth.nasa.gov/view_rec.php?id=2429

リディファイニング・プログレス（Redefining Progress）▶ http://www.rprogress.org/

BP 社▶ www.bp.com/

■ 飯田 夏代（監修／枝廣 淳子）

第7章 多文化社会の異文化間コミュニケーション

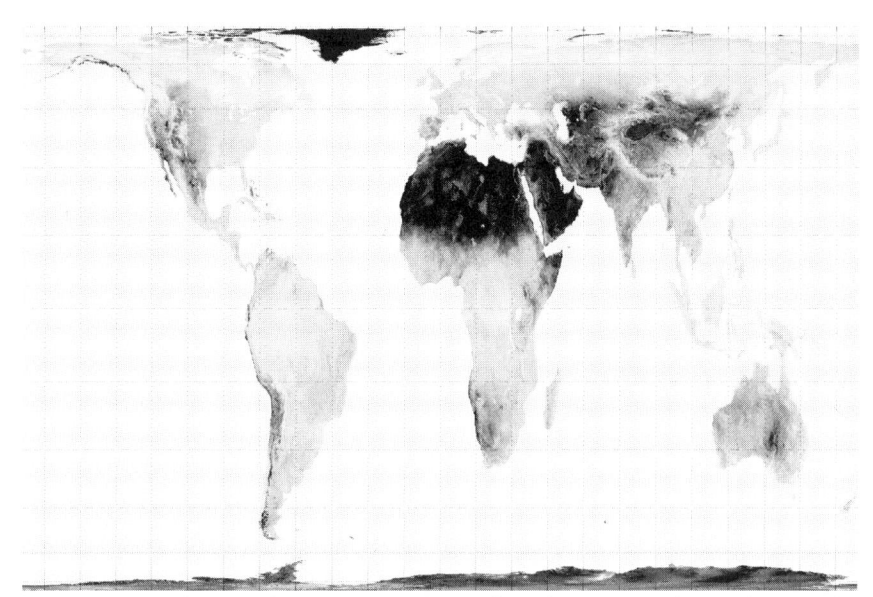

ゴールとピータース（Gall-Peters）による世界地図（NASA制作）。面積をできるだけ忠実に反映した投影法を使用している。一般的な世界地図と比べてみよう。(http://en.wikipedia.org/wiki/File:Gall-peters2.jpg)〔なお本地図は、見やすくするため色調に手を加えた〕

● この章のねらい ●

現代は、多様性（ダイバーシティ）の時代といわれます。日本社会も、外国籍の人や両親のいずれかが外国籍の人、日本国籍をもつ人でも海外で生まれ育った人や複数の文化的背景をもつ人など、職場・学校・地域社会の文化的多様性が増しています。また「国」レベルで比較される文化だけでなく、地域、性別、社会階層、世代、宗教、学校、職業などの違いに基づく文化的な差異も顕在化しています。本章では、多文化社会に生きるうえで必須となる異文化間コミュニケーションの基本概念とスキルを学びます。

1. 21世紀に求められる文化とコミュニケーション力
2. 文化とは何か
3. コミュニケーションとは何か
4. ステレオタイプを超えて──多面的思考と発想の転換
5. 多文化社会の対話型（ダイアログ）コミュニケーション

1．21世紀に求められる文化とコミュニケーション力

　ここまでにみたとおり、経済成長一辺倒だったこれまでの社会のあり方への疑問と「地球の限界」への認識が広がってきており、持続可能な社会への転換に向けた動きが国際機関・国・自治体・企業・市民のあらゆるレベル・分野で加速しています。地球温暖化・エネルギー危機・食糧危機のトリプルリスク（第6章）も、戦争・テロ・核拡散のリスクも、生物・言語多様性の危機や社会的に孤立する若者の増加（第5章）も、移民・難民・越境外国人労働者の増大を伴う多文化社会化や格差社会化（第8章）も、すべてはつながっており、「有限の地球で無限の成長をめざす私たちのあり方」こそが問題の根源にあります。このことに気づいた人々が世界中で変革の輪を広げているのです。
　第5章で学んだESD（持続可能な開発のための教育）も、これまでの社会や経済のあり方を持続可能な方向に変えていくための「変化の担い手」を育て、真の「**人間開発**（human development）」をめざす教育改革運動です。子どもたちの「価値観や行動、ライフスタイル」の変容を通して持続可能な学校づくりを推進し、持続可能な共同体(コミュニティ)を足元から広げていこうとする新しい文化運動ともいえます。本章では、このESDの視点から、21世紀に求められる文化とコミュニケーションのあり方を問うことをねらいとします。
　ここでのキーワードは文化や人の多様性(ダイバーシティ)です。多様性には「多種多様な状態または特性」と「つながり支えあっている状態」の2つの意味がありますが、社会や企業・学校などの組織運営においては、「多様な文化的・社会的背景をもつ構成員の一人ひとりが、それぞれの持てる力を発揮して活躍できる状態」を指します。日本では一般に「多文化共生」という言葉で理解されていますが、社会のシステムが文化の違いを前提としてこなかった日本では、まだ試行錯誤の段階です。
　以下では、海外留学・海外赴任、多国籍企業で働く際の「外への国際化」や、地域の多民族／多文化社会化という「内なる国際化」への対応に必須となる「異文化間リテラシー（文化を読み解き、文化の違いと多様性に対処する力）」と、地球規模の課題をみんなで解決していくための「対話型コミュニケーション」の基礎スキルを学びます。ただし、多文化共生の実現には、個人レベルの異文化間コミュニケーション力の向上だけでなく、社会レベルの変革も必要です。この点は次章でみていきます。

2．文化とは何か

（1）文化はひとつの生きたシステムである

「文化」という言葉は日常生活のいろいろな場面で使われています。では、みなさんにとって「文化」とは何を意味しているのでしょうか？　自分が「文化」だと思う事柄を、思いつくまま10個ほど書き出してみましょう。

さて、どのようなものがあげられたでしょうか。周りの人と見比べ、自分たちがあげた項目を何らかの基準で分類してみましょう。どのような分類ができるでしょうか？

文化の意味や機能、全体構造を理解する際に役立つものとして、「見える文化」と「見えない文化」の分類があります。「触れる文化」と「触れない文化」、あるいは「物質文化」と「精神文化」ともいわれます。たとえば、衣食住などは「見え」て「触る」ことのできる「物質文化」であり、価値観や信条といった私たちの頭の中にある観念体系は「見る」ことのできない「精神文化」といえます。

①文化の氷山モデル

こうした文化の全体構造をシステム思考のアプローチで図式化したものが、「文化の氷山モデル」（図表7-1）です。水面上に現れている氷山の一角が「見える文化」、水面下が「見えない文化」にあたります。では、先ほどみなさんが列挙した文化の項目を、「見える・見えない」という基準で分け、氷山モデルの図に書き込んでみましょう。

氷山は水面上と水面下でつながっており、項目のなかには判断しがたいものもあるでしょう。たとえば日本のお辞儀は日本文化を知らない人もすぐ気づく行動ですが、お辞儀の角度やいつ誰に対してどのように行うのか、などの「行動規範」は明白ではなく、観察力が必要となります。また、この行動規範の根幹となる価値観は行動を通してしか見えません。

図表7-1　文化の氷山モデル

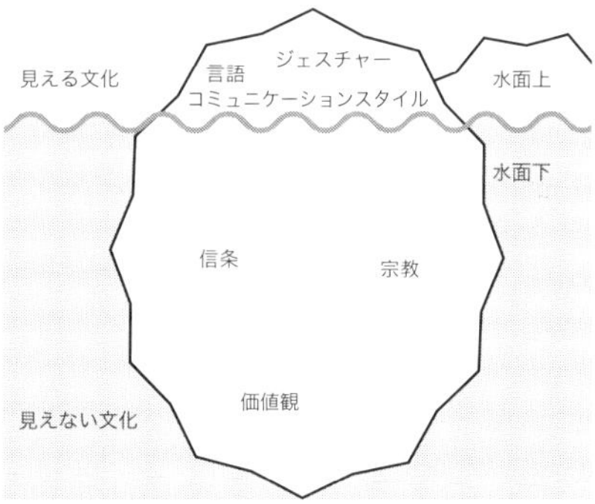

見える文化　言語　ジェスチャー　コミュニケーションスタイル　水面上
水面下
信条　宗教
見えない文化　価値観

このように「見える文化」と「見えない文化」は互いに深く関わっています。

私たちは「異文化理解」というと、水面上のたとえば「3F (Food, Fashion, Festival) 文化」に代表されるような「見えている文化の諸相」を学んで理解したつもりになりがちです。しかし、水面下にはその何倍もの大きさの「見えない文化」が隠れています。そして、異文化間で衝突しやすいのは、すぐには知覚できない「見えない文化」の深層レベルなのです。したがって異文化理解には、「隠れた次元の文化」、つまり個人の行動パターンや物質文化の背景にある価値観・世界観を理解することが重要です。それは、自分自身の文化の深層を理解し、「常識」として普段は意識されることのない「自文化の無意識の前提」に気づくことにもつながります。

さて、みなさんのリストでは「見える文化」「見えない文化」のどちらが多かったでしょうか？ リストアップされた「見える文化」と「見えない文化」の間にどのような関連があるか、考察してみるとよいでしょう。

②文化の有機体モデル

もう1つ、文化を木に喩える「文化の有機体モデル」（図表7-2）を紹介します。木が青々と葉を茂らせ、実や花を咲かせることができるのは、太陽・空気・水の循環のなかで大地にはった根が土壌の養分を吸収し、幹が木全体に十分な栄養を運搬する「一連のつながりのシステム」が機能しているからです。

図中の「見える文化」の諸相にあたる実や葉（言語や慣習など）も、それらを支える幹（世界観・人間観・価値観など）から切断されたり、根っこの部分（歴史・伝統・帰属感など）に水が与えられなかったりすれば、次第に枯れてゆきます。それは「開拓」の名のもとに土

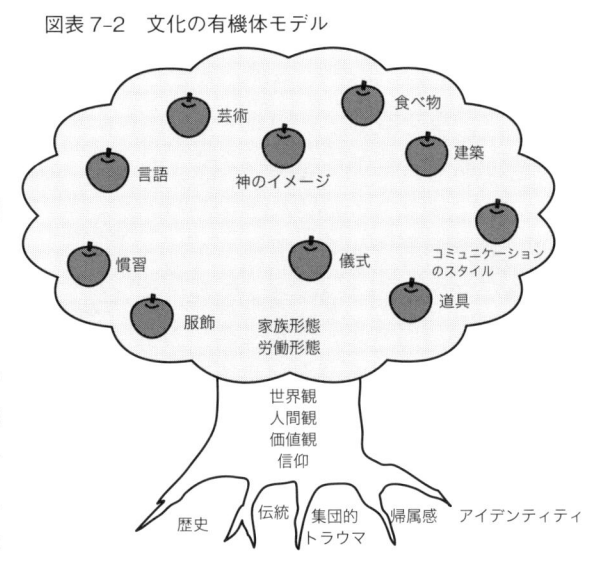

図表7-2 文化の有機体モデル

出所：森田 2000: 35

地を奪われ、支配文化への同化を強いられた世界の先住民族の文化がたどった歴史に象徴されています。しかし言語や慣習が禁止されても、先住民の独自の語彙や生活の智慧が、支配文化のなかに形を変えて生き延びる文化融合もみられます。また、20世紀後半から先住民の言語文化再興運動や公的な継承言語教育の試みが世界的に拡がるなかで、公用語として新たに言語の担い手を育て始めたハワイ語などの事例もあります［ネトル・ロメイン 2001］。つながりのシステムを取り戻せば、枯れた文化も息を吹き返すのです。

文化は、地域の生態系と歴史に根ざす知識体系や生活様式に分かちがたく結びついた「ひとつの生きたシステム」です。世界の少数言語が急速に消滅しつつある今（第5章第2節）、**生物多様性**（biodiversity）と密接につながる貴重な文化資源として、言語多様性の保全が叫ばれるゆえんです。

アクティビティ❶　日本文化ってなに？

A）「日本文化」とは何か？　自分の身の回りのもので、日本の文化を表していると思うものを選び、クラスで発表（Show & Tell）してみよう。クラスにもち込めないようなものは、写真を撮ってみんなに紹介しよう。
B）日本の伝統文化のなかで一度はすたれたようにみえたものが、再び活性化している事例や、形を変えつつ維持・継承されている事例を探してみよう。

（2）文化とアイデンティティのダイナミクス

有機システムとしての文化は、「環境に適応する方法として、その土地に暮らす人々が共同体として歴史的に発展させ、共有され、学習され、世代を経て変化しながらも伝承されてきた言語、思考様式、行動様式、生活様式、世界観、人間観、価値観の総体」といえるでしょう。そして、無意識の前提となっている「見えない文化」はメンタルモデルとして、私たちに特定の「ものの見方・行動の仕方・感じ方」をさせるように作用しています。

文化化（enculturation）とは、そうした文化が人の内面心理や行動様式に結びついていく過程です。子どもにとっては教育・発達・社会化のプロセスすべてを含む包括的な人間形成の過程であり、家族をはじめとする他者との関わりのなかで言語を獲得し、その社会の一員として要請される「ものの見方、行動の仕方、感じ方」を身につけていきます。その意味で文化適応過程といえますが、人は文化によって形づくられる受動的存在であるだけでなく、新しい人との交流や社会との相互作用を通して文化を再解釈し改変し、新たに創造もして

いく能動的な存在です。

　アイデンティティ（identity）とは、E・H・エリクソン（Erik Homburger Erikson）の心理社会的発達のビジョンによれば、「自分とは何者かを問い、自分の由来・現在から未来のあるべき方向性を見出そうとする心の動き」であり、自己と他者の相乗関係のなかで形成される自分意識です。それは、育ちの過程でどんな人々と交わり、どんな言語文化を内面化し、誰をロールモデルとして、どんな〈わたし〉に意味を見出していくのかという心的プロセスであり、周囲の期待や他者の視線と「今ここに在るわたし」とのズレに悩み自己否定と自己肯定を繰り返しながらも、マイナスをプラスに転じて力強く生き抜いていこうとする心理社会的能力です。

　自己アイデンティティの発達は、生活世界の拡がりとともに同一化の対象が広がっていく過程であり、それは関係性の発達のなかで可能になる自らの意味や価値の境界領域が広がる過程です（図表 7-3）。人は最初、もって生まれた他者から区別される自分、長所も短所も含め、丸ごと自分が引き受けざるをえないものによって自己を認識していきます。個人的次元における「所有への同一化」です。成長とともに活動範囲が広がると、家族から仲間集団・学校へと「意味ある他者」や所属集団の範囲が拡大し、また、公教育やマスメディアを介して民族・国という大きな共同体の一員としての帰属意識も生まれてきます。社会的次元での「関係性への同一化」の段階です。さらには地球市民・人類・種・自然界の一員といった包括的な抽象理念・価値観にまで対象が拡大すると、普遍的次元での「意味への同一化」になります。

　こうしてみると、文化もアイデンティティも、出自（roots）によって一元的に決定されるものではなく、私たちがさまざまな人との関わりや経験を経て「何者かになっていく過程（routes）」で変わりゆくダイナミックなものであることがわかります。時代が変わり、私たちを取り巻く社会環境の文脈が変わるなか

図表 7-3　自己アイデンティティの重層的発達

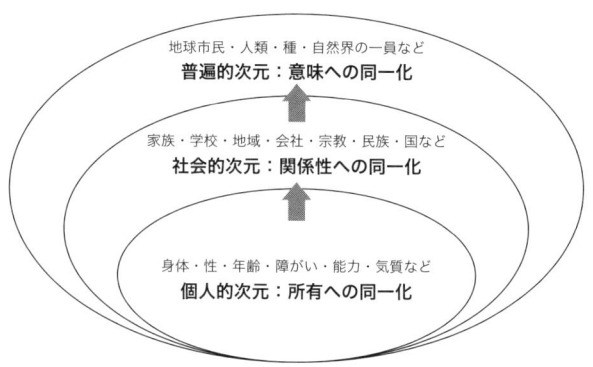

地球市民・人類・種・自然界の一員など
普遍的次元：意味への同一化

家族・学校・地域・会社・宗教・民族・国など
社会的次元：関係性への同一化

身体・性・年齢・障がい・能力・気質など
個人的次元：所有への同一化

出所：西平 1993; 210–255 を参考に作成

で、〈わたし〉の文化もアイデンティティも、これまでの〈わたし〉がどんなふうに育ってきたのかに規定されつつも、今、どんな生活をし、これからどんなふうに生きていきたいのか、どんな未来をめざすのかという、自らの価値観や選択にかかっているといえるでしょう。

アクティビティ❷　セルフチェック:〈わたし〉の文化的アイデンティティの華

今の〈わたし〉の文化（ものの見方・行動の仕方・感じ方）に大きな影響を及ぼしてきたもの、自分が帰属意識を感じるもの、自分にとって大切な意味をもつもの、これが自分の存在証明だ！と思うものを、〈わたし〉を構成する文化的アイデンティティの華の、それぞれの花びらの中に書き込んでみよう。

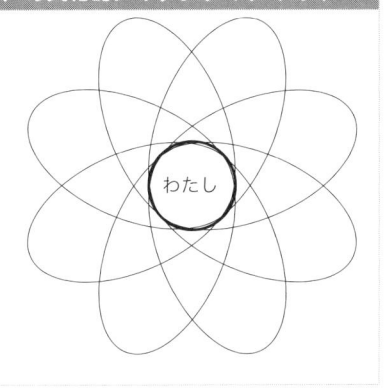

（3）文化を方向づける価値志向

次に、これからの文化を方向づける価値観を「人間の関係性のあり方」に焦点をあてて理解するための指針として、クラックホーンとストロッドベック（Florence R. Kluckhohn & Fred L. Strodtbeck）の「価値志向」を紹介しましょう。

①クラックホーンとストロッドベックの価値志向

クラックホーンとストロッドベックは、人間社会では誰もが以下の5つの普遍的な問いに対して、図表7-4で示されているような可能性のバリエーションのなかから答え（「価値志向」）を見出すと考え、こうした人々の解決方法の傾向が文化間や文化内に特徴的にみられる価値観を形成すると考えました。

①人間の本質とはなにか？（人間性志向）
②人間と自然との関係はどうあるべきか？（人間と自然に対する志向）
③人間の時間に対する志向はなにか？（時間志向）
④人間の活動に対する志向はなにか？（活動志向）
⑤人間と人間の関係はどうあるべきか？（関係志向）

図表7-4　クラックホーンとストロッドベックの価値志向

価値項目	可能なバリエーション					
人間性	悪		中間　善と悪		善	
	変化	不変	変化	不変	変化	不変
人間と自然	人間が自然に服従		人間が自然と調和		人間が自然を支配	
時間	過去		現在		未来	
活動	ある		なる		する	
人間関係	タテ関係		ヨコ関係		個人	

出所：Kohl 2000: 120–123 をもとに改変、作成

　このアプローチは、同じ文化圏内にも複数の価値観や行動様式がみられることをふまえたうえで、どれか主要なパターンが存在することを仮定しています。
　人間性については、人間はもともと善であるという「性善説」、悪であるという「性悪説」、その中間としての「人間は善と悪の両方である・中間である」という3類型に分けています。また下位項目として、人間の性質は「変化するか・変化しないか」があります。たとえば、原罪を信じる敬虔なキリスト教徒のなかには人間は生まれながらにして罪深いが、信仰によって変わることができると考える人も多いでしょう。それに対して信心深い仏教徒の多くは、人間は生まれながら善であり、悟りを得ることができると考えるかもしれません。
　人間が自然と関わるあり方は、「自然に服従する」「自然と調和する」「自然を支配する」がありえます。旧約聖書の教えには人間の務めとして神から与えられたこの世界を支配し繁栄させることがあげられており、キリスト教の影響が強い西洋ではこの考えと近代科学主義が相まって、自然や環境を解き明かし支配するのが人間の使命だとする考え方があります。一方、アメリカ先住民やアボリジニー、アイヌ民族といった先住民族には、自然は人間の力の及ばないものであり、土地や自然は所有したり支配したりするものではなく共存するものだという考え方がみられます。温暖な気候で季節感を重んじる日本の文化も自然を日常生活に取り入れて調和をめざしていると指摘されますが、自然環境や気候の厳しい地域、たとえば砂漠の多い中東・アフリカ地域ではどうやっても人間は自然には抗えないという考えが根強いといわれます。
　時間に対する志向は、「過去」「現在」「未来」に分かれます。過去を基準にする人は経験、歴史や伝統、前例を重んじ、現在志向の人は状況に応じた行動をとり、未来志向の人は現在を未来への投資とし、つねに目標を立ててより良い未来をめざします。活動志向は、あるがままを肯定する「ある（存在する）」、自分を内面から徐々に変革する過程を重視する「なる（内発的成長過程）」、行動することに意義を見出す「する（行動する）」の3つが想定されます。年齢や経

験よりも個人の業績を重んじる「成果主義」がアメリカの多くの企業で主要な考え方であることは、アメリカのビジネス文化が「する」ことに価値をおいていることの1つの証でしょう。一方、ラテンアメリカやアフリカ地域ではどうなるかわからない将来よりも「今、ここで」を大切にし、ありのままの自分を素直に表現することに価値を見出す傾向があります。また、日本社会でよく耳にする「努力」や「改善」が結果よりもそのプロセスを大事にし、自己の成長をより大切とするならば、「なる」志向を表しているといえるでしょう。

人間関係は、「タテ関係重視」「ヨコ関係重視」「個人重視」に大別され、縦の上下関係を基本とする権威主義的志向、自分の属する集団の横のつながりを大事にし、個人よりは集団の意志を優先する集団主義的志向、個人の平等と権利が基本の個人志向があります。

図表7-5 ホフステードの5つの文化的価値次元

集団主義　Collectivism / Individualism（人間関係の志向性）　個人主義	
・「私」よりも、「みんな」に重きを置く。 ・アイデンティティは所属する社会的ネットワークに根ざす。 ・集団内での調和を大切にし、直接対立は避ける。 ・人間関係や場にあった適切な言動・行動が期待される。 ・教育の目的は具体的な方法を学ぶことである。	・「みんな」よりも、「私」に重きを置く。 ・アイデンティティは自分自身に根ざす。 ・自己主張することは、その人が誠実な証である。 ・一貫性のある言動・行動が要求される。 ・教育の目的は学習の仕方を学ぶことである。
権力格差　大　Power Distance（社会的格差の受容度）　権力格差　小	
・序列や格差は当然あるもの。トップと底辺の格差大。 ・教師は教育の主導権を握る人格者で生徒は教師を敬う。 ・部下は上司に何をすべきか命じられることを期待している。 ・上下関係を重視したタテ型コミュニケーション（敬語や肩書きの多用など）。	・序列・格差は最小限にすべき。トップと底辺の格差小。 ・教師は生徒の自発性を期待。生徒は教師を対等に扱う。 ・部下は上司に何をすべきか相談されることを期待している。 ・対等なヨコ型コミュニケーション（ファーストネーム主義など）。
回避傾向　強　Uncertainty Avoidance（不確実さ回避の度合い）　回避傾向　弱	
・不確実性は脅威であり、取り除かなければならない。 ・違うもの、未知のものは危険である。 ・ストレス度が高く、不安感が漂っている。 ・多くのルールやシステムを課し、秩序や従属を求める。 ・奇抜で革新的なアイデアや行動に抵抗がある。	・不確実性は人生につきもので、受け入れている。 ・違うもの、未知のものは好奇心をそそる。 ・ストレス度が低く、幸福感が漂っている。 ・必要以上のルールはいらない。 ・奇抜で革新的なアイデアや行動に寛容である。
男性らしさ　Masculinity / Femininity（性別役割/生活志向）　女性らしさ	
・お金とモノを重視し、経済成長社会をめざす。 ・日常生活の中で男女の性別役割意識が高い。 ・強者に対する共感がある。 ・男性は自己主張が強く野心的な態度が期待され、女性は優しく気配りすることが期待される。 ・学校で失敗することは致命的。	・人と関係性(つながり)を重視し環境保全社会をめざす。 ・性別役割によらず、男女とも生活の質に関心を寄せる。 ・社会的弱者に対する共感がある。 ・男女とも優しく謙虚で気配りすることが期待される。 ・学校で失敗することはたいしたことではない。
長期的志向　Long Term / Short Term（時間志向）　短期的志向	
・結果が出るまで、辛抱強く努力する。 ・伝統を現代に適合させる。 ・資源を節約して、倹約を心がける。 ・私事よりも、目標の達成を優先することをいとわない。	・すぐに結果を出すことが期待されている。 ・伝統を重視する。 ・隣人や同僚に負けないように見栄をはる。 ・面子にこだわる。

出所：ホフステード 1995: 36, 68, 100, 108, 133, 143, 184 を参考に作成

②ホフステードの５つの価値次元

　もう１つ、異文化間コミュニケーション研究で文化分析の枠組として活用され、企業の国際経営活動や企業内の文化的多様性（ダイバーシティ）マネジメントの指針としても利用されてきたヘールト・ホフステード（Geert Hofstede）の５つの価値次元を紹介します（図表7-5）。

　まず、個人主義と集団主義の次元は、図表7-4の人間関係の３類型を２つの対となる連続体ととらえたものです。次に、権力格差とは、社会に存在する格差や非対称性、たとえば階級や肩書、地位の違いなどに対する受容度を意味します。格差を甘受し、上下関係を重視する権力格差の大きい文化と、あからさまな格差や不平等はなくすべきと考え、対等性を重視する権力格差の小さい文化に分布します。また、違うものに価値を置き、変化を歓迎し、衝突をいとわない「不確実性の回避」の度合いが弱い文化と、新しいもの、違ったものに対して脅威を覚え、衝突を避けようとする「不確実性の回避」の度合いが高い文化も観察されます。その一方で、競争を重視し、性別役割を強調する「男性らしさ」が強い文化と、関係性を重視し、性別役割は弱く、男女とも同じように生活の質に関心を寄せる「女性らしさ」の高い文化があります。さらに、経済活動に影響を及ぼすとされる時間志向については、辛抱や節約をしながら結果が出るまで努力を続ける「長期的志向」の文化と、すぐに結果を出すことを求められ、面子を重んじる「短期的志向」の文化があげられます。

　さて、現代の日本社会は、ここで紹介した価値志向や価値次元でみると相対的にどんな位置づけになるでしょうか。また、私たちの価値志向や価値次元のなかでトリプルリスクの時代を生き抜き、ESDの価値観や持続可能性を促進していくものはあるのか、考察してみるとよいでしょう。

3. コミュニケーションとは何か

　文化人類学者のエドワード・T・ホール（Edward T. Hall）は「文化はコミュニケーションだ」と言っています。本節では、コミュニケーションとは何か、文化とコミュニケーションの関係、そして、私たちの生活のなかでコミュニケーションがどのような役割を果たしているのかを考えます。

（1）コミュニケーションは共同作業

　コミュニケーションの定義はその用途に応じてさまざまですが、簡単にいう

と、「発信者が何らかのメッセージを送り、受信者が受け取る」ということになります。これは、テレビと視聴者や演説者と聴衆のように一方的なメッセージの発信性が強いものもあれば、一対一の場面で相互に発信者であり受信者になりうるものもあります。ここでは、一般的な対面式コミュニケーションで考えてみましょう。

　AさんとBさんがカフェで話をしているとします。はじめてのドライブ旅行から帰ってきたばかりのAさんは、熱心に話しこんでいます。このとき、たとえAさんが主になって話していたとしても、Bさんもこの「コミュニケーション」に大いに参加していることになります。Aさんの話を身を乗り出して聞いていたり、適宜に頷いたり質問したりするBさんの反応から、Aさんはさらに熱心に話を進めるかもしれません。反対にどこかうわの空で話に身が入っていないBさんを見ると、Aさんの話も違ったものになるかもしれません。携帯画面にときどき視線を落とすBさんを見て、Aさんは「そんなに話がつまらないのか」と気落ちするかもしれません。Bさんにとっては、携帯メールを見るのはいつもの癖で無意識なのかもしれません。また、Bさんの仲間内では話しながら携帯を見ることは日常的に行われているということも考えられます。そして、カフェでの人の話し声や音楽がうるさくて話しづらい場合、「物理的なノイズ」が発生し、話も弾まず早々に引き上げることになるでしょう。

　このことから、コミュニケーションはお互いにつくりあげる「共同作業」といえます。Aさんが「伝えたい」と思っていたことも、Bさんの反応や周囲の環境によって刻々と形を変えていきます。相手が違っても、また同じ相手でも反応が違えば、Aさんの話し方、話の内容、そして両者の感じ方もまったく違ったものになります。もし、「あの人とはうまくいかない」「あの人の話はつまらない」というようなことを感じているとすれば、それは、共同作業の一端を担っている自分自身にも原因があるとも考えられます。

　また、コミュニケーションは、何らかのシンボルを通じて相手を理解するということが根底にあります。シンボルに対する意味づけが相手の考えるものと近いものであれば、相手の意図をより理解することができます。シンボルとしてまず思い浮かぶのが言語です。共通の言語を介してメッセージを伝えれば、より正確に理解することができます。さらに、行為やモノもシンボルとして考えられます。たとえば、「おはようございます」と挨拶をするとき、言い方、顔の表情、会釈をするのか深くお辞儀をするのかは、相手やその場の状況によって選んでいるでしょう。このように、言葉でない非言語の部分もコミュ

ニケーションでは大きな役割を果たしています。

　このシンボルへの意味づけは、自分の経験や文化的背景が大きく影響します。同じ文化背景を共有する人とのコミュニケーションでは比較的誤解が少ないかもしれませんが、そうでない場合は、共有するものが少なければ少ないほど共通項をつくりあげていく作業が大変なのは想像がつきます。コミュニケーションについて理解を深めることは、さまざまな文化背景をもった人々とのより良い人間関係や社会を築いていくことにも繋がるのです。

　もう1つコミュニケーションを理解するうえで重要なことは、コミュニケーションとはさまざまな相互作用の繰り返しであり、それを元に戻すということはできないということです。けんかをしてお互いに口をきかなくなったとしても、「しゃべらない」という行為自体がメッセージを発しているわけで、相手がそれを「頑固だ」「生意気だ」とか、また逆に「嫌われた」などと、必ずしも自分の意図するメッセージではない意味づけをするかもしれません。これもコミュニケーションを行っていることになります。そして、たとえ自分が悪かったと思い、けんかを「なかったことにしよう」としても、「コミュニケーションを元に戻す」ことはできないのです。相手との関係は前よりもよくなるかもしれませんが、コミュニケーションは取り消すこともできなければ、その場面に戻ることもできません。このように、コミュニケーションは相互作用によって構築されていくものであることから、同じことをしたつもりでも、状況や相手によってまったく違う展開になることがあります。

（2）コミュニケーション・スタイル

　コミュニケーションの表現の仕方は文化によってさまざまです。直接的な表現をとらないことを好む文化、比喩や多くの形容詞を使い誇張する表現が日常的な文化、無駄なことをしゃべるのであれば、黙って何も言わないほうがよいとする文化などの違いがあります。言葉を理解していても、コミュニケーションが上手くいかないのは、この文化に影響されたコミュニケーション・スタイルの違いがあるからです。

　コミュニケーション・スタイルを理解するうえで大切なものの1つが、「コンテクスト（context）」の概念です。コンテクストとは、一般に「文脈」と訳されますが、コミュニケーションを取り巻くすべての環境、すなわち、物理的・心理的・社会的・歴史的な背景を意味します。ホールは、このコンテクスト、とくに相手との関係性や状況により、言葉がそのままの意味で伝わる割合

と、言葉の意味づけが相手により変わったり、明確な表現でなくても伝わる割合に注目しました。

図表 7-6　伝達される情報とメッセージの理解

蓄積された情報（コンテクスト）／高コンテクスト／低コンテクスト

メッセージが少ない／メッセージが多い／明確に言語で表現されるメッセージ

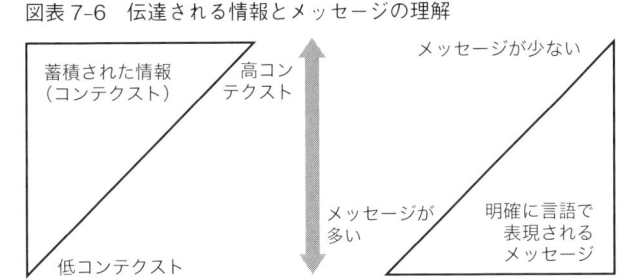

出所：Hall 1983: 61 を参考に作成

　明確に言葉で表現されるメッセージよりもコンテクストに依存する場合を「高コンテクスト」、コンテクストよりも言葉の伝える意味がそのままメッセージとして解釈される割合が多い場合を「低コンテクスト」といいます。たとえば、疲れた顔をした同僚に、「仕事を手伝おうか」と尋ねたとします。「いいよ。大丈夫」という返事に対して、高コンテクストでは相手との関係や状況に基づいて、額面どおり「大丈夫」なのか、「本当は手伝って欲しいのか」「余計なお世話なのか」、さまざまな解釈のなかから的確に相手の意図を読み取ろうとします。低コンテクストであれば、その言葉のとおり、相手に仕事を任せることでしょう。長年日常を共にしている家族であれば、明確な表現なしでも今までに蓄積された情報（コンテクスト）から、相手のことを理解できるでしょう。すなわち、人間関係が深ければ今までに蓄積されたバックグランドから、明確な表現をしなくても意味が伝わります。逆に、法廷や人間関係よりも契約が重視されるようなビジネスの場面では、言葉がそのままの意味で理解されることになります。コンテクストが低い場合は、的確な言葉で明確に表現することでメッセージが正確に伝わるということがいえます。

　ホールは、中国や日本などのアジア圏、ラテンアメリカ、ギリシアやイタリアなどの南欧諸国は高コンテクスト・コミュニケーションの傾向が、北米圏、北ヨーロッパ周辺は比較的低コンテクスト・コミュニケーションの傾向がみられるとしています。ただ、それぞれの国内で宗教、地域、民族による違いもあり、夫婦や長年の友人であれば、低コンテクスト・コミュニケーションの文化においても言葉で明確に表現する必要は少なくなるでしょう。

　また、表情や態度など身体全体がメッセージを発する対面式のコミュニケーションや、声の調子が確認できる言葉のメッセージによる電話とは違い、メールでのコミュニケーションは、表情や声の調子などから情報を読めない分、メッセージを誤解なく伝えるためには低コンテクスト・スタイルで表現する必要があるでしょう。その反面、携帯メールで表情を伝える顔文字・絵文字の

種類がとりわけ日本で多いのは、日本社会の高コンテキスト的なコミュニケーション・スタイルの影響が表れているといえるでしょう。

アクティビティ❸　高コンテクスト、それとも、低コンテクスト？

次のケースは、どちらの傾向が強いだろうか。相手がどのようなコンテクストのコミュニケーション・スタイルなのかを考え、どのような点に気をつければお互い理解しあえるのかを話しあってみよう。

A）3人の友達と昼休みに食事をする場所を決めるとき
　　Aさん：「どこに行きたい？」
　　Bさん：「どこでもいいよ」
　　Cさん：「私も何でもいいよ」
　　自分：　「私も」

　　皆：「……」

B）近くに住む友達との会話、Bさんは夜勤明けで朝9時頃まで寝る日もある。
　　Aさん：「明日朝7時の飛行機に乗るんだけど、5時30分ぐらいに車で飛行場まで送ってくれる？」
　　Bさん：「朝早いね」
　　Aさん：「そうなの、格安で買ったチケットだからね」

（3）非言語コミュニケーション——言葉を超えたメッセージ

　言語と非言語を厳密に分けることはできませんが、コミュニケーションのなかで非言語が占めるメッセージの割合は、さまざまな研究から7割から9割といわれています。したがって、文化的コンテクストを共有しない人とのコミュニケーションでは、非言語メッセージが意図せぬ形で他者に解釈されたり、他者の発する非言語メッセージを見落としたり、誤解したりすることもありうるので注意が必要です。

　コンドン（John Condon）は、非言語のメッセージを発するものとして、以下の20項目をあげています：①ジェスチャー、②顔の表情、③姿勢、④衣服・髪型、⑤歩き方、⑥対人距離、⑦接触行動（キス・抱擁・腕を組む）、⑧アイコンタクト、⑨物理的環境（建築・内装デザイン・テーブルやイスの並べ方）、⑩装飾品、⑪図・表示・記号、⑫修辞（演説時の身振り、手振り、動作など）、⑬体型、⑭におい（身体の匂い・香水）、⑮周辺言語（声の抑揚・強弱・テンポなど）、⑯食べ物の象徴的意味（人を招待するときに用意する食べ物）、⑰温度、⑱化粧、⑲時間の感覚、⑳言語行動のタイミングと間・沈黙。

　たとえば、友達に「元気？」と話しかけ、その友達が「うん、元気」と答え

たとしても、いつもよりうつむき加減の姿勢（上記③）、疲れて笑顔のない表情（同②）、ぼさぼさの髪型（同④）、いつもより離れて立っている（同⑥）、視線を合わさない（同⑧）、やや間のある返事（同⑳）で声のトーンがいつもより低い（同⑮）など、言葉の内容と非言語メッセージが伝えるものが一致しない場合、非言語情報の方が相手により強いメッセージを与える傾向があるのです。

　非言語コミュニケーションが伝えるメッセージは五感に訴えるものなので、知らず知らずのうちに身についた基準で、相手を瞬時に判断してしまう傾向があります。教員と面談をしている学生が足を組んで話をしていると、「態度が悪い」と思われるかもしれません。また、視線を合わせずに話をしていると「自信がないのか」「うそをついているのかも」と判断されるかもしれません。この判断は同じ文化・環境にいる者同士であれば正しいかもしれませんが、違う文化では、足を組むことは必ずしも態度が悪いのではなくて、リラックスしながらも真摯な態度で話しているのかもしれませんし、目上の人の目を見ないことは尊敬の念を表しているという規範に基づいた行動かもしれません。このように非言語コミュニケーションは、意識する・しないにかかわらず相手に伝わり、また、相手を判断する材料となっています。ここでは、コンドンがあげた非言語コミュニケーションをいくつか紹介しましょう。

①ジェスチャー
　ジェスチャーは、非言語のなかでも言語同様に扱われているものもあり、わかりやすいかもしれません。言葉が通じなくても身振り手振りで理解しあえるという利点もありますが、何気なく使ったジェスチャーが大きな誤解を招くこともあります。親指と人差し指で輪をつくるサインは、「OK」の意味でよく使われますが、同じしぐさでも「ゼロ」や「お金」を意味することもあれば、相手を侮辱する意味で使用されることもあります。

　また、自分の鼻を指し、「私」を意味するのは、日本独特のジェスチャーと考えられています。このジェスチャーを知らない人から見ると、自分の鼻の頭を指さしているジェスチャーは意味をなさないばかりか、滑稽に映ることもあるようです。

②対人距離と接触行動
　文化により違いが出る対人距離の取り方や接触の仕方は、頭では理解できても身体が慣れるのには時間がかかります。ホールは、相手との親密度により対

人距離を4段階(「密接距離」「個体距離」「社会距離」「公衆距離」)に分けています。自分の周りに透明なボールのようなもので相手との間に空間をつくる対人距離は、侵略されると不快に感じ、逆に、遠すぎると相手との心理的な距離を感じます。この人と人との距離を比べてみると、北米文化はラテンアメリカ文化圏よりも距離を取り、日本はその北米文化よりもさらに距離をとるといわれます。

　接触行動についても、挨拶のときにハグ(抱擁)をしたり、頬にキスをする文化もあれば、家族であっても接触が少ない文化もあります。アジアの国々では女性同士が腕を組んで歩くこともよく見かけますが、同じアジアでも日本では成人女性が腕を組んで街中を歩いている姿はあまり見かけません。アジアからの女子留学生が仲良くなった日本人学生と腕を組んで歩こうとしたら、相手が驚いて後ろに一歩下がってしまい、その反応に今度は留学生が拒絶されたように感じてショックを受ける、というのは、「友達」との接触行動の常識がそれぞれの文化で違っていることが原因です。

③周辺言語、間合い
　仲の良い友達であれば、声の調子、すなわち周辺言語で、機嫌が良いのか悪いのかを判断することもできるでしょう。周辺言語とは、声の大きさ、スピード、トーン、アクセント、つなぎの言葉(えっとー、あのー)など、言語としては意味をなさないけれどもそれに付随するものです。共通語として英語や日本語を話していたとしても、相手のアクセントによってステレオタイプ的な判断をしていることはないでしょうか。日本国内でも地域によってアクセントがあり、相手の話し方によって「のんびりした」とか「性格がきつそう」とか判断することはないでしょうか。言語によっては、大きな声で強弱の強いピッチの話し方をすることもあります。そのままの調子で音調の単調な日本語を話すと、「押しが強い」「うるさい」という印象をもつかも知れません。

　「相づち」も会話では欠かせないものですが、日本語母語話者の相づちの回数は中国語や英語話者よりもかなり多いです。日本語で相手の話に対して、相づちを入れるのは「話を聞いています」「興味があります」という意味合いがあります。この相づちの仕方に慣れていると、相手がじっと目を見て頷かないで黙ったままだったり、うつむいていたりすると不安になってきます。

　コミュニケーションにおいて、相手と同じリズムをもつと心地よいと感じます。周辺言語は会話においてそのリズムを作る重要な要素ですが、相手のリズムも考えながら調整していく必要があるでしょう。

④時間の感覚

　非言語のなかでとくに「目に見えないもの」として注意すべきは、時間に対する考え方の違いです。時間感覚はどの文化でも常識としてみられ、改めて取り上げられることはありません。しかし、時計どおりの時間を基準とする文化、「遅れる」という概念がない文化などさまざまです。日本社会における時間の概念は、対人関係にも関連してきます。目上の人との待ち合わせには先に行くようにする、気心の知れた友人との待ち合わせなら前後10分ぐらいなら大丈夫、といった暗黙の了解があります。私たちの行動を大きく支配している時間の感覚は、決して時計の示す時間と同じものではないこと、さまざまなとらえ方があり、文化によっても大きく違うということを知る必要があります。

　ホールは時間感覚の違いを理解するために「モノクロニックタイム（Mタイム）」と「ポリクロニックタイム（Pタイム）」という概念を紹介しています。Mタイムでは、時間の流れを1本の線のように考え、「何時何分から何分まで」と時間を区切ってやるべきことを設定し、一時に1つのことを優先して時間を使います。一方、Pタイムでは、時間は状況や相手によって柔軟に変化するものととらえ、多くのことが同時進行で行われます。また、Mタイムが支配的な文化では「時は金なり」で時間を無駄に使うことを嫌う傾向にあり、社会生活はスケジュール中心で動きますが、Pタイムが主流の文化ではスケジュールよりも人間関係が重視され、必ずしも予定どおりには事は進みません。

　たとえば、予定していた商談中に突然旧知の友人が遊びにきたとします。Mタイム的ビジネスの常識では商談中の相手を優先し、約束のミーティング時間を終えるまで友人には待ってもらうのに対し、Pタイム的な対応では、たとえ自分が他の人と商談中であっても、友人を迎え入れます。Mタイムに慣れた人にとっては「商談中なのにプライベートの人間関係をもち込んで」「順番を守ってほしい」などの不満が出てくるでしょう。逆にPタイムに慣れた人には、Mタイムでの人間関係は「事務的で冷たい」と感じるかもしれません。祭りなどのイベントにもMタイムとPタイムの違いが現れています。都会でのコンサートであれば、「何時開始・終了」というのが予定されています。それによって会場の費用も決められているでしょう。予定時間どおりにいかないことは契約に反することにもなります。一方、アメリカ先住民の祭りや儀式では、だいたいの予測はついても「何時開始」というのは決められたものではありません。祭りの主である人物、ドラマーや長老が「その時」を感じたときに開始する時間、というとらえ方をします。観光客に公開された伝統儀式も多くあり

ますが、分刻みで行動するパッケージツアーの観光旅行者にとっては理解するのが難しいかもしれません。

　また、MタイムとPタイムの違いとしてホールがあげているのは、時間と場所の共有の仕方です。先ほどの商談の例では、Mタイムでは特定の時間と場所が1人の人やグループに確保されているのに対して、Pタイムでは同じ時間帯に複数の目的やさまざまな人間関係の人が同じ場所を共有することも自然なことです。日本は伝統的にはPタイム的といわれますが、仕事など社会生活の基本的ルールはMタイムが主流になってきています。ただ時間と場所の関係でいうと、会社などのオフィスの机の並べ方は、広い空間に向かい合いに並んだ光景がよく見られます。こうした空間の使い方は、Pタイム的といえましょう。

アクティビティ❹　どれくらいがよい感じ？

A) 6人のグループをつくり、そのなかの2人に向かい合って立って話をしてもらい、どのくらいの距離があるのかを測ってみよう。次に最初の位置よりも5センチお互いに距離を詰めるとどうなるのか、また、10センチ離れるとどうなるのか、表情や体の動きも観察してみよう。

B) 日常よく使うしぐさやアイコンタクトの取り方などについて、家族や友人にインタビューして自分の普段の非言語コミュニケーションのありようを指摘してもらおう。さらに、少なくとも2人の外国人（異なる出身地域が望ましい）にインタビューして、それぞれの結果を、3者間の比較分析としてレポートにまとめよう。

C) あなたが南米から来た友人の誕生パーティーに招待されたとしよう。約束の時間は午後6時。あなたは何時頃に友人宅に着くようにする？

4．ステレオタイプを超えて──多面的思考と発想の転換

　ここではステレオタイプや偏見のメカニズムを知り、どのようにしたら異質な他者とお互いを尊重しあえる関係を築いていけるかを考えていきます。

（1）ステレオタイプと偏見のしくみ

　私たちが情報を整理するときには、似たものを集める「カテゴリー化」という作業をします。頭のなかにファイルケースをもっていて、そのなかに新しいものを分類、整理していくのを想像してください。このカテゴリー化は新しい物事を理解するのに役に立ちます。人を分類するカテゴリーとしては、その社会の属性に当てはめられることが多くあります。また、状況によってもその時

に選ばれるものは変わってきます。カテゴリー化は情報整理において必要ですが、同時に、一度名前をつけてカテゴリーに入れてしまうと、個々のものの特性をみえにくくさせてしまう傾向があります。

　たとえば、ブラジルから日本の大学に来た留学生のマリオ君は、「留学生」「ブラジル人」というカテゴリーで理解されます。そのカテゴリーに何らかのイメージを付けるのがステレオタイプです。情報を先入観のまったくない形で知覚し、分析・理解していくのには時間がかかるか、または、不可能といえるかもしれません。しかし、私たちは文化や社会によって脚色された色眼鏡で人を判断する傾向がある、ということはつねに意識しておく必要があります。

　ステレオタイプについて、社会心理学者のG・W・オルポート（Gordon Willard Allport）は、「カテゴリーに関連する誇張された信念」と述べています。私たちは、「ブラジル」という国を、身近な環境でつくられたメディアのイメージや自分の過去の経験、そして周囲の人から聞いた事柄などを統合してある一定の固定概念に当てはめがちです。そのため個人の特性を見過ごすことになります。マリオ君にも「ブラジル」という国のステレオタイプ的イメージから「サッカー好き」「サッカーが上手い」「陽気」「話し好き」「リオのカーニバル」「リズム感がよい」という印象をもつ可能性が高いでしょう。マリオ君が、実は読書好きでスポーツは苦手、ということがわかるには、個人的な付き合いをある程度続けないとみえてきません。最初の「ブラジル人＝サッカー好き」という思いこみが強ければ強いほど、マリオ君自身を知るには時間がかかるでしょう。

　ステレオタイプには肯定的なものと否定的なもの両方がありますが、偏見は強い否定的なステレオタイプと考えてもよいでしょう。カテゴリー化からステレオタイプ・偏見に至る過程には、内集団と外集団の差別化が大きく関わっています。つまり「私たち」と「彼ら・彼女ら」という区別により見え方が変わってくるのです。人が社会生活を営むうえで、集団化するのは自然な流れですが、自分の所属する内集団をひいきし、外集団には厳しい見方をするということはさまざまな社会心理学の実験結果からわかっています。とくに競争状態に置かれると、より強い集団間差別が観察され、内集団には強いバイアスが働き、外集団に対する好意は弱まることが報告されています。社会における多数派（マジョリティ）と少数派（マイノリティ）ではマイノリティが起こす行動はつねに目立つことから、同じような罪を犯したとしても目につきやすく「〜は犯罪者が多い」「〜には気をつけよう」という短絡的な判断がなされる傾向が

あります。そして、そこから差別という行動に発展することもあるのです。

「私は人を差別しない」と思っている人は多いでしょう。しかし、社会システム自体がある特定のグループの人々に対して不利なしくみになっていることはよくあります。自分がマジョリティの立場におり、経済的地位など何らかの力がある側にいる場合には、社会的な差別になかなか気がつきません。社会的な差別は個人的に改善できる偏見や差別と違い、国の制度や法律自体が不平等になっているケースが大半です。それに気がつかずに過ごしたり、個人的にも差別的な態度を取ることを正当化したりすると、社会的な差別のしくみを助長する負のスパイラルに陥る危険性があります。社会全体をマイノリティも含めたさまざまな視点からみる態度も常に必要です。

> **アクティビティ❺　イメージ、それとも現実？**
> 次のグループに所属する人々のイメージは、どんな形容詞で表現できるだろう？
> 　リストにしてみよう。　また、クラスの人と比べてみよう。
> フランス人：　　　アメリカ人：　　　韓国人：　　　中国人：
> ブラジル人：　　　日本人：　　　　女子高生：　　フリーター：
> 政治家：　　　　　サラリーマン：　オタク：　　　ホームレス：

(2) 自文化と異文化――文化の相対性と多層性

「自文化」と「異文化」といっても、文化の違いは絶対的な所与の実体として存在するものではありません。時間と空間、人生のライフサイクルや世代によって変わりゆく相対的なものととらえることが大切です。

図表7-7を例にとると、A文化はB文化に比べて集団主義の傾向が強いといえますが、A文化全員が集団主義というわけではなく、A文化の成員のなかにも非常に個人主義的な人もいるし、集団主義的傾向が強い人もおり、図のような分布をしていると考えられます。B文化も同じように考えられますが、全体的にみると少し分布が左より（集団主義的傾向が弱い）です。実際にはA、B文化ともに重なる部分は大きいのに、互いにとって極端な事例（黒い部分）に注目しがちなのです。これは互いに対するステレオタイプの発端ともなりえます。

また、私たちは1つだけでなく、さまざまな文化集団に属しています。たとえば、日本の大学で学ぶ一般的な日本人学生も性別による文化、年齢や世代による文化、出身や生まれ育った地域による文化などに所属しています。一見ひとつの「国」文化に所属していると思われる人も、実はさまざまな「共文化」に所属しています。その意味で文化は多層的です。多層的であるというこ

とは、それぞれの共文化集団間での衝突や反発もあることを示し、文化が必ずしも安定的で平穏であるとは限らないことも示します。

このように考えると、自文化と異文化の認識において重要なことは、互いの極端な違いや既存の

図表 7-7 文化の違いのとらえ方

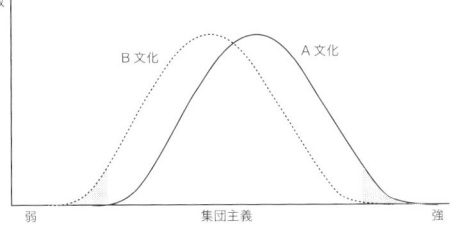

出所：八代 2009: 24

ステレオタイプに惑わされず、個人間の多様性にも目を向けること、そして何より違いを恐れず、むしろ楽しもうとする態度といえるでしょう。

（3）自文化／自民族中心主義から自文化／自民族相対主義へ

「違いを恐れず楽しむ態度」が重要であると述べましたが、ミルトン・J・ベネット（Milton J. Bennett）は文化の違いに対する受容度（異文化感受性）は個人の文化の違いに対する認識の仕方であり、それは段階的に発達するとして、「異文化感受性発達モデル（DMIS: Developmental Model of Intercultural Sensitivity）」（図表 7-8）を提唱しています。

このモデルでは異文化感受性の段階は前半と後半、各3つの段階に分かれており、前半が**自文化／自民族中心主義**（ethnocentrism）に基づいており、後半は文化の違いや多様性を認めることを前提とする**自文化／自民族相対主義**（ethnorelativism）に基づいています。

前半の第1段階は文化の違いというカテゴリーが確立されていない「否定」、第2段階は文化の違いをメディアなどに影響された単純なステレオタイプやイメージとしてとらえ、自文化に対する脅威として感じる「防御」、第3段階は「最小化」で、この段階では、表層的な文化的相違より深層部分の人間文化の共通性・人間の普遍性を強調することによって文化の違いに対する否定的感

図表 7-8 異文化感受性の発達モデル

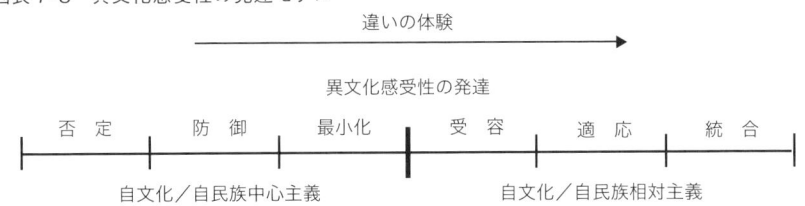

出所：Bennett 1998a: 26

情を解決しようとします。ここまでの段階では自文化の物差しで文化の違いを認識し、他文化には異なるコンテクストが存在することを理解していません。

　後半の3つの段階では、自文化は他文化のコンテクストにおいて体験され、認識されます。第4段階は文化の違いを受け入れることが可能となり、文化が違えばものの見方や感じ方が異なることもありうると理解し始める「受容」、第5段階は他文化のものの見方や世界観に切り替えることができるようになり、必要なときには他文化のやり方を行動に移せるようになる「適応」、最後の段階は「統合」で、自己認識やアイデンティティは自文化のみにとらわれずに他文化の世界観を取り入れるまでに拡大し、自文化と他文化の世界観を自由に行き来することも可能になります。この「統合」の段階の人を一般的には「バイ（マルチ）カルチュラル」と呼んだりします。

　誰でも「統合」まで発達する可能性や必要性があるかは断言できませんが、多様な文化や価値観に直面しながら共生することが不可避な21世紀の社会では、自文化／自民族相対主義に基づいた「受容」や「適応」が必要となるのは否定できないでしょう。

5．多文化社会の対話型(ダイアローグ)コミュニケーション

（1）多文化社会の人間関係力

　八代・山本［2006］は、マツモト［1999］の異文化適応のための4つの心理的要素を土台にして、以下の6つの要素を、多文化社会のなかで納得のいく居場所を築き、異質な他者ともよい人間関係を構築していくのに必要不可欠な「人間関係力」としています。

　　①**自己受容・自信**：文化の違いに対処するには、まずは自分のよい点・悪い点、得意・不得意も含めて自己を正確に把握したうえで、ありのままの自分を肯定的に受容する必要がある。そのためにはできないと思うことでもハードルの低いことから始めて、やってみることが大切。成功体験を積むことによって自分に自信はついてくる。
　　②**感情管理・判断保留**：コンフリクトやストレスがある状況でも、自分の否定的な感情を放置したり排除することなく、コントロールし、耐える力。対処の仕方は、身体的・心理的に自分の感情から「距離」を取り、「時間」を置くことで、自分の感情を客観的な視座からとらえ、否定的感情

を建設的なエネルギーに転換する。

③創造性・多面的思考：多文化状況を生き抜くためには自分の体験や文化のみに基づいた「枠」を飛び出し、複雑で抽象的かつ多面的に分析できる力が必要となる。具体的には、(1) 複数の視点から解釈する、(2) 感情に振り回されない、(3) 耐えながら理解を向上させる、(4) 相手の意図がわからない場合はまずは対話によって意図を確認する、(5) 相手の意図が確認できない場合でも、あからさまな悪意が感じられない場合は、相手の行為を善意にとって行動することが重要だ。

④自律・責任感・相互依存：自分の行動に責任をもち、同時に他者との関わりにおいても責任を担う。問題解決のために自ら行動する責任を自覚し、必要なときには他者の助けを求め、また、他者を助ける労をいとわないことによって社会的責任を果たすことができる。

⑤オープンな心と柔軟性：新しい経験に興味をもち続ける態度で、(1) 文化の違いについて知ろうとする好奇心、(2) 他者に共感すること（エンパシー、次項参照）を学ぶ、(3) 自分が当たり前と思っている常識やカテゴリーの外を考える、ということで高めることができる。

⑥コミュニケーション力：自己を適切かつ的確に表現する言語／非言語能力と相手の意見に対して判断保留しつつ傾聴する態度。

とくに④の自律・責任感・相互依存について、八代と山本は日本社会と照らし合わせ、以下のように述べています。

> 日本の社会観では、人間を網にたとえたりします。自分という人間は、網の目のひとつである、そのひとつの網目をしっかりと保つこと。まさにこれが「自律する」ということではないでしょうか。自分という網目が破ければ、隣の網目にも悪影響を及ぼすのは必至です。ひと目ひと目の網がしっかりと張っていればこそ、網が網として機能することになります……このように、これからの世の中は各個人が自律してこそ、よりバランスよく健全に相互依存ができていくと思います。［八代・山本 2006: 96］

⑥のコミュニケーション力については、後述のアサーティブ・コミュニケーションの項で詳しく説明します。

（2）違いを超えたコミュニケーション──シンパシーからエンパシーへ

他人に対して間違いのないように振る舞うために、「人々にしてほしいとあなた方の望むことを、人々にもそのとおりにせよ」という、いわゆる「ゴールデン・ルール」があります。しかし、ベネットは、このゴールデン・ルールはシンパシー（同情）に基づいており、自文化中心主義の限界があるとして、異文化間コミュニケーションに必要なのはエンパシー（共感）に根ざした自文化／自民族相対主義 (ethnorelativism) に基づくプラチナ・ルールであると主張しています（図表7-9）。

シンパシーは自分の体験や理解をもとに他人も同じように理解し感じているだろうという「人間の類似性」を前提にした心情です。どの人にとっても現実は1つしかないという考え方に基づき、自文化の物差しからみた認識に根ざしています。それに対してエンパシーは自分と他の人は体験もものの見方も違うと認識し、文化が違えば価値観や行動も違い、理解している現実世界も違うという前提に立ち、相手の物差しとの違いを相対的にとらえています。シンパシーは、ものの見方の多様性を前提としていないため、時に、異文化に対しての感受性が不足し、他の解釈や感じ方を認めない態度、多様性を受け入れない態度に陥ります。それに対してエンパシーは違いを前提として、経験も境遇も違う他者を他者自身の見地から解釈・評価しようと試みるもので、「想像力」と「創造力」を発揮して受け入れようという態度や発想なのです。

図表7-9　シンパシーとエンパシーの違い

心　情	シンパシー（Sympathy：同情）	エンパシー（Empathy：共感）
行為の法則	ゴールデン・ルール	プラチナ・ルール
前　提	類似性 （人はみな同じだ）	相違性・多様性 （人はそれぞれに異なる）
現実の見方	現実は単一	現実は多様
文化の認識	自文化／自民族中心的	自文化／自民族相対的
日常的表現	「あなたの感じていることは本当にわかる。だって、私たちは同じだから」	「私はあなたとは違うけれど、もしあなたと同じ境遇で同じような体験をし、同じような価値観をもっていれば、あなたが今感じているように感じるのは、理解できる」

出所：Bennett 1998b をもとに作成

（3）みんなで問題解決をしていくプロセス──アサーティブ・コミュニケーション

21世紀に求められるコミュニケーション力とは、換言すれば持続可能な社会をめざして「共に生きる力」です。価値観の異なる人、多様な背景をもつ人

とコンフリクトを恐れることなく、双方の考えをすりあわせながら、一緒に協働するための対話力こそが今、求められています。最後に、みんなで問題解決していく対話の過程において必要となる「アサーティブ・コミュニケーション」を紹介します。

　文化的背景も宗教も異なる多様性に満ちた集団が、共通の課題を解決しようと話し合いをする場合、誤解や意見の衝突は当たり前です。そんなとき、面と向かって対立することや自分の意見が否定されることを恐れて何も言わなかったり、誰かが解決してくれることを願って何もしなかったりでは、解決への道は閉ざされます。またイノベーションは多様性から生まれます。革新的な解決の方法や道筋は、たった一人のたった一つの物差しからではなく、さまざまな立場からいろいろな人が「異見」を出しあい、そのなかからその時点で最善のものを追求する過程で生まれます。アサーティブ・コミュニケーションとは、そうした過程で、相手が自分とは異なる見地に立つことを前提に、自分の考えを相手にわかる形ではっきりと伝え、双方が納得する道筋を探るコミュニケーションの取り方です。以下に、そのための具体的な6つのスキルを紹介しましょう。

　①低コンテクスト・スタイルで話す：相手に状況や意図を読み取ってもらうことを期待せず、誰もが同じ解釈ができるような直接話法、明示的なコミュニケーション・スタイルをとる。
　②アクティブ・リスニングで聴く：相手の意見を理解しようと、非言語コミュニケーションにも注意して、能動的に傾聴する。どんな意見に対しても柔軟に心を開き、相手の意見を確認しながら（例：「あなたの考えでは、現状のエネルギー政策に問題があるということですね」）、相手の意見の正確な理解に努める。
　③オープンエンドの質問をする：「はい」か「いいえ」でしか答えられない閉ざされた質問（closed question）ではなく、相手が自由に言いたいことがいえるような開かれた質問（open-ended question）の仕方を心がける。英語でいうと"do you〜"などで始まる質問ではなく、who, where, what, why, how などで始まる質問を心がける。
　④相手を責めない「わたし文」を使う：「あなたは時間にルーズだ」などと感情的に相手のことを非難する「あなた文」ではなく、「わたしは……」で始まる「わたし文」を心がける。「わたし文」は、(1)「〜のとき」と

Column 7　You know more than you think

© Christina Kennedy

　"Culture" includes everything we've learned from others around us — family, schoolmates, friends — that affect how we think and act and how we look at the world. It is a "point of view" that we share with others who have shared similar experience. And yet we mostly don't know what we know: what is "normal" to us is not necessarily the norm of others, and what is "common sense" to us is not as common as we think.

　Look at the above photo. Here are ten questions that are probably easier for you to answer than for someone whose experience is different. Think about what you see but also think about where you "feel" what you know — use all of your senses in your understanding because "culture" involves all of the senses.

10 Qustions

1. Where was this picture taken? (Country? Setting? Neighborhood? Room?)
2. What is the relationship among these people? (Family? Friends? Visitors? Guests and Hosts?)
3. What can you guess about the people seen from their back? What can you guess –

– and how do you feel — about the people you see?
4. How do you imagine the language and style of language spoken here?
5. What time of year is this? How do you know?
6. What happened before this picture was taken and what do you think will (or should) happen afterwards?
7. What sounds and smells and other senses do you imagine? Are these parts of how you make sense of this scene?
8. Who might be missing in this picture?
9. What might the people be talking about? (And probably not talking about?)
10. If you were in this scene, where might you be, and what might you be thinking?

Your guesses might — or might not — be correct, but that is not the point. Rather, these questions are about the process of sensing and making sense of a situation. Our values create situations and guide our behavior in those situations. Our values guide what we expect and how we act and how we feel about our experience. The behavior we have learned shapes what we do, how we perceive what we and others do.

We know more than we think. Like studying another language, intercultural communication is an opportunity to expand our understanding and to be more aware of what we know.

(Written by John Condon)

解説

文化は、私たちが毎日の生活のなかで周囲の人たちとコミュニケーションを取ることによって学んだものである。写真を見て、1～10の質問に答えられただろうか？ これらの質問には正答はない。しかし、どのように不確かでも、何らかの「答え」を思いついたとしたら、それらは文化として学んだ「ものの見方（point of view）」の産物といえるだろう。そして、このようなものの見方があるからこそ、私たちは状況をみて「意味を見出す（make sense）」ことができるのだ。ものの見方やいかに意味を見出すかは、私たちが身につけた価値観に深く関わっている。異文化間コミュニケーションは、このエクササイズのように、私たちが普段当たり前と思っていることについて気づき、再認識することの大切さを教えてくれる。

いった条件、(2)自分の状況や気持ち、(3)その理由の3つを伝えるのがコツで、「〜のとき、わたしは〜という気持ちになります。なぜなら〜」という言い方になる。このとき、相手を責めずに「してくれると嬉しい」とか「助かる」などの肯定的な感情を中心にした方が相手の理解を得やすい。
⑤共感を示しつつ自分の意見も主張：「あなたのいうことは理解している（共感を示す）」が、私はこういうところは同意できない（自分の意見を主張する）」と相手に言葉で伝える。
⑥建設的な解決法を提示：相手にただ文句を言ったり、感情をぶつけたりするのではなく、建設的に解決する方法を一緒に見出す姿勢で臨む。

アサーティブ・コミュニケーションのポイントは、言葉にして相手にわかりやすく伝えるという点です。21世紀は持続可能性と多様性の共存が時代のテーマです。日本においても、外国籍の人々や日本国籍をもつ人でも海外で生まれ育った人、日本で育っても留学や海外赴任で他文化を身につけた人、あるいは、国籍は関係なく複数の文化背景をもつ人など、文化的多様性が増しています。地域差、男女差、経済格差、年齢差、職業や宗教による文化的差異も顕在化しています。エンパシーに基づいた共感力、自他の違いを尊重しつつ、自分の意見を主張するアサーティブ・コミュニケーションが求められているといえるでしょう。

アクティビティ❻　教室の中の多文化コミュニケーション

以下の文章を読んで、何が問題となっているのかを分析してみよう。あなたなら次回の授業のとき、どのように対処するか、また、どのようにすればみんなが満足のいく解決ができるのかを考えてみよう。

　田中君は英語教師をめざす大学3年生。教員免許を取るため「異文化間コミュニケーション」の科目を取っている。このクラスの担当はアメリカ人教員で、授業の使用言語は英語が主体。海外からの留学生も受講しており、英語圏からの留学生もいるが、英語が母語でない留学生の方が多い。また、クラスメイトには坂本さんのように高校時代の数年間を海外で過ごした帰国生も数人いる。
　授業がスタートしてから1カ月、クラスメイトの名前も顔も一致してきた頃、英語が母語でない留学生たちはときどき母語を交えながらも、英語による講義やディスカッションに少しずつ慣れてきていた。担当のハウエル先生はいつも学生に意見を求めるが、英語で意見を言うのは留学生が多いようだ。

そんなある日、いつものようにハウエル先生が学生に意見を求めると、ドイツからの留学生のエリカさんがクラスの日本人学生を見ながら少し声を荒げて英語で言った。「私は、日本人の学生が意見を言わないのはアンフェアだと思います。いつも意見を言うのは留学生ばかり。日本人のなかには英語の得意な人もいるのに、なぜ意見を言わないのですか。意見を言わないなんて授業に参加しているとは思えません」。そして、たまたま近くに座っていた田中君と坂本さんに向かって"You two can speak English. Why don't you speak up? You need to contribute to the class by expressing your own opinion!"とたたみかけるように言った。田中君と坂本さんはどうしていいのかわからず、つい、ハウエル先生の方を見て助けを求めようとしたが、ちょうど授業の終了時間になった。ハウエル先生は"Erika raised a very interesting issue. Let's continue the discussion next week."と言って、授業は終わった。

アクティビティ解説

❶A）伝統文化といわれるようなもの、日常の生活文化に関わるもの、どちらが多かっただろうか。持ち寄った物や写真の説明は納得いっただろうか？　みなさんが持ち寄ったものは「見える文化」だが、説明のなかには価値観や行動規範などの「見えない文化」も入っていただろう。「日本文化」を共有しない人たちを相手にした場合には、どのように説明すればわかってもらえるか考えてみるとよいだろう。
B）「ふろしき文化」は、今日、「モッタイナイ」の精神が見直され、再び新しい装いで活性化している。歌舞伎の世界も、たとえば、『ヤマトタケル』の演目のようにオペラ、京劇、小劇場など他の演劇スタイルを取り入れた「スーパー歌舞伎」など、新しい創造的融合を重ねながら、進化発展してきたといえよう。
❷〈わたし〉のアイデンティティの花びらのなかに「日本」「日本人」「日本文化」といったカテゴリーが含まれていただろうか？　「異文化」というと、「国」「民族」という大きな括りでとらえがちだが、個人の文化的アイデンティティはそうした大きな集団カテゴリーのみに還元できるものではないことが、今の自分を構成するさまざまな要素を確認することで実感できる。〈わたし〉の文化的アイデンティティは、〈わたし〉がこれまでどんな文化化経験を重ね、今どんな生活をして、どんな関係性をもち、どんな行動をしているのか、そして、これからどんなふうに生きてゆきたいのかという心的プロセスのなかで、自身の意志や選択によって再編され続けていく。つまり、〈わたし〉のアイデンティティは、重層的に構成された、複数の関係軸・準拠枠・属性からなる多面態・可能態なのである。
❸A）の場合、自分も含めて全員、高コンテクストの傾向が強い。このグループのなかで、誰の発言権が一番強いのか、また、他の人の好みは何なのか（人間関係）、昼休みの限られた時間も考慮する（環境的要因）、などのことがらをお互い

に考えていて明確な発言ができない。これを低コンテクスト寄りに表現の仕方を変えるとしたら、「私はパスタが好きだけど、時間がなかったら近くの〜でもいいよ」など、その場の状況を考えながらも自分の主張を入れていくとよいだろう。B）の場合、Aさんは明確な表現でBさんにお願いをしている（低コンテクスト）。Bさんの発言は2人の関係がわからないので、どの傾向が強いのか明確ではないが、仮に高コンテクストの傾向が強く、朝早いのであまり行きたくないとする。断りたいのであれば、「その日は夜勤明けだから、朝早いのは無理」とはっきり言う方がよい。また、Aさんも納得するだろう。本当は断りたいのに、「夜勤の日1時に帰ってきて寝るのは2時頃なの」「車の調子が悪くて」などと回りくどい言い方をするのは、はっきりと「できない」と断るよりも、Aさんを混乱させ関係を悪くすることにもなりかねないだろう。

❹A）自分が相手と心地よいと思う対人距離はどれくらいだろうか。地位、異性、親密度によって対人距離は変わる。相手も同じように考えているだろうか。自分の育った文化環境とはまったく違う環境から来た相手とではどうだろうか。人は、自分のパーソナルスペースを侵略されると不快に感じたり、緊張したりする。対人距離は個人によっても、文化によっても大きく違う。たとえば中南米、ヨーロッパ南部やアラブ文化圏では対人距離が北米や北ヨーロッパの文化に比べても近い。一方、日本やイギリスはこれらすべての文化よりも距離をとるという結果がでている。また、文化によっては異性、同性にかかわらず友人であれば同じくらいの距離を取るところもあれば、異性の場合は同性よりも明らかに距離を取るところもある。
B）アイコンタクトは文化による違いがよく指摘される。日本人は西洋諸国の文化の人と比べるとアイコンタクトが短いといわれる。また、同じ文化圏でもアイコンタクトのタイミングと長さが微妙に違い、その解釈の違いから誤解が生まれることもある。日常的に使われるしぐさ（非言語コミュニケーション行動）にも同じことがいえる。個人や文化的背景の違いからくる解釈の違いにも注意してみよう。
C）時間にどれくらい「正確」に行動すべきかは、文化によって違う。たとえば南米の多くの国では、招待状の時刻から1時間遅れても「遅れた」とは考えられない。どれくらいの人が時計を携帯しているのか、公共の場に時計があるかないか、あっても時刻が合っているかどうか、なども時間に対する感覚を表しているといえよう。

❺どのような情報からそれぞれの形容詞を思いついたのか考えてみよう。ステレオタイプはメディアから得た情報や自分の経験に基づいていることが多い。リストであげた形容詞を「すべての〜は、〜である」という表現に変えてみるとどうだろうか。たとえば、「すべての日本人はお金持ちである」「田中君は日本人だ」「故に、田中君はお金持ちである」というように考えていくと、いかにステレオタイプが漠然と一般化したイメージを個々の人に当てはめているかがわかるだろう。

❻まず、起こった出来事を本章で紹介した概念を使って分析してみよう。たとえば、

授業に対する価値観や期待、コミュニケーション・スタイル、非言語コミュニケーションなど、このケースの登場人物の間にはどのような共通点と相違点があるだろうか。また、これらの分析をもとに次の授業でアサーティブ・コミュニケーションを取るためには、どのようなことが必要になるだろうか。誰がどのように発言するのか、話したい人が自発的に話すのがよいのか、それとも何か順番が必要か、先生と学生にはどんな役割があるのか、教室内での座り方はいつもと同じか、どのように教室という空間を使えば効果的か、どのようなコミュニケーション・スタイルが望ましいか、また、望ましいからといって普段とは違うコミュニケーション・スタイルを取れるのか、あるいは、普段とは違うコミュニケーション・スタイルを取るように要求することは正当か、など多角的に考えてみよう。この課題に正答はない。さまざまな可能性を考えること自体が大事なのだ。

キーワード解説

●人間開発（human development） 自分の意志で人生の選択と機会の幅を拡げ、達成できる幸せの水準を引き上げるプロセス。ノーベル賞経済学者アマルティア・セン（Amartya Sen）の「潜在能力（capabilities）」アプローチ（第8章）の視点から国の経済発展が個々人の人間的な成長やライフチャンスを広げる過程（健康状態・教育の達成度・生活の質）にどう貢献したかをとらえようとする概念。国連開発計画（UNDP）が「人間開発報告書」で各国の人間開発指数（HDI：Human Development Index）を毎年公表している。

●生物多様性（biodiversity） さまざまな環境に適応する形で進化・多様化してきた地球上の多種多様な生物の「個性」と「つながり・循環」のあり方を指す言葉。それぞれの地域における①種内（遺伝子）の多様性、②種間の多様性、③生態系の多様性の総体を意味し、「生きとし生けるもののバラエティの豊富さ」が食物連鎖などの生物間の相互関係とそれらを取り巻く水・空気・土壌などの生態系の相互関係の複雑なバランスのもとでひとつの自然界を成り立たせているという、自然界のつながりと生物の共生のあり方をホリスティックにとらえる概念。人間の言語文化の多様性と密接なつながりをもち、絶滅の危機にある生物・文化・言語の保全が喫緊の課題となっている。

●文化化（enculturation） 包括的な人間形成過程。文化化の諸形態には、定型的（学校教育など公的・組織的なもの）、準定型的（教会、スポーツクラブ、塾など組織的な活動）、非定型的（家庭でのしつけ、メディアの消費や日常生活の経験）があり、第4章のフォーマル・ノンフォーマル・インフォーマル・エデュケーションにそれぞれ対応する。子ども期に限定されない生涯続く学びの過程。

●アイデンティティ（identity） 自己と他者、社会との関係性のなかで互いに影響

を与えあって育まれる自分意識。

●**自文化／自民族中心主義**（ethnocentrism）　自文化の価値基準で他文化の人々を優劣評価する態度。自文化を大切に思うのは自然であり、それ自体は批判されるべきものではないが、自文化の物差しを基準に考えるため、多くの場合、他文化の人々がとる行動や信条が理解できず、否定的な見解や排外的な態度を抱いてしまう原因となる。

●**自文化／自民族相対主義**（ethnorelativism）　自文化／自民族中心主義の対極の考え方を表すミルトン・ベネットによる造語。すべての人間は自文化を中心に考え行動する文化的存在であることを理解し、さまざまに異なる価値観に開かれた心的態度。文化に優劣はなく、すべての文化は対等でそれぞれに意味をもつとする「文化相対主義（cultural relativism）」が時として文化の違いを本質化し、人類に共通の価値基準は存在せず、異文化の相互理解は不可能だとする極論を招いてしまうのに対し、自文化／自民族の価値基準を無批判に受け入れることなく、文化の違いを肯定的にとらえ、当事者が納得できるルールや価値基準を見出そうとする姿勢をもち、多様な価値観に触れる中で自己も他者も変容が可能であるとする立場をとる。

●**コンフリクト**（conflict）　対立・葛藤・紛争・摩擦など、自分の願望が達成されない状態、相手との意見の相違や対立、利害の不一致を自分が感じている状況を指し、自己内・対人間・集団内・集団間とさまざまな関係のなかに存在する。

読んでみよう

①伊佐雅子監修［2007］『多文化社会と異文化コミュニケーション 改訂新版』三修社.
　多文化主義をキーワードに、「常識」や「当たり前」を再考し、マクロな視点から異文化コミュニケーションという社会事象をとらえられる思考力の養成をめざす。多文化において、英語＝共通語とする考え方に疑問を投げかけ、高齢者や障がい者の視点からコミュニケーションを考える、異文化コミュニケーションの語られ方等、章ごとにトピックを提供している。

②徳井厚子・桝本智子［2006］『対人関係構築のためのコミュニケーション入門——日本語教師のために』ひつじ書房.
　より良い対人関係を築くためのコミュニケーションについて紹介した入門書。日本語教師と学生、学生同士など、学びの場での事例を数多く入れながら解説してあるので、わかりやすい。

③ホール，エドワード・T［1979］『文化を超えて』岩田慶治・谷泰訳、TBSブリタニカ.
　異文化コミュニケーションの原点を築いた文化人類学者ホールによる著書の翻

訳．コミュニケーションを行ううえで理解することが必須となる「コンテクスト」について詳しく書かれている。同著者による『沈黙のことば』(南雲堂、1966)、『かくれた次元』(みすず書房、2000) も読むことを薦める。

④マツモト，デーヴィッド [1999]『日本人の国際適応力——新世紀を生き抜く四つの指針』三木敦夫訳、本の友社．

　国、文化、民族の間に存在する問題や相違点を克服し、21世紀を生き抜くために必要となる4つの心理要素をわかりやすく解説。日本人向けに書かれており、四つの心理要素を高めるための対応策やケース・スタディが豊富なため、海外留学や赴任を予定している人にはとくにお薦め。

⑤長谷正人・奥村隆編 [2009]『コミュニケーションの社会学』有斐閣アルマ．

　「互いにわかりあうのがよいコミュニケーションである」という現代社会の常識を問い、「わからない」からこそのコミュニケーションの楽しさ、コミュニケーションの文化的豊かさを、リアルな人間模様を描いた事例から浮かび上がらせた「コミュニケーション論」の社会学的教科書。

⑥八代京子・町惠理子・小池浩子・吉田友子 [2009]『異文化トレーニング——ボーダレス社会を生きる 改訂版』三修社．

　異文化間コミュニケーションの基礎となる文化、ことばとコミュニケーション、価値観などを詳しく解説。概念の解説を読みながら、章ごとのトレーニングで実践的に理解していくことができる。

⑦リッチモンド，V・P、マクロスキー，J・C [2006]『非言語行動の心理学——対人関係とコミュニケーション理解のために』山下耕二訳、北大路書房．

　社会科学と人文学研究を融合させ、非言語コミュニケーションの分野を網羅したテキスト。興味のある所だけを読んでも、対人関係に非言語行動がいかに相互作用をしているかがよく分かる。

⑧北川達夫・平田オリザ [2008]『ニッポンには対話がない——学びとコミュニケーションの再生』三省堂．

　OECDプロジェクトよるキー・コンピテンシーの核心をコミュニケーションの視点からわかりやすく解説。グローバルなコミュニケーション能力は「外への国際化」よりは「内なる国際化」が進む多文化共生社会に必須の「生きる力」であるとして、「違い」を前提として互いの考えをすり合わせていく対話力の養成を提唱している。

[引用・参考文献]

コミサロフ喜美 [2001]「アサーティブ・コミュニケーション」八代京子ほか『異文化コミュニケーションワークブック』三修社．

コンドン，ジョン [1980]『異文化間コミュニケーション——カルチャー・ギャップの理

解』近藤千恵訳、サイマル出版会.
西平直［1993］『エリクソンの人間学』東京大学出版会.
ネトル，ダニエル，ロメイン，スザンヌ［2001］『消えゆく言語たち──失われることば、失われる世界』島村宣男訳、新曜社.
ブラウン，R［1999］『偏見の社会心理学』橋口捷久・黒川正流編訳、北大路書房.
ホフステード，ヘールト［1995］『多文化世界──違いを学び共存への道を探る』岩井紀子・岩井八郎訳、有斐閣.〔英文では増補改訂版が出ている。Hofstede, G. & Hofstede, G. J. [2005] *Cultures and Organizations: Software of the Mind*, Revised and Expanded 2nd Ed., McGraw-Hill Books〕
町惠理子［2009］「見えない文化──価値観と文化的特徴」八代京子ほか『異文化トレーニング 改訂版』三修社.
マツモト，デーヴィッド［1999］『日本人の国際適応力──新世紀を生き抜く四つの指針』三木敦雄訳、本の友社.
森田ゆり［2000］『多様性トレーニング・ガイド──人権啓発参加型学習の理論と実践』解放出版社.
八代京子［2009］「なぜ今、異文化コミュニケーションか」八代京子ほか『異文化トレーニング』三修社.
八代京子・山本喜久江［2006］『多文化社会の人間関係能力──実生活に生かす異文化コミュニケーションスキル』三修社.
リップマン，W［1987］『世論（上・下）』掛川トミ子訳、岩波書店.
Allport, G. W. [1954] *The Nature of Prejudice*. New York: Doubleday Anchor Books.
Bennett, M. J. [1998a] "Intercultural Communication: A Current Perspective" in M. J Bennett (ed.) *Basic Concepts of Intercultural Communication: Selected Readings*, ME: Intercultural Press.
Bennett, M. J. [1998b] "Overcoming the Golden Rule: Sympathy and Empathy," in M. J Bennett (ed.) *Basic Concepts of Intercultural Communication: Selected Readings*, ME: Intercultural Press.
Hall, Stuart [1996] "Introduction: Who Needs 'Identity'?" in Hall, S. & Du Gay, P. (eds.), *Questions of cultural identity*, Sage.
Hall, E. T. [1983] *The Dance of Life*. Anchor Book, New York.
Kohl, L. R. [2000] "Comparing and Contrasting Cultures," in K. W. Russo, (ed.) *Finding the Middle Ground*, ME: Intercultural Press.
Russo, K. W. [2000] "Value Orientation Method: The Conceptual Framework," in K. W. Russo, (ed.) *Finding the Middle Ground*, ME: Intercultural Press.

［参考ウェブサイト］
環境省による生物多様性サイト ▶ http://www.biodic.go.jp/biodiversity/
人の多様性を組織や地域社会づくりに活かす非営利民間団体ダイバーシティ研究所 ▶ http://www.diversityjapan.jp/
ユネスコ文化的多様性に関する世界宣言 ▶ http://www.mext.go.jp/b_menu/shingi/bunka/gijiroku/019/04120201/001/008.htm

■ 関口 知子・町 惠理子・桝本 智子

第8章 越境時代の多文化教育
21世紀の教育と市民性を問う

日本社会に住む多様なルーツをもつ若者たちの想いをつづったドキュメンタリー（2008年かながわ民際協力基金協働事業／製作：かながわ国際交流財団・マルチカルチャーチルドレンの会／監督：宮ヶ迫ナンシー理沙、制作：永野絵理世）

●　この章のねらい　●

近代国民国家システムのもとで構築されてきた「国民教育」の限界が、多様化する子どもたちの増大により明らかになっています。本章では、多様な文化的・社会的背景をもつ子どもたちが一人ひとりの違いと潜在能力を活かすことのできる社会と教育のビジョンを構想するため、多文化主義と多文化教育の視座に学びます。そして、「日本」と「日本人」の境界を、国家間・文化間に位置する境界空間（ボーダーランド）の子どもたちの視点から問い直し、越境時代の教育と市民性のあり方を考えます。

1. 越境家族の子どもたちと新しい貧困
2. 「日本人」と「日本」の境界
3. 越境時代の多文化共生と多文化教育
4. 多様性を活かす共生社会をめざして

1．越境家族の子どもたちと新しい貧困

（1）増える越境家族の子どもたちと多文化社会化
　21世紀は国際移住労働の世紀といわれます。国境を越える人の数は2億人を超え、世界人口の30人に1人が国籍国ではない国で越境移住者として生活しています［IOM 2008］。「越境移住（トランスナショナル）」とは、通信・交通インフラの地球規模の拡大に支えられ、移動した先でも母国や第三国で暮らす親族と連絡を保ち、「複数の場所と社会関係に共時的・越境的につながる居住形態」を意味します。日本でも外国籍の「越境移住者家族（以下、越境家族）」が増え、1つの国家の枠組を超えて、国をまたいだ（トランスナショナル）・文化をまたいだ（トランスカルチュラル）生育歴をもち、移動性の高い子どもたちが増えています。
　図表8-1は、1950年から10年ごとの外国人登録者数の推移を示したものです。70年代までは、在日外国人といえば、日本の植民地支配に由来する旧植民地出身者とその子孫で、今日では「オールドカマー」と呼ばれる日本語が話せる定住者（在日コリアン・中国人・台湾人）のことでした。それが70年代以降、日本語がわからない異質性の高い「ニューカマー」（インドシナ難民、中国帰国者、中東やアジアからの出稼ぎ労働者、アジア系外国人花嫁）が増えてきます。さらに、技術専門人材の外国人の積極的受け入れと単純労働分野への外国人労働力の制限的導入を決めた1990年の「出入国管理及び難民認定法（入管法）」の改定施行で、合法的に就労が可能となった南米日系人やアジア系外国人のニューカマーが急増し、日本の多文化社会化が急速に加速しました。2008年末現在、不況の影響で帰国する日系人が増えたものの、それを上回る外国人の流入があるため、外国人登録者数は220万人を超え、40年連続で過去最高を更新中です。また、ニューカマーの間では近年永住権を取得する人が増えていますが、その多くは国境を越えた親族とのつながりを維持する越境家族です。
　一方、仕事や結婚で外国に長期滞在ないし永住権をもって定住する「海外在留邦人」の数も増え続けています。また明治以降、日本は国策として移民を送り出してきたため、海外には今も260万人を超える日系人が暮らします。さらに、国際結婚をする日本人が80年代後半から急増し、毎年2万人を超える国際結婚家族の子どもが日本で生まれるようになっています。こうした人口動態を背景に、子どもたちのトランスナショナル化・トランスカルチュラル化が進んでいるのです。

図表 8-1　国籍別外国人登録者数の推移（1950～2008 年）

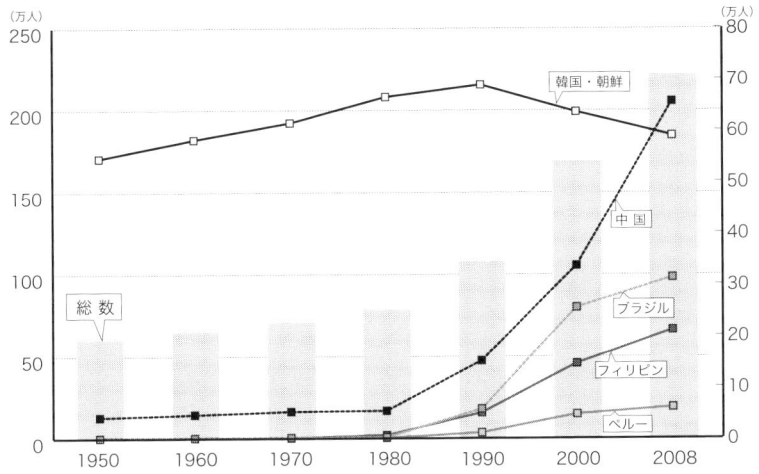

注：1）総数は、その他の国籍及び無国籍者の数を含む。
　　2）在留外国人登録者：外国籍保有者で 3 カ月以上の長期滞在者と日本の永住権を持つ者。登録義務のない「90 日未満の短期滞在者」「外交官とその家族」「駐留米国軍人とその家族」「非正規滞在者」は含まれない。
　　3）無国籍者：日本が国家として認めていない国や地域の旅券で来日した人、国籍を喪失した人・特定できない人、難民などで、正規の在留資格保有者も含まれる。日本国籍の父と外国籍の母から生まれた婚外子や超過滞在者の子どもも無国籍のケースがある。
出所：法務省『外国人登録国籍別人員調査一覧表』『出入国管理統計年報』各年 12 月末現在

図表 8-2　日本につながる越境家族の出生数の推移（1987～2008 年）

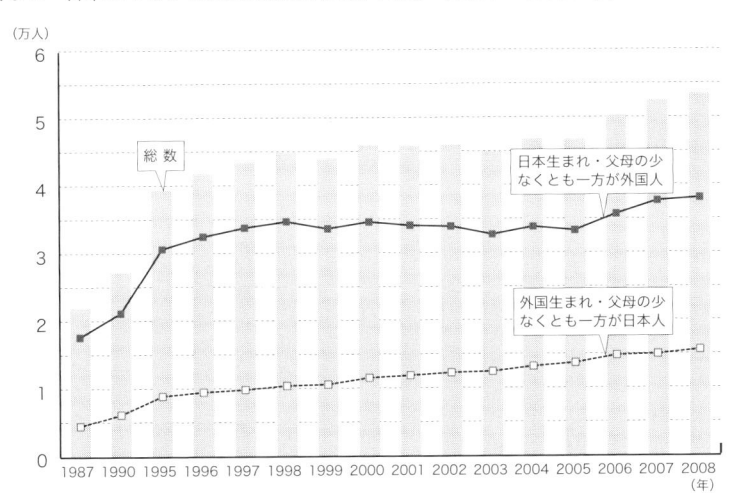

注：父母の少なくとも一方が外国人＝父母とも外国籍＋父母の片方が外国籍
　　父母の少なくとも一方が日本人＝父母とも日本籍＋父母の片方が日本籍
出所：厚生労働省統計表「人口動態調査特殊報告」各年次。婚外子を含む。

図表8-3　日本につながる主な異文化間に育つ子どもたち（CCK）

CCKの類型	具体事例	国籍	ルーツ	日本語	出生地	居住地
帰国生・海外生	海外駐在員の子ども	＋	＋	＋／－	＋／－	＋／－
国際カップルの子ども（婚外子を含む）	アジア系国際カップルの子ども JFC (Japanese Filipino Children) 滞日ムスリム家族の子ども 沖縄のアメラジアン	＋／－ [1]	＋／－	＋／－	＋／－	＋／－
日系人の子ども	中国帰国者三世	＋／－	＋／－ [2]	＋／－	＋／－	＋／－
	日系ブラジル人の子ども 日系フィリピン人の子ども	＋／－	＋／－ [2]	＋／－	＋／－	＋／－
越境家族の子ども	滞日フィリピン人家族の子ども ニューカマー中国人の子ども	－		＋／－	＋／－	＋／－
難民の子ども	在日インドシナ難民の子ども	－		＋／－	＋／－	＋／－
民族マイノリティの子ども	アイヌ・琉球ルーツの子ども	＋	＋／－ [2]	＋	＋	＋
	在日コリアン・中国人・台湾人四世	＋／－	＋／－ [2]	＋	＋	＋

＋：属性あり、－：属性なし　＋／－：両方ありえる

注：1）日本の国籍法では22歳までに国籍選択をすることが定められているが、国際結婚家族の子どもは事実上の重国籍が多い。2009年施行の改正国籍法により父親が日本国籍で母親が外国籍の婚外子も日本国籍を取得できることになったが、現在も日本国籍の父と外国籍の母をもつ婚外子で日本国籍を持っていない場合がある。
2）海外日系人も世代を経て現地の人との結婚が多くなるため、日系三世・四世は血統的にミックス・ルーツである場合が多い。民族マイノリティの若い世代も日本人と結婚する者が増え、ミックス・ルーツが多くなっている。

出所：Sugimoto 2003およびVan Reken & Bethel 2005を参考に作成

　図表8-2は、親の国籍と子どもの出生国が交錯する越境家族の出生数の推移を示したものです。その数は国内外で5万人を超え、過去20年で2倍以上に増えています。図表8-3は、日本につながりをもちつつも、文化間移動を経験し、複数文化の影響を受けて成長している「異文化間に育つ子どもたち（CCK: Cross Cultural Kids）」の主な事例を表わしたものです。国籍は日本でも日本語を第一言語としない子どもや、外国籍でも日本で生まれ育ち日本語を話す子ども、重国籍や無国籍の子どももいます。また、日本のCCKとして忘れてならないのは、可視化されない日本国籍の**マイノリティ（minority）**――帰化した在日コリアンやアイヌ・琉球ルーツの子ども、アジア系国際カップルの子どもです。子どもたちの多くは日本語を話し、外見からもわかりませんが、異なる民族ルーツをもち、アイデンティティは多様です。

　日本列島には古代より朝鮮・中国から移住してきた渡来人が定着し、多様なルーツのマイノリティが何世代にもわたって定住しています。にもかかわらず、戦後日本は「単一民族神話」［小熊 1995］のもとで、国内の民族的・文化的な多様性から目を背けてきました。しかし、多文化社会化の進展とトランスナショナル化・トランスカルチュラル化を体現するCCKの増大が、そうした社会のあり方の矛盾と限界を顕在化してきたのです。

（2）新しい貧困と格差社会化

越境移住者が増大した背景には、グローバル経済競争が生んだ労働市場の流動化・階層化があります（図表8-4）。「グローバル競争に勝ち残る」ために、より有能な人材とより安い労働力を求める企業の動きに加え、それを後押しする労働経済政策が、高い専門性・能力をもつ高度人材と低賃金・単純労働力という「二極化した外国人労働者」の国際人流を加速させました。しかし、その一方で、途上国では「開発」によって土地を奪われ生業を失う人々が増え、先進国でも人件費削減のためのリストラや非正規労働の拡大が進み、失業が増大します。こうして、競争から排除された人々を国内外に生み出す「新しい貧困」[伊豫谷 2002] は、権利を享受できる者と排除される者に社会を両極化させました。分断された格差社会を目の当たりにして、私たちは何のために競争し、何のために勝つのか、「勝つことの意味」を改めて問い直す動きが活発化してきています（第6章第4節＆第8章アクティビティ1）。

図表8-4　グローバル化した労働市場の階層構造

高度人材 →獲得競争	グローバル・エリート
長期安定雇用 →縮小	正規雇用層 企業・公務員・NGO/NPO 等
不安定雇用 ＋ 低賃金・単純労働 →膨張	日本人非正規雇用層 派遣・請負・パート・アルバイト等
	外国人非正規雇用層（合法就労）
	外国人資格外就労層

なかでも、労働市場の二極化がもたらす若年層の貧困化と社会的排除の問題は先進国共通の解決すべき課題です。日本でも子どもの貧困や教育格差の拡大が顕在化していますが、より深刻な状況にある「外国人」不安定雇用層の子どもたちを含めた議論にはなっていません。「社会的排除」とは、特定の属性をもつ人々が教育・雇用・医療・福祉など社会的諸権利へのアクセスから構造的に排除されることです。つまり、経済資源も社会参加の機会も関係資源も不足した複合的な不利を経験することで、社会への帰属意識がもてない、自らの声や力を発揮できない状態に陥るプロセスを意味します。「外国人」の子どもたちの社会的排除の問題をみえなくしているのは、単一民族神話に根ざす日本の「外国人排除・異質排除」の構造です。社会システム自体が生み出す政治的・経済的・文化的な疎外／剥奪状況を「構造的暴力」と呼びます。本章では、この構造的暴力によって社会の中で周辺化され、潜在化を余儀なくされてきたCCK の視点から、「日本人」と「日本」の境界を問い直し、望ましい多文化共生社会のあり方と、越境時代に求められる教育と**市民性**（citizenship）のあり方を考えます。

2.「日本人」と「日本」の境界

（1）国民・人種・民族・エスニック集団——曖昧かつ恣意的な人間区分

「〇〇人」と表現される認識概念には、国民、人種、民族、エスニック集団といったさまざまな集団カテゴリーの意味が入り交じっています。「国民」とは、国家の正統な構成員を意味し、歴史・言語・社会的アイデンティティを共有する同質的な存在であることを想定する一方、「国民」と認定された人々に国籍や選挙権を与え、政治社会の担い手であることを認める市民性も想定しています。「人種」は身体的特徴に注目した人間区分であり、今日では異なる人種集団を先天的に区別できる科学的根拠はないといわれます。「民族」と「エスニック集団」はどちらも文化的特徴に着目した人間区分で、言語や習慣、宗教などの文化的属性を共有すると同時に、身体的類似性や共通のルーツ（祖先）をもつなどの主観的な仲間意識に支えられています。ただし、エスニック集団は全体社会（国家）との関係性においてマイノリティの位置づけを含意します。

人を区分するこうした集団カテゴリーは、私たちを取り巻く社会関係を規定し、その境界は自明に思えます。しかし、どれも不変の実体として存在するわけではなく、「〇〇人」と「非〇〇人」を分かつ境界は曖昧で恣意的です。そもそも「国民」「民族」と日本語に訳される"nation"という概念自体が近代国民国家形成期に考え出された「想像の共同体」［アンダーソン 2007］であり、明治維新前の日本列島には「国家（State）」や「国民（Nation）」という概念はありませんでした。今も、宇宙から見た地球には国境線などありません。また、創造された国境線は戦争の歴史の中で引き直され、「国民」の構成を変えてきました。たとえば、日本の植民地政策によって「日本国民」になることを強制された在日コリアンは選挙権も男性に限り認められていた時代がありますが、戦後政治の動きのなかで日本国籍も選挙権も失い「在日外国人」になった経緯があります。さらに、民族やエスニック集団の構成も分類指標となる「文化」自体が変容し、誰を「私たちの仲間」と見るかという内集団と外集団の境界の引き方（カテゴリー化）の基準が変われば、その中身も変わります。集団の境界は、私たち自身によってつくられ、つくり直され、変化し続けているのです。

（2）CCKとは誰か——「日本人」と「外国人」の境界をまたぐ文化的越境者

では、「日本人」「外国人」の境界線はどんな基準で引かれているでしょう？自分自身の「日本人」の定義を考えてみましょう（第8章アクティビティ2）。

法的な意味での「日本人」の境界は、国籍で決まります。世界の国籍法には血のつながりを重視する血統主義と、生まれた場所のつながりを重視する生地主義があり、日本は現在、親のいずれかが日本国籍ならばどこで生まれても親の国籍が継承される父母両系血統主義を採用しています。一方、生地主義は親の国籍によらず自国内で生まれたすべての子どもに国籍を与えるというものです。血縁と地縁のどちらの価値志向を重視するかで、「日本人」と「外国人」の境界の線引きが違ってきます。また、世界的に越境家族が増え、人材獲得競争も高まるなかで、重国籍を認める国が増えています。

図表8-3のCCKの事例からも、国籍による「日本人」「外国人」の客観的な二分法がもはや通用しないことがわかります。たとえば、日本国籍をもち日本語を話し日本で生まれ育ったアイヌ・琉球ルーツの子どもや国際カップルの子どもの場合、法的にも言語文化的にも「日本人」とみなされますが、ルーツによって差別される状況や自らの民族ルーツを強調したい場面では、「日本人」とは区別されたエスニック・アイデンティティを意識するでしょう。

異文化間に育つCCKは、「日本人」と「外国人」の境界空間（ボーダーランド）に生きています。彼らの文化やアイデンティティは複数性や雑種性（異種混成性）（ハイブリディティ）に富み、「日本人」「外国人」の二項対立的区分には馴染(なじ)まない越境的な特徴をもつのです。

（3）公教育から排除される「外国人」としてのCCK

2008年度「学校基本調査」によれば、公立小中高等学校等に在籍する外国籍児童生徒数は7万人を超え、同年度の文部科学省による調査では日本語指導が必要と報告された児童生徒数は3万3470人（日本国籍4895人、外国籍2万8575人）と過去最高を記録しています。こうした日本語が十分でないCCKの増加に、日本の学校はどう対応してきたのでしょうか。

おもな対策は、①受け入れ体制の整備、②適応指導・日本語指導の充実であり、「第二言語としての日本語（Japanese as Second Language: JSL）」の教材開発や就学案内・進路情報の多言語化が進んできました。一方、学習言語としての日本語を獲得できないために学業不振に陥るCCKの多さや、その結果としての高校進学率の低さから、③学習保障・進学保障も重点課題になっています。しかし、公教育システム全体を子ども世代の多様化の実態に即して見直す視点

は不在であり、CCKにとって必要となる母語母文化教育やバイリンガル教育の取組はほとんどみられません。複合的な言語文化背景をもつCCKの多くが国籍を基準に「日本人」か「外国人」かに区別され、同化ないし異質な存在として分離・排除される対応が続いています。

日本は国際条約として法的効力を有する「子どもの権利条約」を批准・承認しており、「日本人」「外国人」を問わず、「すべての子どもの教育への権利」を等しく保障しなければなりません。文部科学省の『就学ハンドブック』も「国籍や在留資格は入学要件ではない」と明記しています。しかし、1965年の在日コリアンの教育に関する文部省（当時）の基本原則が今も踏襲され、日本国憲法や教育基本法で定められている「教育を受けさせる義務」が外国籍保護者には適用されず、外国籍の子どもの就学は「希望があれば許可するが、特別扱いはしない」との解釈が続いています。そのため「外国人が日本の学校で学ぶのは、権利ではなく恩恵」とする考え方が維持され、外国籍の子どもの学習権を制度的に担保するしくみが不在です。その結果、自治体間・学校間で外国籍の子どもへの対応（就学案内・受け入れ体制・高校入試の特別枠など）に大きな格差が生じており、とくに在留資格のない子どもたちの就学機会は十分に保障されているとはいえません。

CCKは、こうした日本の学校の「外国人排除」「異質排除」の**隠れたカリキュラム**(hidden curriculum)によって周辺化され、言語・適応・学力・進路・アイデンティティなどさまざまな面で困難を経験しています。また、「教育の二極化」がCCKの間でも顕著にみられ、労働市場の階層構造（図表8-4）において「持てる階層」の家庭のCCKはインターナショナル校で複数言語教育や自らのアイデンティティを肯定できる学びの場を選択できる一方で、外国人不安定雇用層の「持たざる階層」の親をもつCCKは移動の多い不安定な生活と言語文化の複合的な不利を抱えて小中学校段階から不就学になるケースが多発しています。

「外国籍児童生徒の不就学問題」（第1章第4節）は、外国人に就学義務がないことに加え、単純労働分野に組み込まれた外国人保護者の不安定な就業形態が大きな背景要因です。外国人をめぐる選別的・差別的な労働政策や教育政策のあり方が、特定の属性をもつ子どもの不就学を構造的に生み出してきたといっても過言ではないのです。

今日、日本の学校でCCKが経験している困難は、「非日本人」として差別化されながら「日本人化」を余儀なくされたオールドカマーの子どもたちの経験と根っこは同じです。日本の学校が一元的な「日本人」像を前提にした「国

民化」教育を続けていることが問題の根源です。その結果、「国民」教育の想定外であるCCKの多くが、公教育制度の枠外にある「外国人学校」や周辺的な位置にある夜間中学校や定時制・通信制高校で学ぶようになっています。

（4）「日本人」とナショナリズム——新しい市民性へ

同化・分離主義的な日本の公教育制度のあり方は、単一・均質な「日本人」や「日本文化」を前提にそれを維持しようとするものです。これは、国家の安定は「一民族＝一言語＝一文化」の国民統合によって得られるとする近代国民国家形成期の「単一民族**ナショナリズム**（nationalism）」（図表8-5）に由来しますが、今日の越境時代の文脈に適合的とはいえなくなっています。日本の公立学校だけでなく、日本国内の外国人学校や海外の日本人学校でも「帰国を前提と

図表8-5　社会統合モデルの類型——国民・国籍・市民性をめぐる価値志向

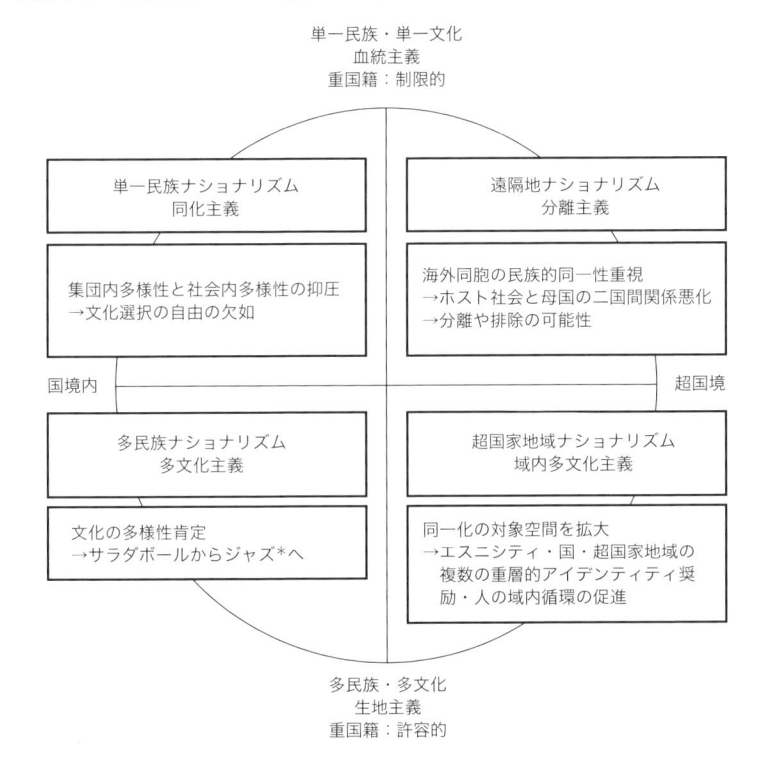

単一民族・単一文化
血統主義
重国籍：制限的

単一民族ナショナリズム 同化主義	遠隔地ナショナリズム 分離主義
集団内多様性と社会内多様性の抑圧 →文化選択の自由の欠如	海外同胞の民族的同一性重視 →ホスト社会と母国の二国間関係悪化 →分離や排除の可能性

国境内　　　　　　　　　　　　　　　超国境

多民族ナショナリズム 多文化主義	超国家地域ナショナリズム 域内多文化主義
文化の多様性肯定 →サラダボールからジャズ*へ	同一化の対象空間を拡大 →エスニシティ・国・超国家地域の複数の重層的アイデンティティ奨励・人の域内循環の促進

多民族・多文化
生地主義
重国籍：許容的

*異なる文化が混じることなく集まって作るモノとしてのサラダボールから異質な要素が混じりあって具体的な文脈のなかで新しい文化を創造するプロセスとしてのジャズへ、近年の文化観の移行を反映して多文化主義のメタファーが変化してきた。

しない定住国際結婚家族のCCK」や「移動を繰り返す越境家族のCCK」が在籍するようになり、「母国志向・単一文化型の国民教育」から、家族や居住形態の多様化と移動可能性を視野に入れた「国際志向・多文化型の市民性教育」へ、教育の社会的ニーズがシフトしてきています。単一民族神話を内側から突き崩すCCKの人口動態（図表8-2）からも、これまでの「国民」教育体制の限界は明らかでしょう。国民統合と次世代育成の役割を担う公教育の範囲が従来の国民国家の枠内に収まらない越境時代を迎え、「新しいまとまりの意識」と公教育の枠組の見直しが要請されているのです。

　世界的な潮流も、「違いをなくして単一文化規範でまとまろう」とする同化主義から「違いを前提に多文化規範でまとまろう」とする**多文化主義**（multi-culturalism）へ大きく転換しています。国連開発計画［2004］は、「安定した多文化国家構築のための第三の手法」として多文化主義を提唱し、文化の多様性の価値を認識し、個人が複数のアイデンティティをもつ事実を認め、それを支持することが多文化国家統合の成功の鍵だとしています。そして、マイノリティの母語・母文化を尊重しつつ「選択的な文化適応」を促して「多様性の中の統一」を図ること、すなわち人々の間に統一性（社会の一員としての一体感と信頼）と多様性の両方を兼ね備えた仲間意識を養う戦略的多文化政策を編み出すことの重要性を指摘しています。さらに、経済・環境・人口移動・貧困など地球規模につながる諸問題を解決するうえで、国民国家を超えた普遍的な意思形成の重要性も増しています。こうした背景から、従来の国民概念とは切り離した、新しい「市民性」の育成が求められるようになってきました。たとえば、国境を超えた地域統合に挑戦する超国家機関としての欧州連合（EU）は、国際競争力の強化と移民の社会統合をめざして、EU市民に母語に加えて2つ以上の外国語の習得を促す多言語政策や「エスニシティ・国・EU」という複数の重層的アイデンティティと「ヨーロッパ市民性」という新しい共同体意識を養成する次世代教育を推進しています。

　グローバル化・多文化社会化・ポスト産業化・少子高齢化・人口減少という社会構造と人口構成の転換期にある日本でも、多様なルーツにつながるCCKに「日本人」になるか「外国人」になるか、日本語か母語か継承語かという二者択一を迫るのではなく、CCKが新たな文化の担い手として能動的に社会参画できる社会統合のビジョンと新しい市民性を構想すべき時がきています。

3．越境時代の多文化共生と多文化教育

（1）〈多-文化主義〉と〈多文化-主義〉

ただ、ひとくちに多文化主義といっても、文化観の違いによって、描ける多文化社会のビジョンは異なります（図表8-6）。私たちは人種や民族の集団単位で人をカテゴリー化するとき、「○○人」の文化を生得的で本質的なもののように固定化してとらえ、その集団内は均質と想定しがちです。しかし、そうした静態的文化観に基づく〈多-文化主義〉では、文化の差異や多様性の尊重といっても限界があります。外集団においても内集団においても「同じみんな」であることを集団の前提とするため、社会や集団内の構造的不平等や権力格差を維持したまま、異なる文化集団が複数並存することをマジョリティが容認する形の多文化社会にとどまります。日本の「国民文化」という時も、少数言語文化の存在は無視され、性差や世代差、地方差もない標準化された"The Japanese Culture, The Japanese Language"で代表されます。純粋な"Monocultural Japanese"からなる"Monocultural Japan"があるべき形、ありたい姿で在り続けるため、構造的暴力が埋め込まれた社会の現状を変革する志向にはつながりません。マイノリティ側も集団間の平等と言語文化の権利回復を求めて集団内で団結し、"Monocultural Korean, Monocultural Chinese"として文化の独自性を強調するため、文化の違いを互いに認め尊重しあうはずが、逆にステレオタイプ化や自文化／自民族中心主義（第7章）を強化してしまいます。その結果、「多文化主義の逆説」といわれる集団間の対

図表8-6　2つの文化観と2つの多文化主義

多-文化主義 静態的・本質主義的文化観	多文化-主義 動態的・構築主義的文化観
文化は実体として在る（サラダボール）	文化は関係性・プロセスとして生成（ジャズ）
文化不変・境界固定的	文化可変・境界流動的
純粋排他的な文化起源・生得的な文化帰属 → 国民・民族・エスニック集団の境界は固定的	雑種交流的な混成文化・生活文化の創造・再編 → 国民・民族・エスニック集団の境界は流動的
集団の前提：同じみんな（単一文化規範） Monocultural Japanese/ Monocultural Japan The Japanese Culture The Japanese Language	集団の前提：違うみんな（多元複合文化規範） multicultural Japanese/ multicultural Japan japanese cultures japanese languages
少数言語文化の存在 → 否定・無視	少数言語文化の存在 → 肯定・承認
マジョリティが容認できる範囲の多文化社会 → あれかこれか＝ゼロサム（二項対立思考） → 文化の差異の強調 → 集団間対立・分裂 → 構造的不平等・権力格差は温存	マジョリティ・マイノリティが共に創る多文化社会 → あれもこれも＝プラスサム（複眼思考） → 文脈に沿って境界再編 → 第三文化の創造 → 構造的不平等・権力格差を変革

立やマジョリティ側の逆差別意識・排外主義を招き、分離や棲み分けに陥るのです。

　そうした二項対立の落とし穴に陥らないよう、私たちがめざしたいのは、集団内の多様性と雑種性を前提とする〈多文化−主義〉です。文化は生活であり、環境に適応しながら変化し続ける関係性でありプロセスです。どの集団の文化も、さまざまな文化との接触交流を重ねながら生成・再編を繰り返してきた「異種混成文化（ハイブリッド）」であり、環境の変化に応じて変革は可能です。こうした動態的文化観に基づく〈多文化−主義〉では、多文化主義の理念に「差異や多様性への寛容」を超えた積極的な意味を見出すことができます。皆が違うからこそ異なる力の相乗効果を発揮して社会全体で補完しあえると考える〈多文化−主義〉の社会では、集団のあるべき形・ありたい姿は「違うみんな」であり、制度レベルで少数言語文化を肯定的に承認する一方、個人レベルでも他者の視点を加算的に取り込んで自己を相対化し、多様な異見をすり合わせて協働する力の向上がめざされます。これはOECDのキー・コンピテンシー（第2章）やESDの価値観に基づくホリスティック教育（第5章）の方向性にも重なるもので、日本で成長しているCCKを含め、バリエーションに富んだ"multicultural Japanese"が創る"multicultural Japan"という、内にも外にも開かれた多文化社会のビジョンを描くことが可能です。

　〈多文化−主義〉の共生社会は、多様性（ダイバーシティ）の価値を皆が認識し、文化とアイデンティティの選択肢と自らの生き方を選ぶ自由が保障された社会なのです。

（２）〈多文化−主義〉の多文化共生とは

　現在、国や地方自治体では、地域社会の多様化した現実に対応するために、「多文化共生」政策を打ち出しています。たとえば、総務省では多文化共生を「国籍や民族などの異なる人々が、互いの文化的ちがいを認め合い、対等な関係を築こうとしながら、地域社会の構成員として共に生きていくこと」と定義して、自治体の多文化共生施策を推進する必要性を述べています。

　しかし、これまでの「多文化共生」概念には、問題点もあります。第一に、「互いの文化の違いを認め合い、対等な関係を築く」という目標設定は、問題の原因を文化の違いや集団間関係に還元し、根本的に対等な関係を難しくしている日本社会の「外国人に対する構造的暴力」を問う視点が欠落しています。第二に、異質性の高い「ニューカマー外国人」との共生を暗黙の前提としており、可視化されないオールドカマーやCCKが視野に入っていません。第三に、

図表 8-7　めざす平等と多文化政策のかたち

めざす平等	多文化政策のかたち
象徴文化の平等	多様性の尊重は 3F (Food, Fashion, Festival) に象徴される消費・娯楽レベルの「文化の平等」に留まる。
機会の平等	多様性の尊重は私的空間に限定。主流社会の制度変更は伴わず、「同じに扱う」＝「機会の平等」ととらえる。主流社会への参加も母語・母文化の維持も「本人の自助努力と能力次第」とし、個人主義と自由主義の価値観を重視した適応教育の支援に留まる。構造的不平等は黙認。
結果の平等	多様性の尊重を公的空間に拡大し、多言語・多文化を社会的に奨励。歴史的な不利を背負う被差別集団の人々のスタートラインの不利を認め、集団間の進学・就職機会の格差是正をめざして財政支援・学校や職場のマイノリティ特別枠設置などの政策を展開。既得権を脅かされるマジョリティ側の逆差別意識を生みやすい。
潜在能力の平等	人間の多様性と不平等の存在を前提に、一人ひとりが本来達成しうる「ライフチャンスの平等」（人生の選択の幅、選択の自由を保障）をめざし、多元的・包摂的な支援のあり方を重視。多様に異なる能力をもつ子どもたちを分離する方向ではなく、共に育てる志向性をもち、インクルーシブな教育政策・社会政策を推進。

集団の文化のとらえ方が本質主義的なため、国籍や民族で区分された集団内部の多様性やCCKの文化的複数性や雑種性にも踏み込めていません。第四に、少子化対策と労働力不足解消のための「外国人」の受け入れ拡大論や共生論の多くが国家や企業の利益追求を前提としており、これらの意義に沿わず日本にとってメリットがない人々を政治的に判断し、社会的に排除する危険性があります。また、送出国の持続可能な発展や人材の流出・搾取などグローバルな格差を問う視点も不在です。

こうしてみると、これまでの「多文化共生」は既存の社会・経済システムを維持したまま、一方的に「外国人」に日本社会への適応を促すだけの〈多－文化主義〉の共生であることがわかります。「日本人」と「外国人」の境界の曖昧さや日本社会の構造的不平等への気づきを促すものでも、国内外に貧困を生み出してきたグローバル経済のしくみを問い直すものでもなく、社会政治的文脈が欠落した、根本的な問題解決には程遠い「対症療法的な多文化共生」に留まってきたのです。

本章では、こうした問題点を乗り越えるため、〈多文化－主義〉の視点から、多文化共生を「集団内の多様性と文化の複数性・異種混成性(ハイブリディティ)を前提とし、社会の中に構造的暴力が存在することを認めたうえで、日本で暮らすすべての人に対する公正と潜在能力(ケイパビリティ)（capability）の平等を実現することをめざし、マジョリティとマイノリティが共に社会の改革に努めていくこと」と定義します。この定義は、「単一民族・単一文化」を前提とした一元的社会システムを「複数民族・複数文化」を前提とした多元的社会システムへ方向づける意義があります。

さらに「潜在能力の平等」をめざしたインクルーシブな教育社会政策を支持することで、個々の人間存在の多様性に配慮した〈多文化-主義〉の考え方を強調する意義もあります（図表8-7）。多様性を前提としない単一システムの社会は、私たち人間が異なる条件の下に不平等な状態で生まれ落ちる多様な存在であることを認めない、人間の尊厳（自己肯定）が認められない社会です。これでは機会の平等や選択の自由が謳われても、既存の社会政治体制のなかで劣位に置かれたマイノリティは自由な選択や試行錯誤ができず、権力をもつ支配文化への同化を強要される形での共生に留まります。

人間や文化の現実の多様性に反して、皆が同じであることを強要する一色に染まった社会は、既得権をもつ集団の支配体制を維持する危険性を孕むだけでなく、人々の多彩に異なる潜在能力を開花させずに荒廃させ、誰もが同じ意見、同じ解しか出せない脆弱性を抱えます。正解のない難問に対して、多様な観点から異質な者同士が力を合わせて最適解を生み出そうとするプロセスこそは、多様性（ダイバーシティ）を活かした集合知、価値創出の源泉です。このプロセスを促す〈多文化-主義〉の共生社会をめざす道筋に、私たちは、希望を見出せるのです。

（3）〈多文化-主義〉の多文化教育とは

そうした共生社会の実現に向けて、多文化主義の理念に基づいて取り組まれる教育が「多文化教育」です。多文化教育は、アメリカの公民権運動や世界の先住民・マイノリティによる教育機会配分の不平等と人種（文化）差別是正を求める権利回復運動を起点とし、同化教育に代わる新たな教育パラダイムとして、1970年代以降、アメリカ、カナダ、オーストラリア、イギリスなどで進展してきました。欧州諸国では「異文化間教育」、日本では「多文化共生教育」とも呼ばれ、近代型国民教育からポスト国民国家時代の市民性教育への転換が模索されるなかで、さらなる発展が期待される分野です。

現在、多文化教育の実践には大きく分けて、①主流社会の言語文化への適応を促す補償教育中心の「取り出し型アプローチ」、②異質な他者や集団との異文化間コミュニケーション力の向上をめざす「人間関係アプローチ」（第7章）、③構造的平等と多様性を肯定できる学校づくりをめざす「批判的教育学アプローチ」の3つがあります。①の取り出し型アプローチは、社会の主流言語を母語としない子どもを対象にしたもので、日本語が不十分なニューカマーを対象とする教育実践にもよくみられます。しかし、日本語教育のみに終始するなら、母語喪失と親子間のコミュニケーション不全のリスクを招く同化教育と変

図表 8-8　批判的教育学アプローチによる包括的な多文化教育の 7 つの特性

① 反差別教育：社会や学校（カリキュラム・選抜法・関係性）の差別的実践の意識化と差別の是正をめざす
② 基礎教育：複数の言語と多様性を読み解く「多文化リテラシー」は現代世界に不可欠な基礎的リテラシー
③ すべての生徒が対象：多様性のための教育はマジョリティ、マイノリティを問わず、すべての子どもに必須
④ 全面的視点：既存の社会構造や学校文化を包括的に見直し、学校環境や教師・生徒・地域の関係性を問う
⑤ 社会的公正のための教育：貧困や差別を生む社会の権力構造や不平等への気づきと行動を促す
⑥ プロセスとしての教育：学校での実践や自分自身を多様性に対応できるよう再編し続ける継続的な教育改革プロセス
⑦ 批判的教育学：子どもの経験や視点を出発点に自身の生活や社会のあり方を批判的に読み解く力の養成

出所：ニエト 2009: 674-704

わりません。②の人間関係アプローチは、留学生を招いて「3F (Food, Fashion, Festival) 文化」を紹介する国際理解教育の取組にみられますが、静態的文化観による表層レベルの異文化理解にとどまるなら、自分自身や社会のあり方を問い、より良い方向に関係性を改善する意欲や行動力にはつながりません。

〈多文化−主義〉の共生社会に求められるのは、批判的リテラシーと社会変革の志向性を養成する③の「批判的教育学アプローチ」です（図表 8-8）。このアプローチは、すべての子どものための基礎教育として多文化教育を位置づけ、多文化リテラシーの獲得とともに、社会構造や学校文化が生み出す特権や差別、社会的排除を子ども自身が社会政治的・歴史的文脈から批判的に読み解く力の養成を重視します。また、すべての子どもに同じ資源と機会を与える「形式的な平等 (equality)」だけでは十分でなく、多様な背景と条件をもつ生徒の能力や経験を考慮して「意味のある学習経験への平等なアクセス」を保障する「公正 (equity)」が必須と考えます。

批判的教育学アプローチによる包括的な多文化教育は、教育の公正と生徒の多様性を活かすための全面的な学校改革プロセスです。それは、すべての学習者が〈違うみんな〉を前提に、①自身や社会の多様性を価値ある文化資源として相対的に評価できるように、②人種・民族・性別・社会経済的地位・障がいなどの属性によらず良好な人間関係を築き、学力達成が図れるように、③社会的公正と潜在能力の平等をめざして自ら行動していけるように、カリキュラムや授業方法・評価の仕方・教員の構成などの教育環境全体を改革し続ける教育運動なのです。

4．多様性を活かす共生社会をめざして

（1）日本型多文化教育の展開に向けて——公立学校の変革の可能性

　心強いのは、こうした多文化教育の実践に最適な空間として、公立学校に変革の可能性を見出すことができる点です。日本の公立学校は、①地域に根ざし、②その地域に住むすべての人に門戸が開かれ、①と②の特徴をもつからこそ、③学校内部にはさまざまな階層の「いろいろな子どもがいる」という多様性が存在します。実際に関西地区をはじめとして、同和・人権教育の分野に批判教育学的な多文化教育の先駆的実践の蓄積があります。学力保障の問題や部落差別・民族差別の問題が課題として批判的に検討され、学校に子どもを合わせるのではなく、被差別ないし底辺に位置する子どもが獲得すべき学力とは何か、学習過程における子ども同士の関係、地域、保護者や学校との関係はどうなっているか、子どもの学力達成に何が必要かといった学校全体のあり方を問い直す教育改革運動として実践されてきました。

　ここに1990年代以降ニューカマーの子どもが多数流入したことで、言語文化の多様性が深まりました。公立学校のこうした特徴は、生まれや育ちの格差を越えて、子どもたちが自分の能力を開花させ、差別や抑圧が存在する社会を公正で平等な社会へと変えていく「民主主義の担い手を育てる場」としての「学校の理想」を実現していくうえで、大きな強みになります。すでに、外国にルーツをもつ子どもが多数在籍する大阪府立長吉高校［志水2008］や新宿区立大久保小学校［ESD-J 2009］では、生徒のマルチ・エスニックな多様性に対応した多文化教育の取組がみられます。さらに、学級づくりや対人関係を築くことを重視する「全人的な学力観」［恒吉2008］に立ち、授業以外にも班活動・部活動・給食活動・清掃活動など広範囲にわたる活動によって多面的に生徒の社会性・関係性を育てるしくみは、多様に異なる子どもたちに仲間意識を育む「異質協同型集団づくり」［木村他2009］の手法として改めて評価されるべきものです。つまり、日本型多文化教育は、ゼロからつくりあげなくてはならないものではなく、これまでの日本の教育の良さや学校の良い実践を活用しながら、今ある課題を解決していく形をめざせば良いのです。

　具体的には、公立学校の良さである、①地域性を維持しつつ、②平等性と③多様性を伸ばしていくことです。第一に、国際法に則り、国籍や在留資格を問わず「地域に住むすべての子ども」を義務教育の対象として積極的に受け入れ、

子どもたちの学習権を保障するしくみづくりが必要です。第二に、子どもたちが平等に同じ体験ができる良さは維持しつつ、特定の子どもたちが抱える不利に目を向け、公正の視点に立ったカリキュラムや授業方法を新たにデザインしていく必要があります。第三に、公立学校の前提として、学校に関わる子どもや保護者は多様であり、「日本人」「外国人」という一元的な軸で区別することはもちろん、文化を単一で固定的なものととらえることもできないということをすべての教員が理解することが不可欠です。さらに、現在のところ同和教育、在日コリアン教育、沖縄学習・アイヌ学習などの呼称で、学校カリキュラムの周辺に位置づけられている人権教育の実践を、「日本型多文化教育」として目指すところを一つに連携させ、多文化教育をカリキュラム全体に浸透させることで教育制度や学校システムを多元化していくことが重要です。また、社会のなかの教育の多様性を確保するために、外国人学校を日本の学校のオルタナティブな選択肢として制度的に位置づけていくことも必要でしょう。

（２）〈わたし〉と社会の複数性・雑種性――越境するアイデンティティの希望
　最後に、私たち自身が〈多文化-主義〉の共生社会をめざす変化の担い手として、できることは何かを考えてみましょう。くり返し述べてきたように、教育をはじめとした社会システムの変革が重要です。しかし、その変革は誰かがやってくれるものではなく、私たち一人ひとりの自己変革があってはじめて可能になるものです。日本社会の至るところでみられる「日本人」と「外国人」という区別と差別は、社会システムの問題だけではなく、私たちが日常的につくっている人間関係や境界づけの行為の結果です。気軽に「日本人は〜」「外国人は〜」と口にする時、そこに誰が含まれ、誰が排除されているのかを意識化することが大切です。
　また、ニューカマーへのさまざまな支援活動も、「かわいそうな外国人を助ける」というシンパシー（第７章）の目線からでは、「支援する寛容な日本人」と「支援される受身の外国人」に両者の関係性を固定化してしまいます。これでは、「日本人」が与える側として権力を保持する優位に、「外国人」は日本人から恩恵を受ける劣位に置かれる関係性は変わりません。まず、「日本人」であることを意識せずにすむ人々がマジョリティであることの権力作用に気づく必要があります。そのうえで、「外国人」とみなされることで差別や抑圧を経験しているマイノリティの人々と共に、互いが「今、自分に何ができるか」とそれぞれの立場から問いを立て、一緒に行動していける関係性が求められます。

Column ⑧　アイヌがアイヌとして生きられる社会のために

「アイヌ」ときくと、どのようなイメージをもつでしょうか？「北海道」「熊」または「豊かな自然と共生する民族」……かもしれません。しかし、アイヌの現状に少しでも目を向ければ、それが事実と異なることに気付くでしょう。

私はアイヌの父と和人（マジョリティ日本人）の母の間に、北海道帯広市に生まれ育ちましたが、昔はアイヌであることをずっと隠していました。アイヌであることで先生や同級生からからかわれたり、街で笑われたり、周りの空気や経験から、アイヌであることは恥ずかしい、隠すべきことなのだと学んでいきました。

アイヌ舞踏「サロルン・リムセ」（鶴の舞）（Ben Powless 撮影）

転機が訪れたのは高校１年生のとき、カナダの先住民族と出会ったことでした。自民族の文化やルーツに誇りをもち、力強い歌と踊りを堂々と表現する彼らの姿に衝撃を受けました。それまで否定してきたアイヌということが、彼らのように誇れるものなのかもしれない、向き合ってこなかったアイヌ文化は、もしかして価値のあるものなのかもしれない……。それまでと180度違った視点を与えられたのです。そして、ありのままの自分をまず受け入れたとき、人はこんなにも強く、自由になれるのだと知りました。それは誰からも教えられなかったことでした。アイヌであることを肯定し、アイヌ文化をきちんと教えてくれる大人や教育は、それまで私の周りにどこにもなかったのです。

日本における多文化教育の欠如は、個人の尊厳をも奪い続けています。たとえば、私たちは当たり前に「日本人」として日本語で教育を受け、自分のルーツや文化を疑う余地はないほどに「日本文化」に囲まれて生活しています。しかし、アイヌ民族の視点からみた時、どこを見渡しても、アイヌ語やアイヌ文化に「当たり前」にふれられる環境はなく、多くのアイヌは先祖が育んできた文化や言葉を知る機会がないままに生きています。それはすなわち「自分は何者なのか」と問うことも、その答を探し出すきっかけもない状況を意味します。それなのに、アイヌであるがゆえに周りから奇異の目で見られ、差別されるという現実──それは結果として、自分の居場所がないような居心地の悪さ、アイデンティティの葛藤や苦悩、自分への自己否定と自己犠牲に転嫁されてしまうのです。差別や偏見は無知から生まれ、自己否定もまた同様です。

国が、社会が、教育が、そして、日本に生きる私たち一人ひとりが、過去のものでも、作り出されたイメージでもない、現実のアイヌの姿を知り、日本の中の多様性に真摯に向き合えたとき、誰もが自分らしく生きられる社会の実現に向けて、共に歩みを進めていくことができるはずです。　　（酒井 美直／アイヌ舞踏家）

> **アイヌ政策の進展**　2009年『アイヌ政策のあり方に関する有識者懇談会報告書』は、アイヌを日本の先住民族と承認し、近代化の過程でアイヌの文化に大きな打撃を与えた歴史的経緯から国がアイヌ文化の復興に強い責任があるとしています。この報告書で示された「多様な文化と民族の共生」の形は日本が〈多文化－主義〉へと歩みを進める画期的な一歩となることでしょう（首相官邸ホームページ「アイヌ民族のあり方に関する懇談会」〈http://www.kantei.go.jp/jp/singi/ainu/〉）。

　社会的な問題に対して、それぞれが「私の問題」として主体的に問い直す関係は、支援活動に参加しているだけで達成できるものではありません。つねに自分自身や社会のあり方を深く省みて批判的に問い直すという、難しいけれども必要なプロセスを私たち一人ひとりが経験していくことが不可欠です。

　そして、そのプロセスは、〈わたし〉のなかの多様性（複数性・異種混成性）に気づくことから始まります。〈わたし〉は国籍の他にも複数の属性をもち、同時に複数の集団に属しています。その多様な関係や所属のなかから「今、自分にとって意味あるものは何か、どの関係を優先するのか」を、責任ある主体として自ら選択できるのです。たとえば、環境問題や新しい貧困の問題が私たちのライフスタイルと密接につながっていることに気づくとき、「わたしたち」は問題意識を共有する「同志」として、民族や宗教などのアイデンティティを越境し、さまざまなカテゴリーの違いを超えて、ローカルにもグローバルにもつながりながら、一緒に行動していくことができるはずです（第7章アクティビティ2＆第8章アクティビティ3）。

　多様性のなかで共に生きる力は、越境時代に必須のキー・コンピテンシーです。人間や文化の多様性、アイデンティティの複数性と雑種性は、CCKなど特定の人々の特徴なのではなく、すべての人の長所であり、社会の財産なのです。そう考えると、CCKの多様性それ自体が「問題」なのではなく、CCKの多様性を「違い」として問題視し、それを評価できない日本社会の単一システムの構造こそが「問題」なのだということがわかります。「同じがいい」と

いうこれまでの日本社会の共同体原理を、「違っていい」「違うからこそいい」という方向に転換していくために、私たちの無意識の前提にある単一民族神話に支配された「日本」という国の形と「日本人」の境界を拓いていく必要があります。そして、日本のここそこに存在する「外国人」に対する構造的暴力に、「同時代を生きる仲間」として正面から向き合うこと、身近なCCKたちと一緒に汗を流すこと、そうした共同作業を通して、私たち自身がたゆまない自己変革を続けていくことが求められているのです。

アクティビティ❶　Who is Winner ゲーム：目的は勝つことだ！

2人ペア（または2つのチーム）になり、下記のルールに則り、10回戦のゲームをしてみよう。全部で10回戦を終えたら、それぞれの合計点を出し、結果をふりかえってみよう。

［ルール］プラスの得点が勝つことを意味する。1回戦ごとに、△か□のどちらを出すかをよく考えてシートに書き、両者が同時にそれぞれの記号を見せあう。

- 両者とも△なら、両者ともマイナス2点
- 自分が△、相手が□なら、自分にプラス2点
- 自分が□、相手が△なら、自分は0点
- 両者とも□なら、両者ともプラス1点

回戦	あなたの記号	相手の記号	あなたの得点	相手の得点
1				
2				
3				
4				
5				
6				
7				
8				
9				
10				

10回戦の対戦結果　あなたの合計点：　　　　　相手の合計点：

出所：佐々木 1997: 42-43 を参考に作成

アクティビティ ❷ 日本人？ 外国人？

①下の表のAさんからIさんをそれぞれ「日本人」だと思うか「外国人」だと思うか、自分で分類してみよう。また、それぞれの人をなぜ「日本人」あるいは「外国人」に分類したのか、その理由や判断の基準を書き出そう。

②グループになり、順番に自分が考えた分類と理由について発表しよう。その後、グループで出し合った分類や理由について意見交換し、最後に、クラス全体で話し合いの結果をふりかえろう。

「日本人」「外国人」にわけてみよう

	生まれ	育ち	国籍	ルーツ	言語	現住地
①Aさん	日本	日本	日本	両親共に日本人	日本語	日本
②Bさん	海外	海外	重国籍	両親共に日本人	外国語	海外
③Cさん	日本	海外	外国	両親共に日本人	外国語／日本語※	海外
④Dさん	日本	日本	日本	両親が国際結婚	日本語／外国語※	日本
⑤Eさん	海外	海外	日本	両親が日系人	外国語／日本語※	日本
⑥Fさん	日本	日本	外国	両親が日系人	日本語	日本
⑦Gさん	日本	日本	日本	両親共に日本人ただしアイヌ民族	日本語	日本
⑧Hさん	日本	日本	外国	両親ともに在日コリアン三世	日本語	日本
⑨Iさん	海外	海外	外国	両親共に外国人	外国語	日本

※「／」の前に書かれている言語を第一言語としたバイリンガルであることを意味する。

日本人　：

外国人　：

分類基準：

アクティビティ ❸ パワー・フラワー：わたしには力がある？

①パワー・フラワーに示されたそれぞれの事柄について、自己内対話を通して自分自身のことを詳しく記入しよう。これは〈わたし〉という人間を自己省察する作業である。

②グループになり、順番に「私は権力がある方だ」と感じるか、「誰も私のいうことを聞いてくれない」「私は無力だ」と感じるか、どんな時にそう感じるのか、どのカテゴリーに上下関係や有利不利を感じるか、そう感じる理由や原因について述べ合おう。なお、「権力」とは、広い意味で「人にいうことをきかせる力、社会を動かす力、影響力」のことである。

③最後に、クラス全体で話し合いの結果をふりかえろう。

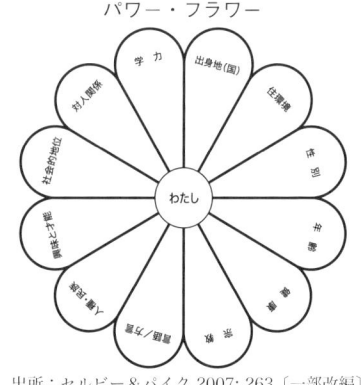

パワー・フラワー

出所：セルビー＆パイク 2007: 263〔一部改編〕

第8章　越境時代の多文化教育

アクティビティ解説

❶このゲームの目的は、自分の競争・協調志向を確認するとともに、「勝つことの意味」を考えることである。「勝つ」＝「相手に勝つ」と思い込み、「相手に負けない」ことだけを念頭に負けるリスクのない△を出し続け、結果的に相手と一緒にマイナスを増やしていっただけのペアはいないだろうか？　このゲームには双方が「一緒に勝てる（win-win）」方法が1つだけある。相手を信頼することで、お互いがほどほどに加点される「両者が□を出す組み合わせ」だ。相手が何を出すかわからない不確実な段階で、まずは自分から「一緒にプラスの関係をつくろう」という意思表示として□を出し、その後も□を出し続ける。あなたの意志が伝わり、相手も□を出し始めたなら、あなたの行動が相手に変化を促したことになる。また、もしも最初からお互いが「一緒に勝つ」発想の持ち主で□を出し続ければ、ペアで「＋20点」だ。両者とも△を出し続けて「－40点」とは対極の、プラスの成果を共に生み出せることになる。むろん、□を出し続けることで相手が「＋20点」、自分は「0点」という「win-lose」の結果に陥るリスクは伴う。しかし、近視眼的に「相手に負けない」ことだけを考えて行動する「自己利益・国益中心」の人間ばかりでは、複合リスクの時代、地球規模につながる諸課題を前にして人類全体で「一緒に負けていく」ことになりかねない。持続可能な未来の担い手には、貪欲に一人勝ちして相手を打ち負かす「競争（win-lose）志向」ではなく、一緒にプラスの関係を創る「協調志向（win-win）」と、ほどほどで満足する「知足の精神」が求められよう。

❷このアクティビティのねらいは、「日本人」「外国人」という分類基準が人によってさまざまに異なる可能性があることを知り、「日本人」「外国人」の境界の曖昧さや流動性、複合性を理解することである。無意識に分けている「日本人」「外国人」カテゴリーの境界が、実は明瞭に分類できないさまざまな属性の組み合わせからなることを実感するはずだ。「日本人」と「外国人」の分類の仕方に正解はもちろんない。正解がないこと、それが「正解」だ。

❸〈わたし〉という人間はさまざまなカテゴリーで分類可能な重層的な存在である。自分を構成する複数のカテゴリーの中で、単なる違いですむものと違いに基づく権力作用や優劣を感じさせるものは何だったろうか。努力では変えられない属性の違いが有利・不利を感じさせる場合、その区別は差別や不公正につながる。さらに、社会のなかで権力をもつこと、権力を使うこと、権力に従うことについて、下記のような視点で話しあってみよう。

　①権力の源は何にあるのか、過去100年間で権力の源は変化してきたか、今後変化するか？
　②権力をもつために特別に必要なことはあるか？

③実際に権力をもっている人、もたない人には、どんな立場の人が多いか？
④パワー・フラワーの花びらに足りない事柄はないか？
⑤権力のある人たちはどんな方法で自分たちの権力を維持しているのか？
⑥権力や影響力をもつ人たちにはどんな責任があるか？
⑦権力のない人たちが権力や影響力を得るためにできることは何か？

🔑 キーワード解説

●**マイノリティ（minority）**　少数民族・少数文化集団。人種、民族の面での少数派（被支配層）を指すことが多いが、社会のさまざまな領域で権力のあるマジョリティ（多数派・支配層）に対して、権力のない立場に位置づけられた人々を広く意味する。

●**市民性（citizenship）**　シティズンシップ・公民性。市民としての資質・意識・権利・行動を含め、ひとつの政治体制を構成する社会の構成員であることを指す。定住外国人の増加を背景に同質的な国民アイデンティティに基づく市民概念の限界が認識され、国籍・民族・言語・宗教などが異なる複合アイデンティティをもつ住民が能動的に社会参画できる新たな市民性の育成がめざされてきている（第2章コラム）。

●**隠れたカリキュラム（hidden curriculum）**　学校文化や教員構成、教師や子どもたちを取りまく人間関係、学校施設などの物理的環境を通して、暗黙のうちに子どもが学習する規範、価値、信念の体系。潜在的カリキュラムとも呼ばれ、フォーマルなレベルで明示された顕在的カリキュラムとは別に潜在的な形で伝えられるメッセージ（権力作用）をさす。これによって伝わるメッセージには、階層・性・人種・民族的偏見に関わるものが多く、学校は隠れたカリキュラムを通して階層や社会的不平等の再生産に寄与する機関ともいわれる。批判的教育学アプローチによる多文化教育は、こうした隠れたカリキュラムに潜む無意識の慣習的行動をも射程に入れた学校文化全体の見直し・改革運動である。

●**ナショナリズム（nationalism）**　ネーション（国民、民族）の名のもとに人をまとめる原理。ネーションに価値を置き、ネーションの統一・独立・発展など、さまざまな政治的目的を達成することをめざす意識や実践をいう。古典的ナショナリズムは、政治的な単位と文化的な単位とが一致しなければならないとする国民統合のあり方を意味したが、グローバル化の進行で古典的ナショナリズムが前提としていた同質的な国家や社会が崩れ、新しいまとまり方の模索が続いている。

●**多文化主義（multiculturalism）**　多様性を認めて社会の安定的な統合を図ろうとする政治理念。本来はマイノリティの人々を本質主義的なステレオタイプ化や人種差別から解放し、集団内の個人の多様性を認めつつ集団としての文化的差異の

主張を認め、主流集団への同化を強要しないという、マイノリティの視点にたった多様性と平等を志向する社会変革の理念として生まれた。しかし、1990年代の新自由主義、新保守主義の潮流の中でエスニックなカテゴリーに関係なく実力本位で競争に勝ち残れる人、社会に役立つ人材は歓迎し、そうでない人は排除するという「競争・選別の原理」として流用される傾向が強まった。

●**潜在能力（capability）の平等**　「各自の潜在能力を十分に発揮できる公平さ」・「生き方の自由を保障する機会の平等」としてアマルティア・セン（Amartya Sen）が提唱した平等観。「貧困」を「潜在能力の剥奪状態」と定義し、経済的窮乏だけでなく、教育機会を奪われている子ども、政治・社会参加の機会がないマイノリティ、社会的に孤立した人々の状態も「貧困」とみなす。また、貧困状態にある人々が自らの内なる能力を発見し、それを開花できる他者との関係性や自己決定能力を創りあげていく内発的プロセスを「エンパワメント」という。

読んでみよう

① 「外国につながる子どもたちの物語」編集委員会［2009］『まんが クラスメイトは外国人――多文化共生20の物語』明石書店．

さまざまな国や地域にルーツをもつ「外国につながる子どもたち」の現状と課題を20のCCK物語として紹介。歴史的背景や法律、関連キーワードの解説が付き、「外国につながる子どもたち」とつながるための第一歩に最適な1冊。

② 清水睦美・「すたんどばいみー」編著［2009］『いちょう団地発！　外国人の子どもたちの挑戦』岩波書店．

神奈川県営「いちょう団地」で活動する外国人の子どもたちの当事者団体「すたんどばいみー」の10年の軌跡を高校生・大学生に成長した子どもたちが自分自身の言葉で紹介する画期的な書。教育困難な環境にある子どもたちが日記を書くことでエンパワーされていく「生活綴方」の現代アメリカ版教育実践記録ともいえるエリンとフリーダムライターズ『フリーダム・ライターズ』（田中奈津子訳、講談社、2007）もあわせて読もう。

③ ジェームズ・A・バンクスほか［2006］『民主主義と多文化教育――グローバル化時代における市民性教育のための原則と概念』平沢安政訳、明石書店．

アメリカの多文化教育の第一人者バンクスが主導した国際コンセンサスパネルによる多文化教育の指針書。各国で応用可能な原則と概念が紹介され、巻末に実践用のチェックリストと日本の多文化教育と人権教育に関する訳者解説がある。

④ 山口一男［2008］『ダイバーシティ――生きる力を学ぶ物語』東洋経済新報社．

社会学や論理学など社会科学の知識が織り込まれた2つの物語を通して、一人ひとりが違うからこそ成し遂げられる集合知と価値創出力に気づき、個人と社会

にとっての多様性の価値を認識できるダイバーシティの入門書.

⑤『異文化間教育』異文化間教育学会 アカデミア出版会.
　異文化間・多文化の視点からさまざまな教育テーマを扱う学会紀要誌。30号(2009)の特集テーマは「多文化共生社会をめざして——異文化間教育の使命」で、巻末に多文化共生教育・多文化教育に関する文献目録を収録.

考えてみよう

① 沖縄のアメラジアン・スクール、名古屋のELCC国際子ども学校、大阪のコリア国際学園についてインターネットや文献で調べ、それぞれの共通点や違いを比較分析してみよう。
② 「未来の日本の学校」の理想の将来像を本章で学んだ〈多文化−主義〉の多文化教育の視座から描き、具体的な学校デザイン・授業デザインを試案してみよう。

[参考・引用文献]

アンダーソン, ベネディクト [2007]『定本　想像の共同体——ナショナリズムの起源と流行』白石さや・白石隆訳, 書籍工房早山.
ESD-J (NPO法人　持続可能な開発のための教育の10年推進会議) 編 [2009]『わかる！ESDテキストブック2　実践編　希望への学びあい——なにを, どう, はじめるか』.
移住労働者と連帯する全国ネットワーク編 [2009]『多民族・多文化共生社会のこれから——NGOからの政策提言（2009年改訂版）』現代人文社・大学図書.
岩田正美 [2009]『社会的排除——参加の欠如・不確かな帰属』有斐閣.
伊豫谷登士翁 [2002]『グローバリゼーションとは何か——液状化する世界を読み解く』平凡社新書.
小熊英二 [1995]『単一民族神話の起源——〈日本人〉の自画像の系譜』新曜社.
嘉本伊都子 [2008]『国際結婚論 !?　現代編』法律文化社.
木村元・小玉重夫・舟橋一男 [2009]『教育学をつかむ』有斐閣.
国連開発計画 [2004]『人間開発報告書 2004——この多様な世界で文化の自由を』国際協力出版会. (http://hdr.undp.org/en/reports/global/hdr2004/ で英語・フランス語・スペイン語・アラビア語・ロシア語・イタリア語・ポルトガル語版が全文ダウンロード可能)
佐々木かをり [1997]『ギブ＆ギブンの発想——自分が動く世界が変わる』ジャストシステム.
志水宏吉 [2008]『公立学校の底力』ちくま新書.
志水宏吉編著 [2009]『エスニシティと教育』日本図書センター.
セルビー, デイヴィット、パイク, グラハム [2007]『グローバル・クラスルーム——教室と地球をつなぐアクティビティ教材集』小関一也監修・監訳, 明石書店.
総務省 [2006]『多文化共生の推進に関する研究会報告書——地域における多文化共生の推進に向けて』.
田中優・樫田秀樹・マエキタミヤコ編 [2006]『世界から貧しさをなくす30の方法』合

同出版.
恒吉僚子［2008］『子どもたちの三つの「危機」——国際比較から見る日本の模索』勁草書房.
なだいなだ［1992］『民族という名の宗教——人をまとめる原理・排除する原理』岩波新書.
─────［1974］『権威と権力——いうことをきかせる原理・きく原理』岩波新書
中島智子編著［1998］『多文化教育：多様性のための教育学』明石書店.
ニエト，ソニア［2009］『アメリカ多文化教育の理論と実践——多様性の肯定へ』太田晴雄監訳、明石書店.
嶺井明子［2007］『世界のシティズンシップ教育——グローバル時代の国民／市民形成』東信堂.
Banks, J. A. (Ed.) [2009] *The Routledge International Companion to Multicultural Education*, New York: NY, Routledge.
IOM (International Organization for Migration) [2008] "World Migration 2008: Managing Labour Mobility in the Evolving Global Economy."
Sugimoto, Y. [2003] *An Introduction to Japanese Society 2nd Ed.* Cambridge University Press.
Van Reken, R. E., Bethel, P. [2005] "Third Culture Kids: Prototypes for Understanding Other Cross Cultural Kids." *Intercultural Management Quarterly*, 6(4): 3, 8-9.

［参考ウェブサイト］

IOM（国際移住機関）▶ http://www.iom.int/jahia/Jahia/lang/en/pid/1〔国際移住の統計データ・動向がわかる〕
外務省「海外在留邦人数統計」▶ http://www.mofa.go.jp/mofaj/toko/tokei/hojin/
海外日系人協会 ▶ http://www.jadesas.or.jp/aboutnikkei/index.html
子どもの権利条約（日本ユニセフ協会抄訳）▶ http://www.unicef.or.jp/about_unicef/about_rig_all.html
政府統計総合窓口 ▶ http://www.e-stat.go.jp/SG1/estat/eStatTopPortal.do
世界人権宣言（谷川俊太郎訳）▶ http://www.amnesty.or.jp/modules/wfsection/article.php?articleid=694〔子どもの権利条約・難民条約・国際人権規約・人種差別撤廃条約・女性差別撤廃条約などの基礎となる人権思想をわかりやすい言葉で理解できる〕
文部科学省「日本語指導が必要な外国人児童生徒の受入れ状況等に関する調査」（届出統計）▶ http://www.mext.go.jp/a_menu/shotou/clarinet/genjyou/1295897.htm

■ 関口 知子・中島 葉子

資料編

1. 教育関連法規

■日本国憲法（抜粋）

昭和21年11月3日公布

第13条　すべて国民は、個人として尊重される。生命、自由及び幸福追求に対する国民の権利については、公共の福祉に反しない限り、立法その他の国政の上で、最大の尊重を必要とする。

第14条　すべて国民は、法の下に平等であつて、人種、信条、性別、社会的身分又は門地により、政治的、経済的又は社会的関係において、差別されない。

2　華族その他の貴族の制度は、これを認めない。

3　栄誉、勲章その他の栄典の授与は、いかなる特権も伴はない。栄典の授与は、現にこれを有し、又は将来これを受ける者の一代に限り、その効力を有する。

第15条　公務員を選定し、及びこれを罷免することは、国民固有の権利である。

2　すべて公務員は、全体の奉仕者であつて、一部の奉仕者ではない。

第17条　何人も、公務員の不法行為により、損害を受けたときは、法律の定めるところにより、国又は公共団体に、その賠償を求めることができる。

第19条　思想及び良心の自由は、これを侵してはならない。

第20条　信教の自由は、何人に対してもこれを保障する。いかなる宗教団体も、国から特権を受け、又は政治上の権力を行使してはならない。

2　何人も、宗教上の行為、祝典、儀式又は行事に参加することを強制されない。

3　国及びその機関は、宗教教育その他いかなる宗教的活動もしてはならない。

第23条　学問の自由は、これを保障する。

第25条　すべて国民は、健康で文化的な最低限度の生活を営む権利を有する。

2　国は、すべての生活部面について、社会福祉、社会保障及び公衆衛生の向上及び増進に努めなければならない。

第26条　すべて国民は、法律の定めるところにより、その能力に応じて、ひとしく教育を受ける権利を有する。

2　すべて国民は、法律の定めるところにより、その保護する子女に普通教育を受けさせる義務を負ふ。義務教育は、これを無償とする。

第89条　公金その他の公の財産は、宗教上の組織若しくは団体の使用、便益若しくは維持のため、又は公の支配に属しない慈善、教育若しくは博愛の事業に対し、これを支出し、又はその利用に供してはならない。

■教育基本法

平成18年12月22日法律第120号
平成18年12月22日施行

教育基本法（昭和22年法律第25号）の全部を改正する。我々日本国民は、たゆまぬ努力によって築いてきた民主的で文化的な国家を更に発展させるとともに、世界の平和と人類の福祉の向上に貢献することを願うものである。我々は、この理想を実現するため、個人の尊厳を重んじ、真理と正義を希求し、公共の精神を尊び、豊かな人間性と創造性を備えた人間の育成を期するとともに、伝統を継承し、新しい文化の創造を目指す教育を推進する。ここに、我々は、日本国憲法の精神にのっとり、我

が国の未来を切り拓く教育の基本を確立し、その振興を図るため、この法律を制定する。

第1章　教育の目的及び理念

第1条（教育の目的）　教育は、人格の完成を目指し、平和で民主的な国家及び社会の形成者として必要な資質を備えた心身ともに健康な国民の育成を期して行われなければならない。

第2条（教育の目標）　教育は、その目的を実現するため、学問の自由を尊重しつつ、次に掲げる目標を達成するよう行われるものとする。

1　幅広い知識と教養を身に付け、真理を求める態度を養い、豊かな情操と道徳心を培うとともに、健やかな身体を養うこと。

2　個人の価値を尊重して、その能力を伸ばし、創造性を培い、自主及び自律の精神を養うとともに、職業及び生活との関連を重視し、勤労を重んずる態度を養うこと。

3　正義と責任、男女の平等、自他の敬愛と協力を重んずるとともに、公共の精神に基づき、主体的に社会の形成に参画し、その発展に寄与する態度を養うこと。

4　生命を尊び、自然を大切にし、環境の保全に寄与する態度を養うこと。

5　伝統と文化を尊重し、それらをはぐくんできた我が国と郷土を愛するとともに、他国を尊重し、国際社会の平和と発展に寄与する態度を養うこと。

第3条（生涯学習の理念）　国民一人一人が、自己の人格を磨き、豊かな人生を送ることができるよう、その生涯にわたって、あらゆる機会に、あらゆる場所において学習することができ、その成果を適切に生かすことのできる社会の実現が図られなければならない。

第4条（教育の機会均等）　すべて国民は、ひとしく、その能力に応じた教育を受ける機会を与えられなければならず、人種、信条、性別、社会的身分、経済的地位又は門地によって、教育上差別されない。

2　国及び地方公共団体は、障害のある者が、その障害の状態に応じ、十分な教育を受けられるよう、教育上必要な支援を講じなければならない。

3　国及び地方公共団体は、能力があるにもかかわらず、経済的理由によって修学が困難な者に対して、奨学の措置を講じなければならない。

第2章　教育の実施に関する基本

第5条（義務教育）　国民は、その保護する子に、別に法律で定めるところにより、普通教育を受けさせる義務を負う。

2　義務教育として行われる普通教育は、各個人の有する能力を伸ばしつつ社会において自立的に生きる基礎を培い、また、国家及び社会の形成者として必要とされる基本的な資質を養うことを目的として行われるものとする。

3　国及び地方公共団体は、義務教育の機会を保障し、その水準を確保するため、適切な役割分担及び相互の協力の下、その実施に責任を負う。

4　国又は地方公共団体の設置する学校における義務教育については、授業料を徴収しない。

第6条（学校教育）　法律に定める学校は、公の性質を有するものであって、国、地方公共団体及び法律に定める法人のみが、これを設置することができる。

2　前項の学校においては、教育の目標が

達成されるよう、教育を受ける者の心身の発達に応じて、体系的な教育が組織的に行われなければならない。この場合において、教育を受ける者が、学校生活を営む上で必要な規律を重んずるとともに、自ら進んで学習に取り組む意欲を高めることを重視して行われなければならない。

第7条（大学）　大学は、学術の中心として、高い教養と専門的能力を培うとともに、深く真理を探究して新たな知見を創造し、これらの成果を広く社会に提供することにより、社会の発展に寄与するものとする。

2　大学については、自主性、自律性その他の大学における教育及び研究の特性が尊重されなければならない。

第8条（私立学校）　私立学校の有する公の性質及び学校教育において果たす重要な役割にかんがみ、国及び地方公共団体は、その自主性を尊重しつつ、助成その他の適当な方法によって私立学校教育の振興に努めなければならない。

第9条（教員）　法律に定める学校の教員は、自己の崇高な使命を深く自覚し、絶えず研究と修養に励み、その職責の遂行に努めなければならない。

2　前項の教員については、その使命と職責の重要性にかんがみ、その身分は尊重され、待遇の適正が期せられるとともに、養成と研修の充実が図られなければならない。

第10条（家庭教育）　父母その他の保護者は、子の教育について第一義的責任を有するものであって、生活のために必要な習慣を身に付けさせるとともに、自立心を育成し、心身の調和のとれた発達を図るよう努めるものとする。

2　国及び地方公共団体は、家庭教育の自主性を尊重しつつ、保護者に対する学習の機会及び情報の提供その他の家庭教育を支援するために必要な施策を講ずるよう努めなければならない。

第11条（幼児期の教育）　幼児期の教育は、生涯にわたる人格形成の基礎を培う重要なものであることにかんがみ、国及び地方公共団体は、幼児の健やかな成長に資する良好な環境の整備その他適当な方法によって、その振興に努めなければならない。

第12条（社会教育）　個人の要望や社会の要請にこたえ、社会において行われる教育は、国及び地方公共団体によって奨励されなければならない。

2　国及び地方公共団体は、図書館、博物館、公民館その他の社会教育施設の設置、学校の施設の利用、学習の機会及び情報の提供その他の適当な方法によって社会教育の振興に努めなければならない。

第13条（学校、家庭及び地域住民等の相互の連携協力）　学校、家庭及び地域住民その他の関係者は、教育におけるそれぞれの役割と責任を自覚するとともに、相互の連携及び協力に努めるものとする。

第14条（政治教育）　良識ある公民として必要な政治的教養は、教育上尊重されなければならない。

2　法律に定める学校は、特定の政党を支持し、又はこれに反対するための政治教育その他政治的活動をしてはならない。

第15条（宗教教育）　宗教に関する寛容の態度、宗教に関する一般的な教養及び宗教の社会生活における地位は、教育上尊重されなければならない。

2　国及び地方公共団体が設置する学校は、特定の宗教のための宗教教育その他宗教的活動をしてはならない。

第3章　教育行政

第16条（教育行政）　教育は、不当な支配に服することなく、この法律及び他の法律の定めるところにより行われるべきものであり、教育行政は、国と地方公共団体との適切な役割分担及び相互の協力の下、公正かつ適正に行われなければならない。

2　国は、全国的な教育の機会均等と教育水準の維持向上を図るため、教育に関する施策を総合的に策定し、実施しなければならない。

3　地方公共団体は、その地域における教育の振興を図るため、その実情に応じた教育に関する施策を策定し、実施しなければならない。

4　国及び地方公共団体は、教育が円滑かつ継続的に実施されるよう、必要な財政上の措置を講じなければならない。

第17条（教育振興基本計画）　政府は、教育の振興に関する施策の総合的かつ計画的な推進を図るため、教育の振興に関する施策についての基本的な方針及び講ずべき施策その他必要な事項について、基本的な計画を定め、これを国会に報告するとともに、公表しなければならない。

2　地方公共団体は、前項の計画を参酌し、その地域の実情に応じ、当該地方公共団体における教育の振興のための施策に関する基本的な計画を定めるよう努めなければならない。

第4章　法令の制定

第18条　この法律に規定する諸条項を実施するため、必要な法令が制定されなければならない。

附則抄（施行期日）

1　この法律は、公布の日から施行する。

学校教育法（抜粋）

昭和22年3月31日法律第26号
最終改正：平成19年6月27日法律第96号・第98号　平成20年4月1日施行）

第1条　この法律で、学校とは、幼稚園、小学校、中学校、高等学校、中等教育学校、特別支援学校、大学及び高等専門学校とする。

第2条　学校は、国（国立大学法人法（平成15年法律第112号）第2条第1項に規定する国立大学法人及び独立行政法人国立高等専門学校機構を含む。以下同じ。）、地方公共団体（地方独立行政法人法（平成15年法律第118号）第68条第1項に規定する公立大学法人を含む。次項において同じ。）および私立学校法第3条に規定する学校法人（以下学校法人と称する。）のみが、これを設置することができる。

2　この法律で、国立学校とは、国の設置する学校を、公立学校とは、地方公共団体の設置する学校を、私立学校とは、学校法人の設置する学校をいう。

第3条　学校を設置しようとする者は、学校の種類に応じ、文部科学大臣の定める設備、編制その他に関する設置基準に従い、これを設置しなければならない。

第6条　学校においては、授業料を徴収することができる。ただし、国立又は公立の小学校及び中学校、中等教育学校の前期課程又は特別支援学校の小学部及び中学部における義務教育については、これを徴収することができない。

第9条　次の各号のいずれかに該当するものは、校長又は教員になることができない。

1　成年被後見人又は被保佐人

2　禁錮以上の刑に処せられた者
3　教育職員免許法第10条第1項第2号又は第3号に該当することにより免許状がその効力を失い、当該失効の日から3年を経過しない者
4　教育職員免許法第11条第1項から第3項までの規定により免許状取上げの処分を受け、3年を経過しない者
5　日本国憲法施行の日以後において、日本国憲法又はその下に成立した政府を暴力で破壊することを主張する政党その他の団体を結成し、又はこれに加入した者

第10条　私立学校は、校長を定め、大学及び高等専門学校にあつては文部科学大臣に、大学及び高等専門学校以外の学校にあつては都道府県知事に届け出なければならない。

第11条　校長及び教員は、教育上必要があると認めるときは、文部科学大臣の定めるところにより、児童、生徒及び学生に懲戒を加えることができる。ただし、体罰を加えることはできない。

■社会教育法（抜粋）

昭和24年6月10日法律第207号
最終改正：平成20年6月11日法律第59号
平成20年6月11日施行

第1条（この法律の目的）　この法律は、教育基本法（平成18年法律第120号）の精神に則り、社会教育に関する国及び地方公共団体の任務を明らかにすることを目的とする。

第2条（社会教育の定義）　この法律で「社会教育」とは、学校教育法（昭和22年法律第26号）に基き、学校の教育課程として行われる教育活動を除き、主として青少年及び成人に対して行われる組織的な教育活動（体育及びレクリエーションの活動を含む。）をいう。

第3条（国及び地方公共団体の任務）　国及び地方公共団体は、この法律及び他の法令の定めるところにより、社会教育の奨励に必要な施設の設置及び運営、集会の開催、資料の作製、頒布その他の方法により、すべての国民があらゆる機会、あらゆる場所を利用して、自ら実際生活に即する文化的教養を高め得るような環境を醸成するように努めなければならない。

2　国及び地方公共団体は、前項の任務を行うに当たつては、国民の学習に対する多様な需要を踏まえ、これに適切に対応するために必要な学習の機会の提供及びその奨励を行うことにより、生涯学習の振興に寄与することとなるよう努めるものとする。

3　国及び地方公共団体は、第一項の任務を行うに当たつては、社会教育が学校教育及び家庭教育との密接な関連性を有することにかんがみ、学校教育との連携の確保に努め、及び家庭教育の向上に資することとなるよう必要な配慮をするとともに、学校、家庭及び地域住民その他の関係者相互間の連携及び協力の促進に資することとなるよう努めるものとする。

第5条（市町村の教育委員会の事務）　市（特別区を含む。以下同じ。）町村の教育委員会は、社会教育に関し、当該地方の必要に応じ、予算の範囲内において、次の事務を行う。

1　社会教育に必要な援助を行うこと。
2　社会教育委員の委嘱に関すること。
3　公民館の設置及び管理に関すること。

4　所管に属する図書館、博物館、青年の家その他の社会教育施設の設置及び管理に関すること。
5　所管に属する学校の行う社会教育のための講座の開設及びその奨励に関すること。
6　講座の開設及び討論会、講習会、講演会、展示会その他の集会の開催並びにこれらの奨励に関すること。
7　家庭教育に関する学習の機会を提供するための講座の開設及び集会の開催並びに家庭教育に関する情報の提供並びにこれらの奨励に関すること。
8　職業教育及び産業に関する科学技術指導のための集会の開催並びにその奨励に関すること。
9　生活の科学化の指導のための集会の開催及びその奨励に関すること。
10　情報化の進展に対応して情報の収集及び利用を円滑かつ適正に行うために必要な知識又は技能に関する学習の機会を提供するための講座の開設及び集会の開催並びにこれらの奨励に関すること。
11　運動会、競技会その他体育指導のための集会の開催及びその奨励に関すること。
12　音楽、演劇、美術その他芸術の発表会等の開催及びその奨励に関すること。
13　主として学齢児童及び学齢生徒（それぞれ学校教育法第18条に規定する学齢児童及び学齢生徒をいう。）に対し、学校の授業の終了後又は休業日において学校、社会教育施設その他適切な施設を利用して行う学習その他の活動の機会を提供する事業の実施並びにその奨励に関すること。
14　青少年に対しボランティア活動など社会奉仕体験活動、自然体験活動その他の体験活動の機会を提供する事業の実施及びその奨励に関すること。
15　社会教育における学習の機会を利用して行つた学習の成果を活用して学校、社会教育施設その他地域において行う教育活動その他の活動の機会を提供する事業の実施及びその奨励に関すること。
16　社会教育に関する情報の収集、整理及び提供に関すること。
17　視聴覚教育、体育及びレクリエーションに必要な設備、器材及び資料の提供に関すること。
18　情報の交換及び調査研究に関すること。
19　その他第三条第一項の任務を達成するために必要な事務

第9条の2　（社会教育主事及び社会教育主事補の設置）　都道府県及び市町村の教育委員会の事務局に、社会教育主事を置く。
2　都道府県及び市町村の教育委員会の事務局に、社会教育主事補を置くことができる。
（社会教育主事及び社会教育主事補の職務）
第9条の3　社会教育主事は、社会教育を行う者に専門的技術的な助言と指導を与える。ただし、命令及び監督をしてはならない。
2　社会教育主事は、学校が社会教育関係団体、地域住民その他の関係者の協力を得て教育活動を行う場合には、その求めに応じて、必要な助言を行うことができる。
3　社会教育主事補は、社会教育主事の職

務を助ける。

第10条（社会教育関係団体の定義）　この法律で「社会教育関係団体」とは、法人であると否とを問わず、公の支配に属しない団体で社会教育に関する事業を行うことを主たる目的とするものをいう。

第12条（国及び地方公共団体との関係）　国及び地方公共団体は、社会教育関係団体に対し、いかなる方法によっても、不当に統制的支配を及ぼし、又はその事業に干渉を加えてはならない。

第29条（公民館運営審議会）　公民館に公民館運営審議会を置くことができる。

2　公民館運営審議会は、館長の諮問に応じ、公民館における各種の事業の企画実施につき調査審議するものとする。

■子どもの権利条約（抜粋）

1989年11月20日採択、1994年4月22日日本批准、5月22日発効

第2条（差別の禁止）

1　締約国は、その管轄内にある子ども一人一人に対して、子どもまたは親もしくは法定保護者の人種、皮膚の色、性、言語、宗教、政治的意見その他の意見、国民的、民族的もしくは社会的出身、財産、障害、出生またはその他の地位　にかかわらず、いかなる種類の差別もなしに、この条約に掲げる権利を尊重しかつ確保する。

2　締約国は、子どもが、親、法定保護者または家族構成員の地位、活動、表明した意見または信条を根拠とするあらゆる形態の差別　または処罰からも保護されることを確保するためにあらゆる適当な措置をとる。

第3条（子どもの最善の利益）

1　子どもにかかわるすべての活動において、その活動が公的もしくは私的な社会福祉機関、裁判所、行政機関または立法機関によってなされたかどうかにかかわらず、子どもの最善の利益が第一次的に考慮される。

2　締約国は、親、法定保護者または子どもに法的な責任を負う他の者の権利および義務を考慮しつつ、子どもに対してその福祉に必要な保護およびケアを確保することを約束し、この目的のために、あらゆる適当な立法上および行政上の措置をとる。

3　締約国は、子どものケアまたは保護に責任を負う機関、サービスおよび施設が、とくに安全および健康の領域、職員の数および適格性ならびに適正な監督について、権限ある機関により設定された基準に従うことを確保する。

第8条（アイデンティティの保全）

1　締約国は、子どもが、不法な干渉なしに、法によって認められた国籍、名前および家族関係を含むそのアイデンティティを保全する権利を尊重することを約束する。

2　締約国は、子どもがそのアイデンティティの要素の一部または全部を違法に剥奪される場合には、迅速にそのアイデンティティを回復させるために適当な援助および保護を与える。

第12条　（意見表明権）

1　締約国は、自己の見解をまとめる力のある子どもに対して、その子どもに影響を与えるすべての事柄について自由に自己の見解を表明する権利を保障する。その際、子どもの見解がその年齢および成熟に従い、正当に重視される。

2　この目的のため、子どもは、とくに、国内法の手続規則と一致する方法で、自己に影響を与えるいかなる司法的および行政的手続においても、直接にまたは代理人もしくは適当な団体を通じて聴聞される機会を与えられる。

第28条（教育への権利）
1　締約国は、子どもの教育への権利を認め、かつ、漸進的におよび平等な機会に基づいてこの権利を達成するために、とくに次のことをする。
a　初等教育を義務的なものとし、かつすべての者に対して無償とすること。
b　一般教育および職業教育を含む種々の形態の中等教育の発展を奨励し、すべての子どもが利用可能でありかつアクセスできるようにし、ならびに、無償教育の導入および必要な場合には財政的援助の提供などの適当な措置をとること。
c　高等教育を、すべての適当な方法により、能力に基づいてすべての者がアクセスできるものとすること。
d　教育上および職業上の情報ならびに指導を、すべての子どもが利用可能でありかつアクセスできるものとすること。
e　学校への定期的な出席および中途退学率の減少を奨励するための措置をとること。
2　締約国は、学校懲戒が子どもの人間の尊厳と一致する方法で、かつこの条約に従って行われることを確保するためにあらゆる適当な措置をとる。
3　締約国は、とくに、世界中の無知および非識字の根絶に貢献するために、かつ科学的および技術的知識ならびに最新の教育方法へのアクセスを助長するために、教育に関する問題について国際協力を促進しかつ奨励する。この点については、発展途上国のニーズに特別の考慮を払う。
第29条（教育の目的）
1　締約国は、子どもの教育が次の目的で行われることに同意する。
a　子どもの人格、才能ならびに精神的および身体的能力を最大限可能なまで発達させること。
b　人権および基本的自由の尊重ならびに国際連合憲章に定める諸原則の尊重を発展させること。
c　子どもの親、子ども自身の文化的アイデンティティ、言語および価値の尊重、子どもが居住している国および子どもの出身国の国民的価値の尊重、ならびに自己の文明と異なる文明の尊重を発展させること。
d　すべての諸人民間、民族的、国民的および宗教的集団ならびに先住民間の理解、平和、寛容、性の平等および友好の精神の下で、子どもが自由な社会において責任ある生活を送れるようにすること。
e　自然環境の尊重を発展させること。
2　この条または第28条のいかなる規定も、個人および団体が教育機関を設置しかつ管理する自由を妨げるものと解してはならない。ただし、つねに、この条の1に定める原則が遵守されること、および当該教育機関において行われる教育が国によって定められる最低限度の基準に適合することを条件とする。
第30条（少数者・先住民の子どもの権利）
民族上、宗教上もしくは言語上の少数者、または先住民が存在する国においては、当該少数者または先住民に属する子どもは、自己の集団の他の構成員とともに、自己の文化を享受し、自己の宗教を信仰しかつ実践し、または自己の言語を使用する権利を否定されない。

（国際教育法研究会訳）

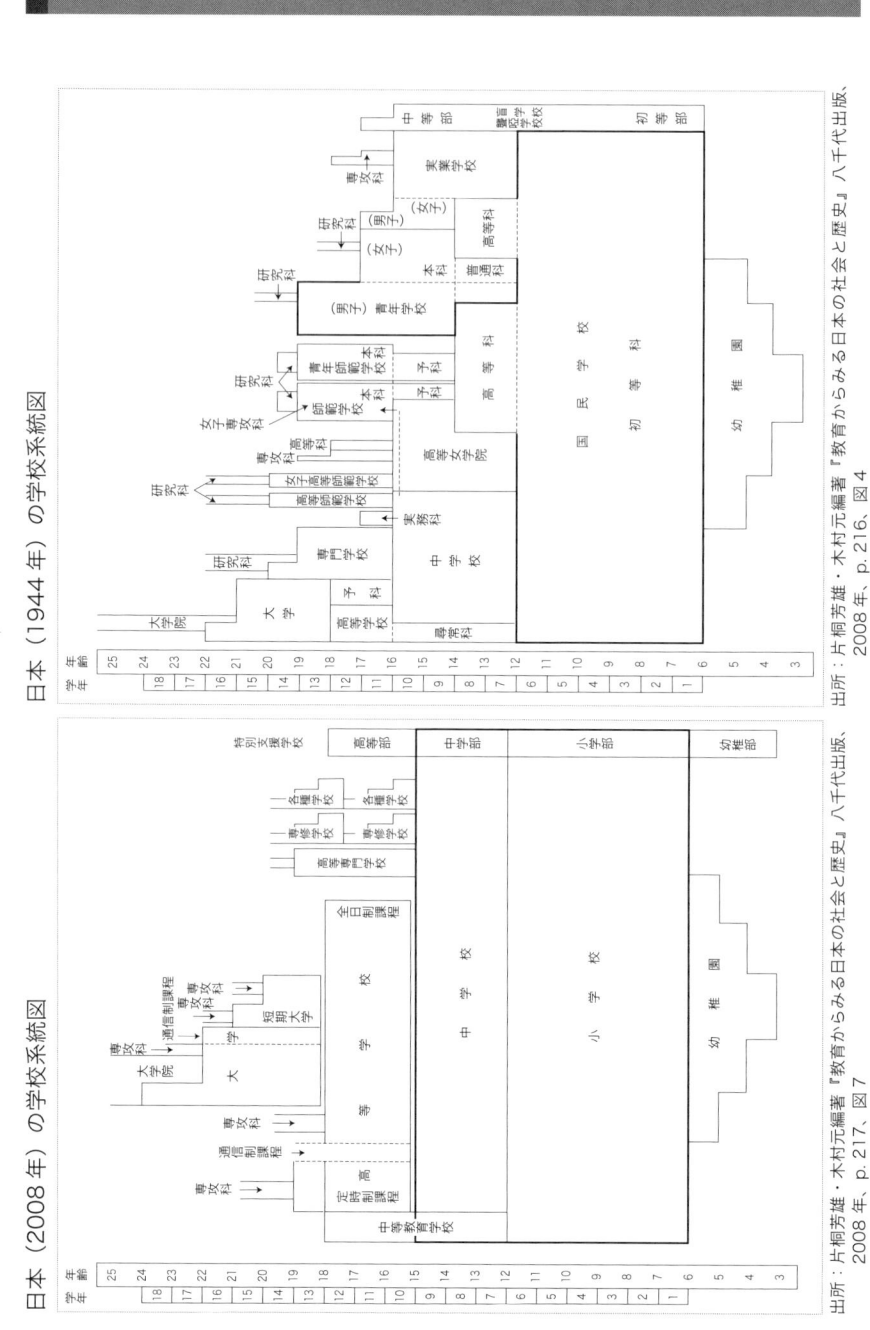

2．各国の学校系統図

日本（1944年）の学校系統図

日本（2008年）の学校系統図

出所：片桐芳雄・木村元編著『教育からみる日本の社会と歴史』八千代出版、2008年、p. 216、図4

出所：片桐芳雄・木村元編著『教育からみる日本の社会と歴史』八千代出版、2008年、p. 217、図7

中国の学校系統図

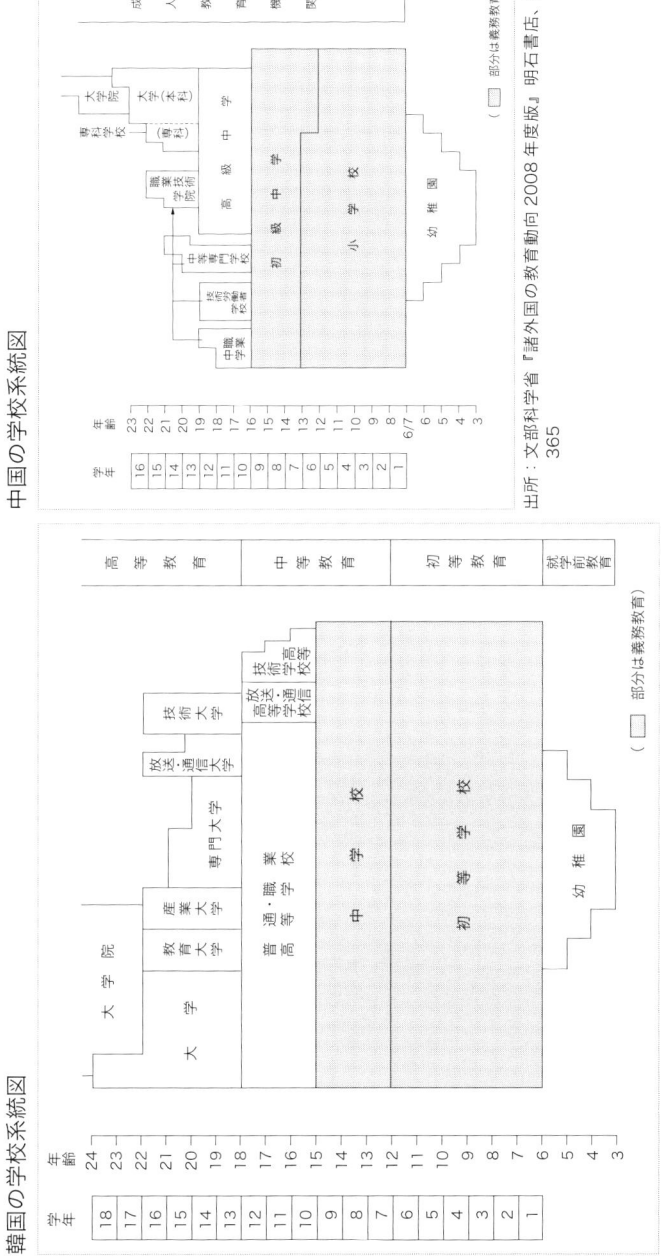

韓国の学校系統図

出所:文部科学省『諸外国の教育動向 2008 年度版』明石書店、2009 年、p. 365

出所:文部科学省『諸外国の教育動向 2008 年度版』明石書店、2009 年、p. 366

217

2 各国の学校系統図

資 料

アメリカの学校系統図

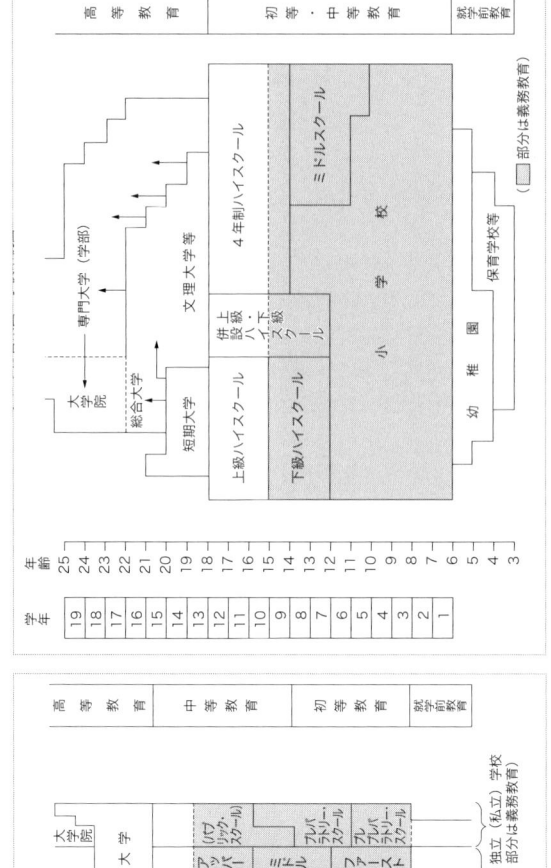

出所：文部科学省『諸外国の教育動向 2008年度版』明石書店、2009年、p. 361

イギリスの学校系統図

出所：文部科学省『諸外国の教育動向 2008年度版』明石書店、2009年、p. 362

ドイツの学校系統図

出所：文部科学省『諸外国の教育動向 2008 年度版』明石書店、2009 年、p. 364

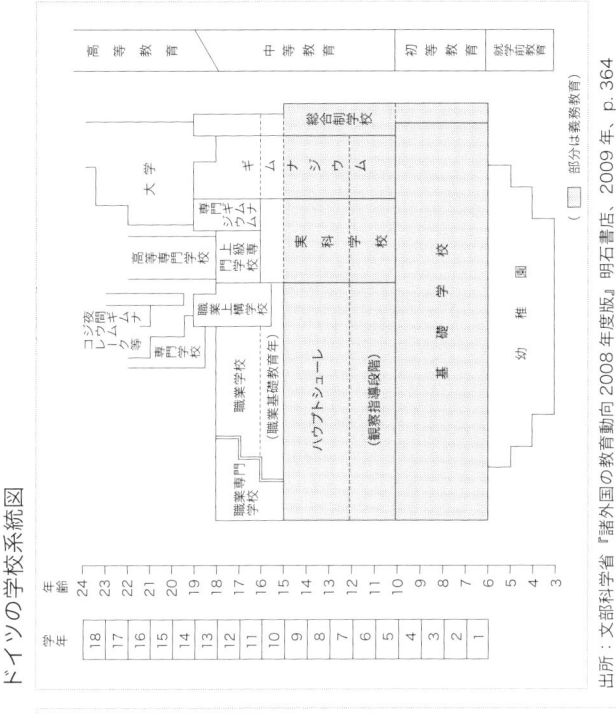

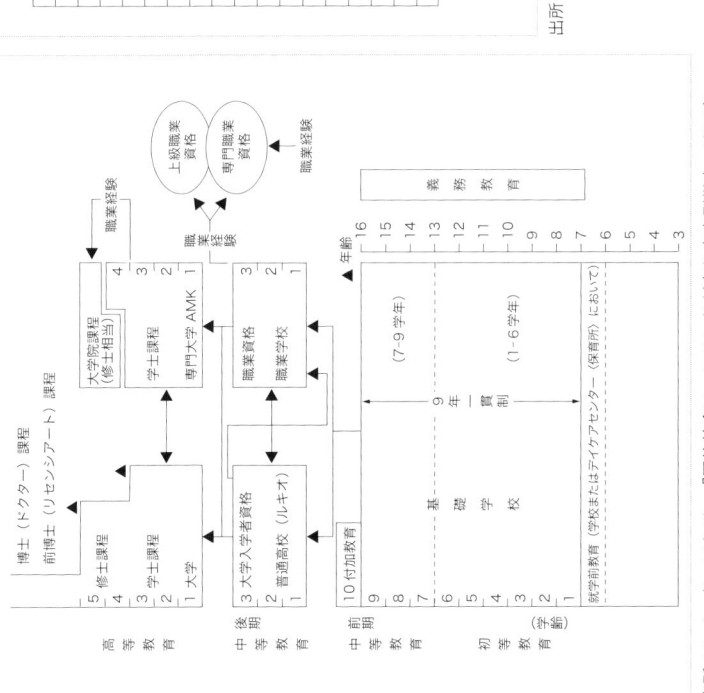

フィンランドの学校系統図

出所：ヘイッキ・マキパー『平等社会フィンランドが育む未来型学力』明石書店、2007 年（渡邊あや作成資料）

図 統系校学の国各

3．学力観・学習指導要領の変遷

〈学力観・学習指導要領の変遷〉（※棒線は学力観、丸数字は改訂回数）

見る・聞く・話す　　　　　　　　　　　　　　　　　　　　　　　　　　　読み・書き・計算
経験主義（育む）　　　　　　　　　　　　　　　　　　　　　　　　　　　　系統主義（教える）

2011 (H23)		◆脱ゆとり教育 →理数教育の充実、言語活動の重視、英語必修（小） 教員免許更新制度		⑦脱ゆとり 理数教育の充実 言語活動の重視 小学英語必修化 総合学習の削減 2008（H18）年改訂
	世界史履修不足問題 いじめ自殺問題	教育基本法改正 教育再生会議	全国学力テスト復活 海陽中等教育学校の開校	
2005			発展的記述 PISAショック	
	内申への絶対評価導入	指導要領部分改訂－歯止め規定の撤廃		
2002 (H14) 2000	◆生きる力を育む教育 →ゆとりの重視 →選択学習の拡大 →体験的な学習の重視 →個に応じた指導の充実 →心のノート	スーパーサイエンスハイスクール 少人数授業・習熟度別授業 指導力不足教員 「分数ができない大学生」	「学びのすすめ」 学校評議員制度 学級崩壊 学力低下	⑥ゆとり教育 学習内容3割削減 学校週5日制 総合的な学習 絶対評価 1998（H10）年改訂
1995	スクールカウンセリング制度 偏差値追放	日経連「新時代の日本的経営」		
1992 (H4) 1990		◆新しい学力観に立つ教育と個性重視 →生活科の新設（小1・2理社廃止） →基礎・基本の重視と個性教育の推進 →文化と伝統の尊重、国際理解推進	（バブル崩壊）	⑤新学力観教育 新しい学力観 個性重視 生活科新設 1989（H1）年改訂
1985		いじめ、不登校問題 日本経済調査協議会「21世紀に向けて教育を考える」 臨時教育審議会		
1980 (S55)		◆ゆとりと充実した学校生活 →知・徳・体の調和　豊かな人間性 →基礎的・基本的事項を重視		④ゆとり教育路線 ゆとりと充実 知育徳育体育 1977（S52）年改訂
1975 1971 (S46)		調和 →系統性の重視 →教科道徳特別活動 全国学力テスト中止	落ちこぼれ、非行問題	③系統性重視 道徳・特別活動 1968（S43）年改訂
1965 1960		（高度経済成長）		
1958 (S33) 1955		◆経験主義から系統学習へ →基礎学力の育成 →道徳の時間を特設 →国語、算数の充実と科学技術教育 ※学習指導要領が法的拘束力を持つ		②系統性 法的拘束力 1958（S33）年改訂
1951 (S26)		◆学習指導要領＝手引き →4経験領域　技能教科（国語・算数）　社会自然（社会・理科） →創造的教科（音楽・図工・家庭）　健康教科（体育）		①指導要領＝手引き 1951（S26）年改訂
1947 (S22) 1945	◆児童中心主義・経験主義 →修身の廃止、社会科、家庭科の新設			

kyo-sin.net All Rights Reserved.

出所：教心ネット「学習指導要領の変遷　ゆとり教育と学力低下」
http://www.kyo-sin.net/shidoyoryo.htm （2009年10月末アクセス）

索引

■事項索引

〈アルファベット〉
CCK 184, 187-190, 192, 193, 199, 200, 204
CIE 15
ESD 69, 84, 97-113, 117-119, 148, 156, 192, 196
ESDの国際実施計画 102
EU 40, 41, 46, 50, 190
GDP 134-137, 142, 144
GNH 102, 136, 137, 142, 144
GPI 134-136, 142
IUCN 98, 101, 120
Mタイム 163, 164
NCLB 39, 50
OECD 23, 34, 35, 44, 46-48, 50, 52, 80, 91, 117, 179, 192
PISA 23, 34-36, 39, 45, 46, 48, 49, 52
PISAショック 36
Pタイム 163, 164
TIMSS 23, 36, 48
UNDP 177
UNEP 98, 99, 104, 113
UNESCO → ユネスコ

〈あ〉
アイデンティティ 43, 49, 151-153, 155, 168, 175, 177, 184, 186-188, 190, 192, 197-199
アイヌ 154, 184, 187, 197-199, 201
アサーティブ・コミュニケーション 169-171, 174, 177, 179
新しい荒れ 24, 28

〈い〉
生きる力 21, 23, 26, 170, 179, 204
異文化間に育つ子どもたち → CCK
移民 39, 42, 45, 47, 49, 52, 148, 182, 190

〈え〉
英才教育振興法 49
エコロジカル・フットプリント 128, 142, 143
エスニシティ 190
エスニック集団 186
越境家族 181-184, 187, 190
エネルギーの問題 124, 127

エラスムス計画 40, 50
エンパシー 170

〈お〉
欧州高等教育圏 40
欧州生涯学習圏 40
欧州連合 → EU
落ちこぼれを作らないための初等中等教育法 → NCLB
オルタナティブ教育 53-55, 59, 62, 64, 66-69, 71
オルタナティブ・スクール 54, 64-70, 72

〈か〉
学習指導要領 一般編(試案) 16
学習社会論 91
学制 10-13, 29
学テ → 全国中学校一斉学力調査
隠れたカリキュラム 188, 203
化石燃料 124-127, 132, 133, 139, 140
課題提起教育 60
価値次元 155, 156
価値志向 32, 153, 154, 156, 187, 189
学校化 19, 56, 57, 59, 61, 70
学校教育法 24, 26, 28, 62, 211-213
学校選択 29, 37, 38, 41, 46, 48, 109
学校令 13, 14
カテゴリー 186
カテゴリー化 164, 165, 186, 191
壁のない教室 61

〈き〉
キー・コンピテンシー 32, 34, 40, 52, 179, 192, 199
気候変動 99, 107, 124, 145
逆コース 16, 17, 27, 28, 76
教育委員会法 15, 17
教育改革国民会議 24
教育課程審議会 16, 20, 28
教育基本法 15, 24, 28, 73, 74, 88, 89, 188, 208, 212, 220
教育公務員特例法 17
教育再生会議 24, 26
教育三法改正 26, 28
教育スタンダード 36, 37, 39, 40, 45
教育体系 79, 80, 91

教育勅語 13-15, 27
教育特区（構造改革特区） 24, 28, 29, 61, 63, 67
教育の公共性 69
教育の私事化 49, 72, 86, 88
教育の自由 15, 22, 68, 74-79, 82, 90, 91
教育バウチャー制 37, 50
教育令 13
境界 152, 181, 185-187, 191, 193, 197, 200, 202
教学聖旨 13
銀行型教育 60
勤務評定問題 17

〈け〉
経済協力開発機構 → OECD
潜在能力(ケイパビリティ)の平等 193, 195, 203
血統主義 187, 189

〈こ〉
コア・カリキュラム運動 16
公教育制度 9-11, 13, 56, 57, 189
高校全入運動 18
高コンテクスト 159, 160, 175, 176
公正 84, 100, 101, 104, 105, 136, 193, 195-197, 202
構造的暴力 185, 191-193, 200
国際自然保護連合 → IUCN
国際数学・理科教育調査 → TIMSS
国内総生産 → GDP
国民 186, 189, 190
国民学校令 14
国民総幸福 → GNH
国立大学法人化 25, 29
国連開発計画 → UNDP
国連環境計画 → UNEP
護送船団方式 25, 86
子どもの権利条約 27, 116, 188, 206, 214
コンテクスト 158
コンフリクト 168, 171, 178

〈さ〉
再生可能エネルギー 133, 139, 140
サスティナブル・スクール（サススクール） 113, 115
持続可能性(サスティナビリティ) 97, 98, 100, 101, 106, 108-112, 115, 120, 123, 133, 142, 156, 174
サドベリーバレー・スクール 64, 71
サマーヒル校 54, 70

産学官連携 25
三多摩テーゼ 75, 77, 78, 79

〈し・す〉
幸せ 59, 117, 123, 133-138, 140, 141, 143, 144, 177
自給率 125
システム思考 110, 123, 130, 142-144, 149
持続可能な開発 84, 97-105, 110, 115, 118, 119, 120, 121, 148, 205
持続可能な開発のための教育 → ESD
持続発展教育 → ESD
実学 13, 27
指定管理者制度 86, 87
シティズンシップ教育 42, 43, 51, 206
児童中心主義 16, 57, 58, 72
自文化／自民族相対主義 167, 168, 170, 178
自文化／自民族中心主義 167, 178, 191
市民性 52, 84, 89, 91, 110, 181, 185, 186, 189, 190, 194, 203, 204
下伊那テーゼ 75, 78, 79, 90
社会科 15-17, 28
社会教育法 74, 77, 78, 82, 86-89, 91, 92
社会的排除 84, 91, 93, 185, 195, 205
自由ヴァルドルフ学校 54, 66
修得主義 46, 51
10年生プログラム 46
食糧危機 125, 141, 148
新教育 14, 55, 57-59, 62
人口 19, 44, 77, 84, 100, 102, 111, 125-127, 129, 133, 182, 183, 190
新自由主義 21, 25, 41, 43, 89, 203
人的能力開発政策 18
真の進歩指標 → GPI
ステレオタイプ 147, 162, 164-167, 176, 191, 203

〈せ〉
静態的・本質主義的文化観 191
生地主義 187
成長の限界 98, 99, 120, 123, 126, 128, 137, 142-144
生徒の学習到達度調査 → PISA
生物多様性 177
説明責任 38, 39, 68
全国中学校一斉学力調査 17

〈た〉
大正自由教育運動 58
確かな学力 23, 24, 26, 36, 51, 52
確かな学力の向上のための2002アピール 23
脱学校論 59, 60, 61, 65
多文化教育 194-197, 203-206
多文化共生 48, 69, 92, 148, 179, 181, 185, 192-194, 204, 205
多文化社会 27, 49, 147, 148, 168, 178, 182, 184, 190-192
多文化主義 178, 181, 190-192, 194, 203
多様性 55, 61, 64, 65, 72, 102, 104, 105, 109, 137, 148, 151, 156, 167, 170, 171, 174, 177, 180, 184, 190-197, 199, 203, 205, 206
単一民族神話 184, 185, 190, 200, 205
単線型 15, 37, 45, 46, 50

〈ち〉
地球温暖化 98, 106, 112, 123, 124-127, 139, 141, 143, 144, 148
知識基盤社会 32, 33, 48
知能テスト 56
地方教育行政の組織及び運営に関する法律 17, 26
チャーター・スクール 37-39, 65, 66
中央教育審議会（中教審） 18, 20, 22, 24, 26, 28, 85, 89, 110

〈て〉
低学力問題 22, 23
低コンテクスト 159, 160, 171, 176
デカップリング 134, 142
適応指導教室 62
デモクラティック・スクール 64, 72
デモクラティックスクールまっくろくろすけ 53, 65, 71
デュアル・システム 44

〈と〉
同化主義 190
動態的・構築主義的文化観 191
トラスト・スクール 43
トランスカルチュラル 182, 184
トランスナショナル 182, 184
トリプルリスク 124-126, 130, 132, 148, 156
ドルトン・プラン 58, 68, 70

〈な〉
ナショナリズム 189, 204, 205

ナショナル・カリキュラム 41, 42
ナショナル・テスト 29, 41
ナチュラル・ステップ 132, 133, 142-145
南南格差 32
南北格差 32, 106

〈に・ね〉
ニート 44, 50
二酸化炭素 124, 127, 131, 133, 134, 140, 141, 144
日本国憲法 15, 28, 74, 188, 208, 212
「日本人」 175, 181, 185-190, 193, 197, 198, 200-202
ニューカマー 182, 192, 194, 196, 197
人間開発 177
年間向上目標 39, 50

〈は〉
異種混成性（雑種性）ハイブリディティ 187, 193, 199
バックキャスティング 131, 132, 142-144
万人のための教育 82, 84, 91

〈ひ〉
ピークオイル 124, 125, 127, 141
非言語コミュニケーション 160, 161, 164, 171, 176, 177, 179
ビジョン 131, 132, 139, 142, 144, 152, 181, 190-192
枚方テーゼ 75, 76

〈ふ〉
複線型 41, 50
富国強兵政策 11
ブータン 123, 136, 137, 142
不登校 28, 54, 59, 62, 63, 72, 116, 117
旗艦フラグシップ プログラム 100, 118
フリースクール 54, 62-65, 70, 72
フリースペース 54, 62-64, 92, 116, 117
文化 102, 149-152, 186
文化化 151, 177
文化資本 60, 70
文化の氷山モデル 149
分岐型 44, 50

〈へ〉
米国教育使節団 15
ベビーブーム 18, 62
ヘルバルト派教育学 58

偏見 164-166, 180, 198, 203

〈ほ〉
ホーム・スクーリング 65-67, 72
ホールスクール・アプローチ 112, 113
ポリクロニックタイム → Pタイム
ホリスティック教育 72, 101, 102, 109, 110, 112, 118, 119
本質主義 191, 193, 203

〈ま・み〉
マイノリティ 32, 42, 68, 92, 165, 166, 184, 186, 190, 191, 193-195, 197, 203, 204
マグネット・スクール 37, 65, 66
マジョリティ 191, 203
見えない文化 149-151, 175, 180
見える文化 149, 150, 175
水俣病 98, 118
民間情報教育局 15
民族 186

〈も・ゆ〉
モニトリアル・システム 56, 70
モノクロニックタイム → Mタイム
問題解決学習 57, 70
ゆとり教育 9, 18, 20-23, 26, 28, 29
ユネスコ 73, 79-83, 90-93, 98, 100-104, 113, 118, 120, 180

〈り・る〉
リカレント教育 80, 91
リスボン戦略 40
立身出世主義 60
琉球 184, 187
臨時教育審議会（臨教審） 9, 18, 21, 22, 24, 25, 85
ルーツ 186

■人名索引

〈ア〉
アリストテレス 55, 64
アンダーソン、ベネディクト 186, 205
イリイチ、イヴァン 59, 70, 72
エリクソン、E・H 152, 180
小原国芳 58

オルポート、G・W 165

〈カ〉
カーソン、レイチェル 98, 118, 119
木戸孝允 10, 29
グリーンバーグ、ダニエル 64, 65, 71, 72
クリントン、ビル 36
ケイ、エレン 57
ケルシェンシュタイナー、ゲオルク 57
グルントヴィ、ニコライ・F・S 67, 71

〈サ・タ〉
サッチャー、マーガレット 21, 41
澤柳政太郎 58
ジェルピ、エットーレ 80, 81, 93
シュタイナー、ルドルフ 54, 66-68
セン、アマルティア 177
デイリー、ハーマン 133, 137, 138
デューイ、ジョン 57, 58, 72
デュルケーム、エミール 55

〈ナ・ハ〉
野口援太郎 58
野村芳兵衛 58
パーカースト、ヘレン 58, 70
ハウスクネヒト、エミール 13
羽仁もと子 58
ビネー、アルフレッド 56
福沢諭吉 11, 29
ブッシュ（子） 39
ブッシュ（父） 36
ブラウン、ゴードン 43, 180
ブルデュー、ピエール 60, 70, 72
ブレア、トニー 42, 43, 115
フレイレ、パウロ 59, 60
フレネ、セレスティン 54
ベネット、ミルトン・J 167, 170, 178
ヘルバルト、ヨーハン・F 13, 58
ホフステード、ヘールト 155, 156, 180

〈マ・ラ〉
元田永孚 13, 14
森有礼 9, 13
モンテッソーリ、マリア 57, 58, 68
ラングラン、ポール 79-81, 85, 93
レーガン、ドナルド 21, 36

［執筆者紹介］（50音順、＊は編者）

飯田 夏代（いいだ・なつよ）［第6章］
有限会社イーズ「日刊 温暖化新聞」「幸せ経済社会研究所」担当を経て、現在フリーランス。環境政治、環境思想。訳書（翻訳協力）に、デヴィッド・デ・ロスチャイルド『地球温暖化 サバイバル ハンドブック——気候変動を防ぐための77の方法』（枝廣淳子訳、武田ランダムハウスジャパン、2007年）、ドネラ・H・メドウズ『地球の法則と選ぶべき未来』（枝廣淳子訳、武田ランダムハウスジャパン、2009年）。

上田 孝典（うえだ・たかのり）［第4章］
筑波大学人間系准教授。社会教育・生涯学習、中国近現代教育史。主な著作に、「現代中国における生涯学習政策の展開」（共著、新海英行・牧野篤編『現代世界の生涯学習』大学教育出版、2002年）、「近代中国における『通俗教育』概念に関する考察——伍達と『中華通俗教育会』の活動を中心に」『日本社会教育学会紀要』No. 38（日本社会教育学会、2002年）、「民国初期中国における社会教育政策の展開——『通俗教育研究会』の組織とその役割を中心に」『アジア教育史研究』第14号（アジア教育史学会、2005年）。

枝廣 淳子（えだひろ・じゅんこ）［第6章（監修）］
環境ジャーナリスト、翻訳家、幸せ経済社会研究所所長、有限会社イーズ代表、環境コミュニケーション、システム思考。主な著作に『地球のなおし方』（共著、ダイヤモンド社、2005年）、『エネルギー危機からの脱出——最新データと成功事例で探る"幸せ最大、エネルギー最小"社会への戦略』（ソフトバンククリエイティブ、2008年）、『企業のためのやさしくわかる「生物多様性」』（共著、技術評論社、2009年）。

五島 敦子（ごしま・あつこ）＊［はじめに、第2章］
編者紹介を参照。

John Condon（ジョン・コンドン）［第7章コラム］
アメリカ、ニューメキシコ大学名誉教授、終生評議員教授。異文化間コミュニケーション学のパイオニア。日本（国際基督教大学）やタンザニア、ブラジル、メキシコ、ミクロネシアなどで教鞭を執った。主な著作に、この分野の最初の入門書である *An Introduction to Intercultural Communication*（共著、Macmillan, 1975）、日本で初めて翻訳出版された入門書『異文化間コミュニケーション』（サイマル出版、1980年）、*With Respect to the Japanese: A Guide for Americans*, 2nd ed. (Intercultural Press, 1996)。

酒井 美直（さかい・みな）［第8章コラム］
アイヌ伝統舞踊家、（財）アイヌ文化振興・研究推進機構アイヌ文化活動アドバイザー。北海道帯広市生まれで、幼少からアイヌの伝統舞踊を習う。アイヌ文化の継承活動や舞踊、アイヌとしての自分のライフストーリーを各地で講演。2006年夏、関東の若いアイヌを中心としたパフォーマンス・グループ「AINU REBELS」を立ち上げ、代表を務める。

清田 夏代（せいだ・なつよ）［第1章］
南山大学人文学部准教授。教育行政、教育制度。主な著作に『現代イギリスの教育行政改革』（勁草書房、2005年）。訳書にジェフリー・ウォルフォード、W・S・F・ピカリング編『デュルケムと現代教育』（共訳、同時代社、2003年）、デイヴィッド・タイヤック『共通の土台を求めて——多元化社会の公教育』（共訳、同時代社、2005年）。

関口 知子（せきぐち・ともこ）＊［はじめに、第 7 章、第 8 章］
編者紹介を参照。

中島 葉子（なかしま・ようこ）［第 8 章］
椙山女学園大学非常勤講師。教育社会学、異文化間教育、ニューカマー研究。主な著作に、「ニューカマー教育支援のパラドックス──関係の非対称性に着目した事例研究」『教育社会学研究』第 80 集（日本教育社会学会、2007 年）、「支援–被支援関係の転換──ニューカマーの教育支援と『当事者性』」『異文化間教育』25 号（異文化間教育学会、2007 年）、「ニューカマー支援からコミュニティづくりへ──『語りそして聞く』関係の構築」『名古屋大学大学院教育発達科学研究科紀要（教育科学）』第 54 巻第 2 号（名古屋大学大学院教育発達科学研究科、2008 年）。

永田 佳之（ながた・よしゆき）［第 5 章］
聖心女子大学文学部教育学科教授。比較教育学、教育社会学、国際教育協力論、国際理解教育など。主な著作に『オルタナティブ教育──国際比較に見る 21 世紀の学校づくり』（新評論、2005 年）、『持続可能な教育社会をつくる──環境・開発・スピリチュアリティ−』（共編著、せせらぎ出版、2006 年）、*Alternative Education: Global Perspective Relevant to the Asia-Pacific Region*（Springer, 2006）、『持続可能な教育と文化──深化する環太平洋の ESD』（共編著、せせらぎ出版、2008 年）。

藤井 基貴（ふじい・もとき）［第 3 章］
静岡大学教育学部准教授。教育哲学、教育史、道徳教育。主な著作に『西洋世界と日本の近代化──教育文化交流史研究』（共著、大学教育出版、2010 年）、『新版 子どもの教育の歴史──その生活と社会背景を見つめて』（共著、江藤恭二監修、名古屋大学出版会、2008 年）、『資料でみる教育学──改革と心の時代に向けての』（共著、福村出版、2007 年）、「18 世紀ドイツにおける子育ての近代化──ファウスト『衛生問答』に注目して」『日本の教育史学』第 55 集（教育史学会、2012 年）、「18 世紀ドイツ教育思想におけるカント『教育学』の位置づけ」『日本カント研究 7 ドイツ哲学の意義と展望』（理想社、2006 年）。

桝本 智子（ますもと・ともこ）［第 7 章］
神田外語大学外国語学部国際コミュニケーション学科准教授。コミュニケーション論、異文化コミュニケーション論。主な著作に「非言語」『異文化間コミュニケーション入門』（第 2 章、創元社、2000 年）、『対人関係構築のためのコミュニケーション入門』（共著、ひつじ書房、2006 年）、『Study of Long Term Effect of International Internship in Japanese Organizations from the Perspective of Human Resource Management.』（科学研究基盤研究、2009 年）。

町 惠理子（まち・えりこ）［第 7 章］
麗澤大学外国語学部教授。異文化コミュニケーション研究と教育。2009 年から異文化コミュニケーション学会（SIETAR Japan）会長。主な著作に「大学英語教育における文化教育」『スピーチ・コミュニケーション教育』Vol. IV（日本コミュニケーション学会、1991 年）、「異文化コミュニケーション教育への異文化感受性発達モデル（DMIS）導入試案」『麗澤レヴュー』11 号（麗澤大学、2005 年）、『異文化トレーニング改訂版』（共著、三修社、2009 年）。

〈編著者紹介〉
五島 敦子（ごしま・あつこ）
南山大学短期大学部英語科教授。アメリカ教育史、生涯学習、高等教育。主な著作に『アメリカの大学開放——ウィスコンシン大学拡張部の生成と展開』（学術出版会、2008年）、『新版 子どもの教育の歴史——その生活と社会背景を見つめて』（共著、江藤恭二監修、名古屋大学出版会、2008年）、「1910年代アメリカ大学拡張運動と視聴覚教育——ウィスコンシン大学を中心に」『日本の教育史学』第45集（教育史学会、2002年）。

関口 知子（せきぐち・ともこ）
南山大学短期大学部英語科教授。異文化間コミュニケーション、異文化間教育。主な著作に『在日日系ブラジル人の子どもたち——異文化間に育つ子どものアイデンティティ形成』（明石書店、2003年）、"Nikkei Brazilians in Japan: The Ideology and Symbolic Context faced by Children of This New Ethnic Minority." in R. T. Donahue (Ed.), *Exploring Japaneseness: Japanese Enactments of Culture and Consciousness* (Ablex, 2002)、「在日日系ブラジル家族と第二世代のアイデンティティ形成——CCK/TCKの視点から」『家族社会学研究』第18(2)号（日本家族社会学会、2007年）。

未来をつくる教育ESD——持続可能な多文化社会をめざして
2010年2月24日　初版第1刷発行
2017年4月20日　初版第4刷発行

編著者	五 島 敦 子
	関 口 知 子
発行者	石 井 昭 男
発行所	株式会社 明石書店

〒101-0021 東京都千代田区外神田 6-9-5
　　　　　　電話　03 (5818) 1171
　　　　　　FAX　03 (5818) 1174
　　　　　　振替　00100-7-24505
　　　　　　http://www.akashi.co.jp/
組版／装丁　　明石書店デザイン室
印刷　　　　　株式会社文化カラー印刷
製本　　　　　協栄製本株式会社

（定価はカバーに表示してあります）　　ISBN978-4-7503-3147-8

JCOPY 〈(社)出版者著作権管理機構 委託出版物〉
本書の無断複製は著作権法上での例外を除き禁じられています。複写される場合は、そのつど事前に（社）出版者著作権管理機構（電話 03-3513-6969、FAX 03-3513-6979、e-mail: info@jcopy.or.jp）の許諾を得てください。

新たな時代のESD サスティナブルな学校を創ろう 世界のホールスクールから学ぶ
永田佳之編著・監訳 曽我幸代編著・訳
●2500円

ユネスコスクール 地球市民教育の理念と実践
小林亮
●2500円

ESDコンピテンシー 学校の質的向上と形成能力の育成のための指導指針
トランスファー21編　由井義通、卜部匡司監訳
高雄綾子、岩村拓哉、川田力、小西美紀訳
●1800円

アジア・太平洋地域のESD 持続可能な開発のための教育の新展開
阿部治、田中治彦編著
●4200円

フィンランドの高等教育 ESDへの挑戦 持続可能な社会のために
フィンランド教育省監著　齋藤博次、開龍美監訳
●2500円

国際セクシュアリティ教育ガイダンス 教育・福祉・医療・保健現場で活かすために
ユネスコ編　浅井春夫、田代美江子、渡辺大輔、艮香織訳
●2500円

国際理解教育ハンドブック グローバルシティズンシップを育む
日本国際理解教育学会編著
●2600円

現代国際理解教育事典
日本国際理解教育学会編著
●4700円

日韓中でつくる国際理解教育
日本国際理解教育学会
ユネスコアジア文化センター(ACCU) 共同企画　大津和子編著
●2500円

グローバル・ティーチャーの理論と実践 英国の大学とNGOによる教育養成と開発教育の試み
明石ライブラリー⑭
ミリアム・スタイナー編著　岩崎裕保、湯本浩之監訳
●5500円

多文化共生時代の国際理解教育 実践と理論をつなぐ
日本国際理解教育学会編著
●2600円

多文化共生のためのテキストブック
松尾知明
●2400円

多文化共生キーワード事典【改訂版】
多文化共生キーワード事典編集委員会編
●2000円

多文化社会の偏見・差別 形成のメカニズムと低減のための教育
加賀美常美代、横田雅弘、坪井健、工藤和宏編著　異文化間教育学会企画
●2000円

多文化教育がわかる事典 ありのままに生きられる社会をめざして
松尾知明
●2800円

多文化共生のための異文化コミュニケーション
原沢伊都夫
●2500円

〈価格は本体価格です〉